轨道交通装备制造业职业技能鉴定指导丛书

机车车辆管道工

中国北车股份有限公司　编写

中国铁道出版社

2015年·北　京

图书在版编目(CIP)数据

机车车辆管道工/中国北车股份有限公司编写．—北京：中国铁道出版社，2015.4

(轨道交通装备制造业职业技能鉴定指导丛书)

ISBN 978-7-113-20051-0

Ⅰ.①机… Ⅱ.①中… Ⅲ.①机车车辆工程—管道施工—职业技能—鉴定—自学参考资料 Ⅳ.①U260.6

中国版本图书馆 CIP 数据核字(2015)第 042875 号

书　　名：轨道交通装备制造业职业技能鉴定指导丛书
机车车辆管道工

作　　者：中国北车股份有限公司

策　　划：江新锡　钱士明　徐　艳

责任编辑：陶赛赛　　**编辑部电话**：010-51873193

编辑助理：袁希翀

封面设计：郑春鹏

责任校对：王　杰

责任印制：郭向伟

出版发行：中国铁道出版社(100054，北京市西城区右安门西街 8 号)

网　　址：http://www.tdpress.com

印　　刷：三河市兴达印务有限公司

版　　次：2015 年 4 月第 1 版　2015 年 4 月第 1 次印刷

开　　本：787 mm×1 092 mm　1/16　**印张**：13.75　**字数**：336 千

书　　号：ISBN 978-7-113-20051-0

定　　价：43.00 元

中国北车职业技能鉴定教材修订、开发编审委员会

主　任： 赵光兴

副主任： 郭法娥

委　员： （按姓氏笔画为序）

于帮会　王　华　尹成文　孔　军　史治国
朱智勇　刘继斌　闫建华　安忠义　孙　勇
沈立德　张晓海　张海涛　姜　冬　姜海洋
耿　刚　韩志坚　詹余斌

本《丛书》总　编： 赵光兴

副总编： 郭法娥　刘继斌

本《丛书》总　审： 刘继斌

副总审： 杨永刚　娄树国

编审委员会办公室：

主　任： 刘继斌

成　员： 杨永刚　娄树国　尹志强　胡大伟

序

在党中央、国务院的正确决策和大力支持下，中国高铁事业迅猛发展。中国已成为全球高铁技术最全、集成能力最强、运营里程最长、运行速度最高的国家。高铁已成为中国外交的新名片，成为中国高端装备“走出国门”的排头兵。

中国北车作为高铁事业的积极参与者和主要推动者，在大力推动产品、技术创新的同时，始终站在人才队伍建设的重要战略高度，把高技能人才作为创新资源的重要组成部分，不断加大培养力度。广大技术工人立足本职岗位，用自己的聪明才智，为中国高铁事业的创新、发展做出了重要贡献，被李克强同志亲切地赞誉为“中国第一代高铁工人”。如今在这支近 5 万人的队伍中，持证率已超过 96%，高技能人才占比已超过 60%，3 人荣获“中华技能大奖”，24 人荣获国务院“政府特殊津贴”，44 人荣获“全国技术能手”称号。

高技能人才队伍的发展，得益于国家的政策环境，得益于企业的发展，也得益于扎实的基础工作。自 2002 年起，中国北车作为国家首批职业技能鉴定试点企业，积极开展工作，编制鉴定教材，在构建企业技能人才评价体系、推动企业高技能人才队伍建设方面取得明显成效。为适应国家职业技能鉴定工作的不断深入，以及中国高端装备制造技术的快速发展，我们又组织修订、开发了覆盖所有职业(工种)的新教材。

在这次教材修订、开发中，编者们基于对多年鉴定工作规律的认识，提出了“核心技能要素”等概念，创造性地开发了《职业技能鉴定技能操作考核框架》。该《框架》作为技能人才评价的新标尺，填补了以往鉴定实操考试中缺乏命题水平评估标准的空白，很好地统一了不同鉴定机构的鉴定标准，大大提高了职业技能鉴定的公信力，具有广泛的适用性。

相信《轨道交通装备制造业职业技能鉴定指导丛书》的出版发行，对于促进我国职业技能鉴定工作的发展，对于推动高技能人才队伍的建设，对于振兴中国高端装备制造业，必将发挥积极的作用。

中国北车股份有限公司总裁：

2015.2.7

前　言

鉴定教材是职业技能鉴定工作的重要基础。2002 年，经原劳动保障部批准，中国北车成为国家职业技能鉴定首批试点中央企业，开始全面开展职业技能鉴定工作。2003 年，根据《国家职业标准》要求，并结合自身实际，组织开发了《职业技能鉴定指导丛书》，共涉及车工等 52 个职业（工种）的初、中、高 3 个等级。多年来，这些教材为不断提升技能人才素质、适应企业转型升级、实施“三步走”发展战略的需要发挥了重要作用。

随着企业的快速发展和国家职业技能鉴定工作的不断深入，特别是以高速动车组为代表的世界一流产品制造技术的快步发展，现有的职业技能鉴定教材在内容、标准等诸多方面，已明显不适应企业构建新型技能人才评价体系的要求。为此，公司决定修订、开发《轨道交通装备制造业职业技能鉴定指导丛书》（以下简称《丛书》）。

本《丛书》的修订、开发，始终围绕促进实现中国北车“三步走”发展战略、打造世界一流企业的目标，努力遵循“执行国家标准与体现企业实际需要相结合、继承和发展相结合、坚持质量第一、坚持岗位个性服从于职业共性”四项工作原则，以提高中国北车技术工人队伍整体素质为目的，以主要和关键技术职业为重点，依据《国家职业标准》对知识、技能的各项要求，力求通过自主开发、借鉴吸收、创新发展，进一步推动企业职业技能鉴定教材建设，确保职业技能鉴定工作更好地满足企业发展对高技能人才队伍建设工作的迫切需要。

本《丛书》修订、开发中，认真总结和梳理了过去 12 年企业鉴定工作的经验以及对鉴定工作规律的认识，本着“紧密结合企业工作实际，完整贯彻落实《国家职业标准》，切实提高职业技能鉴定工作质量”的基本理念，在技能操作考核方面提出了“核心技能要素”和“完整落实《国家职业标准》”两个概念，并探索、开发出了中国北车《职业技能鉴定技能操作考核框架》；对于暂无《国家职业标准》、又无相关行业职业标准的 40 个职业，按照国家有关《技术规程》开发了《中国北车职业标准》。经 2014 年技师、高级技师技能鉴定实作考试中 27 个职业的试用表明：该《框架》既完整反映了《国家职业标准》对理论和技能两方面的要求，又适应了企业生产和技术工人队伍建设的需要，突破了以往技能鉴定实作考核中试卷的难度与完整性评估的“瓶颈”，统一了不同产品、不同技术含量企业的鉴定标准，提高了鉴定考核的技术含量，保证了职业技能鉴定的公平性，提高了职业技能鉴定工作质量和管理水平，将成为职业技能鉴定工作、进而成为生产操作者技能素质评价的新标尺。

本《丛书》共涉及98个职业(工种),覆盖了中国北车开展职业技能鉴定的所有职业(工种)。《丛书》中每一职业(工种)又分为初、中、高3个技能等级,并按职业技能鉴定理论、技能考试的内容和形式编写。其中:理论知识部分包括知识要求练习题与答案;技能操作部分包括《技能考核框架》和《样题与分析》。本《丛书》按职业(工种)分册,并计划第一批出版74个职业(工种)。

本《丛书》在修订、开发中,仍侧重于相关理论知识和技能要求的应知应会,若要更全面、系统地掌握《国家职业标准》规定的理论与技能要求,还可参考其他相关教材。

本《丛书》在修订、开发中得到了所属企业各级领导、技术专家、技能专家和培训、鉴定工作人员的大力支持;人力资源和社会保障部职业能力建设司和职业技能鉴定中心、中国铁道出版社等有关部门也给予了热情关怀和帮助,我们在此一并表示衷心感谢。

本《丛书》之《机车车辆管道工》由中国北车集团大连机车车辆有限公司《机车车辆管道工》项目组编写。主编葛廷斗;主审郭晓鹏。

由于时间及水平所限,本《丛书》难免有错、漏之处,敬请读者批评指正。

中国北车职业技能鉴定教材修订、开发编审委员会

二〇一四年十二月二十二日

目　录

机车车辆管道工(职业道德)习题

一、填 空 题

1. 职业道德主要包括职业道德意识、职业道德规范、职业道德范畴、职业道德(　　)等基本内容。

2. 职业道德规范就是从业人员的职业道德行为和道德关系的普遍规律的反映,是一定职业对从业人员(　　)和关系的基本要求的概括。

3. 职业责任是指职业团体和从业者对社会、对人民群众承担的(　　)义务。

4. 各种职业的工作人员都要忠于职守,首要的要求是热爱本职工作,有强烈的职业(　　),对工作极端地负责任。

5. 社会主义社会的劳动者不管从事什么职业,都应把(　　)作为自己的职业准则,以自己的诚实劳动奉献社会。

6. 职业道德评价是指从业者在职业活动中依据一定的职工职业道德标准,对自己或他人的职业道德所作的善恶褒贬的判断和(　　)。

7. 搞好职业道德评价,对于良好的(　　)的形成及整个社会风气的好转具有重大作用。

8. 当前,良好的职业技能已经成为广大从业者对社会应尽的职业(　　)。

9. 职业道德行为是指从业者在一定的职业道德意识的支配下所作出的、有利或有害于他人和社会的(　　)。

10. 牢记和尊重人民的利益,尽自己的能力全心全意(　　),是职业道德对一切从业人员的根本要求。

二、单项选择题

1. 在职业道德的理论体系中,职业道德规范系统居于重心(　　)。

(A)位置　　(B)地位　　(C)价值　　(D)部分

2. 职业道德范畴就是指反映和概括职业道德现象的特性、关系的基本(　　)。

(A)概念　　(B)理念　　(C)概括　　(D)概述

3. 企业是全体职工的利益共同体,它牵系着每一位职工的切身(　　)。

(A)得失　　(B)好处　　(C)收益　　(D)利益

4. 企业的规章制度是企业的(　　)。

(A)法规　　(B)总则　　(C)方针　　(D)目标

5. 劳动者应当完成劳动任务,提高职业技能,执行劳动安全卫生规程,遵守劳动纪律和(　　)。

(A)职业规范　　(B)职业道德　　(C)职业修养　　(D)劳动法规

6. 企业的安全方针是安全生产、(　　)。

(A)预测为主　(B)安全为主　(C)预防为主　(D)生产为主

7. 工业生产需要有很大的物资投入,以较少的投入换取较多的产出,这种具有成效的生产劳动是企业发展的(　　)。

(A)必备前提　(B)必备条件　(C)必备因素　(D)必备素质

8. 企业的生产者直接从事着把物资投入化为产品的劳动,对投入产出效益负有直接的责任。这就要求生产者发扬增产节约、艰苦奋斗的精神,为提高企业(　　)贡献力量。

(A)生产能力　(B)产品质量　(C)生产效益　(D)生产水平

9. 有效降低生产成本,提高投入产出效益比,为社会产出更多的物资财富,是企业生产者(　　)的职责。

(A)义不容辞　(B)责无旁贷　(C)不可推卸　(D)理所应当

10. 增产节约,反对浪费,努力工作,提高效率,是企业生产者必须遵守的职业道德(　　)。

(A)规定　(B)素质　(C)范围　(D)规范

11. 作为一名普通劳动者,爱国应从一点一滴做起,爱国应从爱厂做起,爱厂应从做好本职工作、忠于(　　)做起。

(A)自身岗位　(B)自身职业　(C)自身工作　(D)本职工作

12. 在职业行为的道德评价中,必须坚持动机与效果的辩证统一,才能对职业行为的善恶做出正确的(　　)。

(A)道德评定　(B)道德决定　(C)道德评价　(D)道德定论

13. 社会主义职业道德是社会主义精神文明建设的一个重要内容,主对于纠正各种职业活动中的不正之风,改善整个社会风气用着重要的(　　)。

(A)影响作用　(B)激励作用　(C)推进作用　(D)推动作用

14. 在建立和完善社会主义市场经济体制的条件下,广大职工群众不仅是物资财富的创造者,而且也是社会主义职业道德的主体,他们的工作态度、劳动热情及其职业行为都同他们的切身利益有着(　　)的关系。

(A)直接　(B)重要　(C)密切　(D)不可分离

15. 忠于职守,努力工作,全心全意为人民服务,这是三层意思互相联系、紧密结合,浑然一体的。在职业道德实践中,必须把它当作统一的原则(　　)加以贯彻。

(A)完整地　(B)全面地　(C)完全地　(D)认真地

三、多项选择题

1. 职业道德主要包括(　　)等基本内容。

(A)职业道德意识　(B)职业道德规范

(C)职业道德范畴　(D)职业道德评价

2. 职业道德意识包括(　　)。

(A)职业道德认识　(B)职业道德情感

(C)职业道德意志　(D)职业道德体系

3. 职业责任是指职业团体和从业者对(　　)承担的职业义务。

(A)社会　(B)团体　(C)人民群众　(D)底层群众

4. 职业道德的他律性,表现为(　　)。

(A)外在约束性　(B)价值导向性　(C)外在纪律性　(D)价值一致性

5. 关于社会主义职业道德的说法正确的是(　　)。

(A)各种职业都是社会主义现代化建设事业的一部分

(B)只有分工不同,没有高低贵贱之分

(C)都是为人民服务的光荣岗位

(D)每个人都应立足本职工作,争取为社会主义现代化建设事业多做贡献

6. 职业道德是以利益为基础,以协调(　　)的关系为核心的职业行为准则和规范,这是所有职业道德的共同本质。

(A)个人　(B)团体　(C)集体　(D)社会

7. 职业道德评价的形式有(　　)。

(A)社会道德评价　(B)集体道德评价

(C)自我道德评价　(D)团体道德评价

8. 职业道德是增强企业凝聚力的手段,主要表现在(　　)。

(A)协调企业部门间的关系　(B)协调员工与领导间的关系

(C)协调员工同事间的关系　(D)协调员工与企业间的关系

9. 在社会主义市场经济条件下,爱岗敬业的具体要求(　　)。

(A)创建文明岗位　(B)树立职业理想

(C)强化职业责任　(D)提高职业技能

10. 下列关于职业道德与职业技能关系的说法,正确的是(　　)。

(A)职业道德对职业技能具有统领作用

(B)职业道德对职业技能有重要的辅助作用

(C)职业道德对职业技能的发挥具有支撑作用

(D)职业道德对职业技能的提高具有促进作用

四、判 断 题

1. 一个企业的职业道德水平和企业效益之间有着密切的连带关系。(　　)

2. 爱岗敬业是指立足岗位,忠于职守,认真负责努力完成自己的本职工作。(　　)

3. 诚实守信就是要求人们在处世待人时必须忠诚老实,表里如一,遵守约定,信守诺言。(　　)

4. 企业职工要保持着装整洁,符合规定,仪表端庄,文明生产。(　　)

5. 职业操作者可以根据自己的意愿改变工作程序,工作规范、工艺文件和安全操作规程。(　　)

6. 职业工人可以对所使用的模具、夹具、工具和量具随着敲打存放。(　　)

7. 企业职工要自觉遵守、各项纪律和企业的有关规定和法规。(　　)

8. 从事本职业操作时,可以只顾努力完成自己分担的任务,不管别人和下道工序的方便。(　　)

9. 企业生产者要树立:“国家财产手中过,厉行节约莫疑惑”的主人翁精神。(　　)

10. 做一名好工人,只要听话干活就行,不需要进行职业道德修养。(　　)

机车车辆管道工(职业道德)答案

一、填 空 题

1. 评价　2. 行为　3. 职业　4. 责任感
5. 爱岗敬业　6. 评论　7. 职业道德　8. 道德责任
9. 职业行为　10. 为人民服务

二、单项选择题

1. B　2. A　3. D　4. A　5. B　6. C　7. A　8. C　9. B
10. D　11. A　12. C　13. D　14. C　15. A

三、多项选择题

1. ABCD　2. ABC　3. AC　4. AB　5. ABCD　6. ACD　7. AC
8. BCD　9. BCD　10. ACD

四、判 断 题

1. √　2. √　3. √　4. √　5. ×　6. ×　7. √　8. ×　9. √
10. ×

机车车辆管道工(初级工)习题

一、填 空 题

1. HT200 表示灰口铸铁的最抵抗拉强度为(　　)。
2. HRC 表示(　　)硬度。
3. 体膨胀系数是线膨胀系数的(　　)倍。
4. 金属材料的屈服强度用(　　)表示。
5. 金属材料的抗拉强度符号用(　　)表示。
6. 含碳量低于 0.25%的钢叫(　　)。
7. 含碳量在 0.25%～0.6%范围内的钢叫(　　)。
8. 高碳钢含碳量超过(　　)。
9. 含碳量大于 2%～11%(一般为 2.5%～4%)的(　　)称为铸铁。
10. QT450-10 是(　　)铸铁。
11. 用特定单位表示长度值的数字叫(　　)。
12. 确定尺寸精度程度的等级叫(　　)。
13. 具有间隙(包括最小间隙等于零)的配合叫(　　)。
14. 配合公差是指允许间隙或(　　)的变动量。
15. 标准公差分为(　　)级。
16. 基本偏差的代号用字母表示,大写的为孔,小写的为(　　),共 28 个。
17.(　　)代表基准孔。
18. h 代表(　　)。
19. 将钢在固态下加热,保湿和冷却的操作来改变其内部组织,从而获得所需性能的一种工艺方法,称为钢的(　　)。
20. 塑性的衡量指标有(　　)、断面收缩率。
21. 钢中温回火后,得到的是(　　)组织。
22. 符号"—"在形状公差中表示(　　)。
23. 符号"○"在形状公差中表示(　　)。
24. 在形状公差中平面度表示符号为(　　)。
25. 位置公差中符号//表示(　　)。
26. 位置公差中符号"⊥"表示(　　)。
27. 位置公差中符号"⊿"和"÷"表示(　　)。
28. 形位公差框格应水平地或垂直地绘制,其线型为(　　)。
29. 物体内的带电粒子能够自由活动的物体叫(　　)。
30. 电导率很小的物体叫(　　)。

31. 导电性能介于导体与绝缘体之间的物体叫(　　)。

32. 电流密度是通过单位面积的(　　)大小。

33. 电路中电压的单位为(　　)。

34. 电路中电阻的单位是(　　)。

35. 部分电路的欧姆定律用(　　)表示。

36. 因人体接近或接触带电体所引起的局部受伤或死亡现象称(　　)。

37. 一般工厂和家庭的照明灯具安装多采用(　　)式。

38. 工人接触机会较多的机床照明灯应选用(　　)V。

39. 常用的安全用电措施,火线必须连(　　)。

40. 两个电阻串联时其总电阻表达式为(　　)。

41. 万用表主要用于测量交流、直流(　　)、直流电流、电阻等。

42. 在实际生产中电功常用的单位是“度”,1 度表示功率 1 kW 的电气设备使用 1 h 所消耗的(　　)。

43. 单位时间内电流所做的(　　)叫电功率。

44. 三相输电线(火线)与中性线之间的电压叫做(　　)。

45. 零件图包括一组视图、(　　)、技术要求、标题栏四部分内容。

46. 剖视图分为全剖视图、(　　)、和局部剖视图三种。

47. 机械制图中比例 1∶1 表示图形与(　　)相同。

48. 机械制图中比例 1∶2 表示图形比实物(　　)一半。

49. 机械制图中比例 4∶1 表示图形比实物(　　)四倍。

50. 符号“∠”表示(　　)符号。

51. 符号“<”表示(　　)符号。

52. 符号“R”表示(　　)符号。

53.(　　)图反映物体的上下、左、右四个方位。

54.(　　)反映物体的前、后、左、右四个方位。

55.(　　)反映物体的前、后、上、下四个方位。

56. 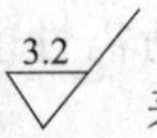

表示用去除材料加工的方法获得的表面,其轮廓算术平均偏差 R 的最大允许值为(　　)。

57. 标注尺寸的四要素是(　　)、尺寸线、箭头、尺寸数字。

58. M24×2 含义是普通螺纹、(　　)ϕ24、螺距 2 mm、右旋。

59. 在剖视和剖面图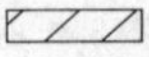中剖面符号通常表示(　　)材料。

60. 在剖视和剖面图中剖面符号一般表示(　　)材料。

61. 在装配图中,相互临界的金属零件的剖面线,其倾斜方向应(　　),或方向一致而间隔不等。

62. 基建项基本投影面投影所得的视图叫(　　)。

63. 将机件的某一部分向基本投影面投影所得的视图叫(　　)。

64. 轴测示意图中各种管路一律用(　　)绘制。

65. 机件的真实尺寸应以图样上所注的(　　)数值为依据,与图样的大小及绘图的准确度无关。

66. 根据支承面的摩擦性质,轴承分为滑动轴承和(　　)两大类。

67. 在管道工程图中代号"M"表示(　　)管。

68. 在管道工程图中代号"YS"表示(　　)管。

69. 在管道工程图中给水管用代号(　　)表示。

70. 在管线安装图中符号"▽"表示(　　)。

71. 比重为材料的单位(　　)重量与体积 4 ℃纯水重量之比。

72. 铸铁管是用(　　)铸铁浇注成的管子,分上、下水铸铁管两种。

73. 管道常用的填料有麻、石棉绳、生料带、(　　)、铅油和铅粉等。

74. 管路系统中常用的密封垫料有石棉橡胶板、(　　)和耐热耐油石棉橡胶板。

75. 钢管可分为(　　)和有缝钢管。

76. 管子加工螺纹有人工和(　　)两种。

77. 石棉水泥接口填料的拌和,石棉∶水泥重量比为(　　),石棉应用 4 级或 5 级石棉绒,水泥采用不低于 425 号硅酸盐水泥投料,并加入 10%～12%的水均匀拌和,拌和好的石棉水泥应达到"手握成团,落地开花"。

78. 机车车辆图纸中管道的压力单位通常是(　　)。

79. 工人在作业前,都要经过严格的(　　)教育,否则不能进行施工作业。

80. 安全防护是保证安全的重要(　　)。

81. 在施工现场禁止存放易燃易爆材料,氧气瓶、乙炔瓶等与火源的距离应不小于(　　)。

82. 交流电焊机的工作电压不得超过(　　)。

83. 直流电焊机的工作电压不得超过(　　)。

84. 在机车车辆上进行电、气焊作业时,要注意周围不得有(　　)。

85. 化学泡沫灭火剂主要包含(　　)和碳酸氢钠两种化学药品及少量的"发泡剂"或稳定剂。

86. 在公制和英制换算中,1 英寸等于(　　)mm。

87. 圆面积的求法公式是(　　)。

88. 热胀性常用(　　)和体胀系数来描述。

89. 一般地说,凡能通过管道输送的且具有连续(　　)性的物质呈流体。

90. 绝对压力等于(　　)加相对压力。

91. 管钳子是由(　　)、套夹、螺母、弹簧和手柄组成。

92. 千斤顶按其工作原理和结构型式,常见的有(　　)和液压式两种。

93. 使用砂轮或试运转砂轮时,严禁站砂轮直径方向,应站在(　　)或斜侧面位置。

94. 管道工程中常见的有色金属有(　　)、铝、铅和锡等。

95. 塑料是一种高分子(　　)为主要组成部分的有机合成材料。

96. 手电钻和台钻是管道工常用的简单(　　)工具。

97. 麻花钻头主要由钻柄、钻颈、和(　　)组成。

98. 砂轮机主要由砂轮、(　　)和机体组成。

99. 常用试压泵有手动和电动试压泵,它们都属于(　　)式往复泵。

100. 为了检查管道及管道附件的机械强度和密封性能,规定要进行水压试验,一般试验压力为公称压力的(　　)倍。

101. 安全阀是容器和管路系统中的安全装置,当系统中介质超过规定压力时,它就自动开启,将过量的介质排出,(　　)压力。

102. 气焊是利用可燃气体和(　　)混合燃烧为热源,熔化焊件和焊丝而进行焊接的一种方法。

103. 管子的弯曲是管子在外力矩作用下产生(　　)的结果。

104. 管子在弯曲变形过程中,管子外侧管壁受拉应力作用而变薄,内侧管壁受(　　)作用管壁变厚。

105. 管件在弯曲过程中,管子外侧管壁的减薄率和截面的椭圆度应符合(　　)要求。

106. 管道水压试压的方法一般由压力表试验法和渗水量试验法,常用的是(　　)试验法。

107. 用酸溶液侵蚀溶解金属氧化物的方法称为酸洗除金锈,它是一种(　　)除锈法。

108. 机车车辆所用管件切制当前常用的设备有专用切管机、无齿锯床、弓锯床和(　　)等设备。

109. 管道工程中要求管道输送的热介质或冷介质保持一定的湿度,尽量减少热量或冷量的损失,必须对管道进行(　　)处理。

110. 当前机车车辆所用管件弯制常有的设备有手工弯管机、电动弯管机、液压弯管机、(　　)和微机控制的全自动弯管机等设备。

111. 机车车辆各系统所用管件均采用冷弯制方法,所用的弯制模具有:弯曲模、(　　)压力模、防皱模和芯头等。

112. 机车车辆系统管路中所用安全阀应按设计文件规定的开启压力进行试调,压力应稳定,每个安全阀启闭试验不得少于(　　)次。

113. 管件切制加工后切口表面应平整,不得有裂纹、毛刺、凸凹、铁屑等缺陷。切口端面(　　)不应大于管子外径的1%。

114. 用切管机切制管件时,要根据管件的不同材质和管壁的薄厚合理调整(　　)压力。

115. 游标卡尺可分为游标卡尺、深度游标尺、高度游标尺、(　　)和带表卡尺等。

116. 机车车辆管道工常用的扳手有活扳手、(　　)、梅花扳手、套筒扳手、内六角扳手、棘轮扳手和钩形扳手等。

117. 弯管机的弯曲模具中最易磨损的是弯曲模和夹紧模,所以要定期进行检查,对(　　)的模具要及时进行修理或更换。

118. 液压弯管机的液压工作油和电动弯管机的液压系统工作油要按操作规程要求定期进行(　　)或更换。

119. 弯管机进行弯管操作时,要根据管件的材质和壁厚及管径的大小适当调整夹紧模的(　　),过大会造成管件夹紧部位变形,过小则使管件和夹紧模产生相对滑动,影响弯管质量。

120. 机车车辆管件研制组焊胎具的设计制做原理是模拟管件在机车车辆上安装的(　　)和两端的几何位置尺寸而制做的管件预研制组焊胎具。

121. 管件研制组焊胎具,因经常在其上面进行手工电弧焊操作致使各定位法兰、球接头和接头体支架、胎体和托架等部件均会产生受热(　　),因此要按工艺要求定期进行检查、校正和维修。

122. 机车车辆管件研制组焊胎具的结构型式主要有:单一研胎、一管一胎、(　　)和多功能研制胎具等。

123. 角度尺是用来测量管件(　　)的测量工具。

124. 为确保机车各系统管件的清洁度,管件在安装前要进行(　　)处理,外壁涂刷防锈油漆,并包扎管件敞露管口。

125. 机车各系统中,小通径管件的连接方式多用接头体、(　　)和活动螺母三者相组合的连接方式。

126. 机车管路中法兰连接的结构形式有(　　)、圆法兰和椭圆法兰等。

127. 机车车辆所用截断塞门组装后均需作气密性试验,车辆用截断塞门须用(　　)压缩空气进行气密性试验,机车用截断塞门须用 900 kPa 压缩空气进行气密性试验,保压 1 min,不得泄漏。

128. 润滑油的黏度大小可用动力黏度、(　　)和条件黏度等单位表示。

129. 机车系统管件防腐处理所用的废碱液、废酸液、废磷化液,均应进行处理,达到(　　)标准后方可排放。

130. 机车燃油系统由燃油箱、燃油粗滤器、燃油输送泵组、燃油预热器、(　　)、逆止阀、测试仪表及管路等组成。与柴油机燃油系统共同组成一个完整的循环工作回路。

131. 燃油安全阀调动压力为 2.5 kgf/cm^2,当因某种原因系统中超过规定压力时,安全阀被顶开,使部分燃油流回(　　),确保系统压力稳定和保护系统部件。

132. 质量管理组织应识别预防措施,以消除潜在不合格的原因,防止(　　)发生。所采取的预防措施应与潜在问题的影响程度相适应。

133. 质量管理组织应收集和分析适当的数据,以确定质量管理体系的(　　)和有效性并识别可以实施的改进。

134. 生产时要严格执行"三按",(按图纸、按工艺、按标准)和三检(自检、互检、专检),保证完成(　　)指标。

135. 工会代表和维护劳动者的(　　),依法独立自主地开展活动。

136. 劳动合同是劳动者与用人单位确立劳动关系、明确双方(　　)和义务的协议。

137. 利用金属带锯机床切割工件时,要正常安装刀具,合理(　　)刀具和切削用具,并经常检查刀具的等固及磨损情况。

138. 利用金属弓锯床切割工作时,要注意检查各工作机构动作是否灵活协调正确,检查各液压件的(　　)是否在正常位置。开泵时检查油流方向是否正确,泵的声音是否正常,如有异象应及时停机修理。

139. 操作普通弯管机进行弯制管件时,安装弯曲模及靠背模应与所要弯制的管件的外径和(　　)相符合,送进管子时,靠背模要夹紧后方可进行弯制工作。

140. 使用数控机操作时,要经常注意各部位运转情况,如有(　　)现象,应立即停机,经检查排除故障后,再开机工作。

141. 用砂轮机磨削工件时,开机前要进行规定的安全检查。开机后待砂轮运转正常时才可使用,磨工件时,应(　　)接近砂轮。不准用力过猛或撞击。

142. 启动砂轮机磨工件时,应密切注意砂轮机的声响、运转、(　　)等情况,如有异常现象应立即停机检查处理。

143. 液压弯管机或其他型弯管机的液压系统在寒冷环境下启动油泵时应先开开停停，往复几次使油温上升，油压装置运转灵活后，再进入(　　)。

144. 液压系统的液压油泵启动和停止时，应使溢流阀(　　)。

145. 对弯管机的液压系统进行维修时，维修好后，一定要把回路中的空气完全(　　)干净。

146. 副风缸设在车辆上，(　　)由制动管送来的压力空气，作为制动时制动缸借以获得压力的风源。

147. 基础制动装置又称制动传动装置，是将空气压力或人力等制动原动力，利用杠杆作用将其扩大到适当的(　　)，传动到闸瓦，以产生制动作用的装置。

148. 工作前操作者按规定穿戴好防护用品，对工作场地进行清理，清除有碍(　　)和通行的物品。

149. 在室内工作时，要开放风、水、汽等阀门，必须缓慢进行，身体和头部要躲开(　　)，以免迸出伤人。

150. 高空作业时，操作者要记好安全带，所用工具必须放在工具袋里。作业时如遇到电线、吊车，必须事先联系好，采取可靠的(　　)后，方可进行工作。

151. 机车车辆管道工必须熟悉各管路系统的走向、循环的(　　)、安装时的技术要求。

152. 使用手锯、锯床切割管时，精神应集中，往复运动不得太快，防止用力过猛(　　)折断或割掉的管段掉下伤人。

153. 弯管机在开机前，要认真检查各(　　)部位，对缺油和无油处应将油加足，方可开机。

154. 开动弯管机进行弯管操作时，弯子弯曲行程范围附近不许有人，并设防护警告(　　)，操作者应站在管子弯曲方向的外侧。

155. 利用立式钻床进行钻孔作业后，要彻底(　　)机床上及周围所有的杂物，清扫、擦拭各滑动面、钻杆立柱、导轨、工作台等各部位的铁屑、灰尘、油垢，确保机床在运转中不发生擦伤和拉伤等现象。

156. 安装钻夹头、钻套、钻头时，锥柄应清洁无毛刺并装牢，拆除时应用(　　)，禁止用手锤直接敲打夹头、钻套。

157. 按照立式钻床的润滑油表所规定的内容，经常检查并及时向导轨及各润滑部位注入(　　)。

158. 割丝机在启动前，首先应检查各部位状态是否正常，低速运转 3～5 min，确认润滑系统及各部位(　　)正常，再开始工作，加工的工件必须符合机床允许的长度。

159. 经常保持割丝机清洁，每班必须检查清扫机床，达到整齐、清洁、润滑(　　)。

二、单项选择题

1. 劳动者就业，不因民族、种族、性别、宗教(　　)而受歧视。

(A)不同　　(B)信仰不同　　(C)教义不同　　(D)教规不同

2. 劳动合同的无效，由劳动争议(　　)或者人民法院确定。

(A)委员会　　(B)组织　　(C)仲裁委员会　　(D)团体

3. 劳动合同期满或者当事人约定的劳动合同终止条件出现，劳动合同即行(　　)。

(A)解除 (B)终止 (C)取缔 (D)废止

4. 金属材料的锻压性,一般与材料的(　　)及塑性变形抗力有关。

(A)塑性 (B)弹性 (C)刚度 (D)强度

5. 铸铁的铸造性能比钢(　　)。

(A)差 (B)好 (C)差得多 (D)差一些

6. 普通碳素钢比优质碳素钢含有较多的有害杂质(　　)。

(A)Si (B)SiMn (C)SP (D)SMn

7. 低合金钢是(　　)的合金钢。

(A)含碳量<0.25%　(B)含合金元素总量<5%

(C)含合金元素总量<10%　(D)合金元素总量 10%

8. 灰口铸铁中碳大部分以(　　)形式存在。

(A)片状石墨 (B)Fe_3C (C)团絮状石墨 (D)球形石墨

9. 可锻铸铁(　　),故称为可锻铸铁。

(A)具有良好的锻压性　(B)塑性、韧性比灰口铸铁好

(C)塑性、韧性比钢好　(D)硬度低

10. 钢在正火时的冷却方式是(　　)。

(A)空气中冷却 (B)随炉冷却 (C)油冷 (D)水冷

11. 钢中温回火后,得到的是(　　)组织。

(A)回火马氏体 (B)回火张氏体 (C)回火屈氏体 (D)回火珠光体

12. 液压泵工作压力取决于(　　)。

(A)泵的铭牌压力 (B)管路阻力 (C)外部负载 (D)内部结构

13. 溢流阀在液压系统中起(　　)作用。

(A)稳压　(B)稳压溢流

(C)稳压溢流和过载保护作用　(D)溢流

14. 管子外径 D=25 mm 以下,冷弯弯曲半径应是(　　)。

(A)1.5D (B)2D (C)3D (D)4D

15. 阀门型号 2.15T 其连接形式为(　　)。

(A)法兰 (B)螺纹 (C)焊接 (D)胶管

16. 管钳规格 18″,适用拆装管子的范围是(　　)。

(A)1/2″～3/4″ (B)3/4″～1″ (C)1/2″～2″ (D)2/2″～3″

17. 蒸汽采暖的蒸汽压力小于(　　)MPa 称为低压蒸汽采暖。

(A)0.2 (B)0.15 (C)0.07 (D)0.05

18. 蒸汽管道上应设(　　)装置,以便排出管内存水。

(A)排水 (B)排污 (C)疏水 (D)阀门

19. 压缩空气管道直立管应从主管(　　)引出。

(A)上方 (B)下方 (C)侧面 (D)端面

20. 埋地铸铁管道,当地基不够稳定时,应采用(　　)接口。

(A)青铅 (B)石棉水泥 (C)水泥 (D)高黏胶

21. —N—表示(　　)。

(A)冷凝水管 (B)暖气管 (C)放水管 (D)上水管

22. —YS—表示(　　)。

(A)氧气管 (B)压缩空气管 (C)油管 (D)乙炔气管

23. —S—表示(　　)。

(A)给水管 (B)乙炔管 (C)蒸汽管 (D)下水管

24. 厂区蒸汽管道外表涂漆应为(　　)。

(A)天蓝色 (B)黄色 (C)红色 (D)白色

25. 机车机油系统管路外表涂漆应为(　　)。

(A)蓝色 (B)黄色 (C)棕色 (D)绿色

26. 机车空气制动系统管路外表涂漆应为(　　)。

(A)蓝色 (B)黄色 (C)黑色 (D)天蓝色

27. 电线用管路表面涂漆应为(　　)。

(A)绿色 (B)灰色 (C)桔黄 (D)浅绿

28. 乙炔气被冻，只允许(　　)解冻。

(A)木柴烤 (B)热水浇 (C)氧气-乙炔焰烧 (D)电炉烤

29. 厂房乙炔管道安装应采用壁厚不小于(　　)的无缝钢管。

(A)2.5 mm (B)3.5 mm (C)4 mm (D)5 mm

30. 采用气焊方法焊接一般钢管时，都采用(　　)。

(A)碳化焰 (B)中性焰 (C)氧化焰 (D)混合焰

31. 管子壁厚 6 mm，用电焊进行对口焊接时，管端(　　)。

(A)不用开坡口 (B)开 V 形坡口 (C)开单边坡口 (D)开双面坡口

32. 只做管径为 200 mm 的弯管，其椭圆度不得大于(　　)。

(A)3% (B)10% (C)6% (D)8%

33. 室内生活给水管应采用(　　)。

(A)焊接管 (B)无缝管 (C)不锈钢管 (D)镀锌管

34. 2 m 长的普通卷尺的精度为(　　)。

(A)1 mm (B)0.1 mm (C)0.5 mm (D)10 mm

35. 排水管道的标高指的是(　　)。

(A)基准面到管底皮的高度 (B)基准面到管中心的高度

(C)基准面到管顶面高度 (D)基准面到管道最高点的高度

36. 5 英寸换算为公制长度为(　　)。

(A)100 mm (B)125 mm (C)127 mm (D)135 mm

37. 机车燃油、空气制动系统管件主要的连接方式是(　　)。

(A)法兰连接 (B)管箍连接

(C)接头体、球头、活接头螺母连接 (D)胶管连接

38. 机车机油和冷却水系统中管径为 $\phi 89$、$\phi 114$ 的管件连接的主要方式是(　　)。

(A)活接头螺母连接 (B)胶管连接

(C)卡套式连接 (D)法兰连接

39. 机车静液压系统的工作压力是(　　)。

(A)50 kgf/cm^2　(B)100 kgf/cm^2　(C)120 kgf/cm^2　(D)3 150 kgf/cm^2

40. 机车燃油系统安全阀的调动压力是(　　)。

(A)1.5 kgf/cm^2　(B)2 kgf/cm^2　(C)2.5 kgf/cm^2　(D)3 kgf/cm^2

41. 车辆制动管路连接的主要方式是(　　)。

(A)法兰　(B)活接头　(C)管箍　(D)胶管

42. 机车车辆用制动软管的试验压力为(　　)。

(A)0.5 MPa　(B)0.6 MPa　(C)1.0 MPa　(D)1.5 MPa

43. 车辆制动系统现有管件材质为(　　)。

(A)无缝钢管　(B)焊接钢管

(C)铜管　(D)1Cr18N19T1 不锈钢管

44. 冷热水管在垂直平面上并行安装,热水管应在冷水管之(　　)。

(A)上　(B)下　(C)左　(D)右

45. 机车静液压系统高温温度控制阀的工作温度是(　　)。

(A)54～64 ℃　(B)64～72 ℃　(C)72～84 ℃　(D)84～92 ℃

46. 客车制动管的工作压力为(　　)。

(A)0.3 MPa　(B)0.4 MPa　(C)0.5 MPa　(D)0.6 MPa

47. 导电能力由强到弱的金属材料,依次排列为(　　)。

(A)铜、铝、银　(B)银、铝、铜　(C)铝、铜、银　(D)银、铜、铝

48. 凡是被绝缘物分开的两个导体所构成的总体都是电容器,其最基本的特点是能(　　)。

(A)流动电荷　(B)储存电荷　(C)隔通电流　(D)导通直流

49. DF4D 型货运机车冷却风扇温控阀的启动温度为(　　)。

(A)55～65 ℃　(B)82～88 ℃　(C)56～64 ℃　(D)84～92 ℃

50. ϕ30H7/f6 属(　　)。

(A)基轴制,其轴的公差带代号 AH7　(B)基孔制,其孔的公差带代号为 f6

(C)基孔制,其孔的公差带代号为 H7　(D)基轴制,其轴的公差带代号为 f6

51. 有 0 W、5 W、10 W、30、40、50 六种润滑油,其中冬季润滑油有(　　)。

(A)30、40、50、　(B)0 W、5 W、10 W　(C)50、10 W　(D)30、5 W

52. 进行錾削时,应用虎钳把工件夹好,錾打的方向要面向钳口,錾子与工件所成的倾角应在(　　)之间。

(A)15°～25°　(B)25°～40°　(C)40°～50°　(D)50°～60°

53. 由于钻孔一般属于粗加工,所以冷却润滑的目的是以(　　)为主。

(A)润滑　(B)冷却

(C)延长机床寿命　(D)提高钻孔光洁度

54. 过共析钢正火是为了(　　)。

(A)改变上贝氏体组织　(B)消除下贝氏体组织

(C)消除网状渗碳体　(D)改变晶体结构

55. 机车系统管件常用的无缝钢管材质为(　　)。

(A)无缝钢管　(B)焊接钢管　(C)30 号钢　(D)40 号钢

56. 构件是组成机构或机器的(　　)。

(A)最小单元实体　(B)最小运动单元体　(C)最小部件　(D)最小零件

57. 装配图是指能表示出机器或总成的、部件的各零件相互位置和装配关系，以指导装配、安装、使用、维修工作的(　　)。

(A)图样　(B)工艺　(C)标准　(D)规程

58. 攻丝前底孔直径的大小，要根据工件材料的塑性大小和钻孔的扩张量来考虑，使攻丝时机即有足够的空隙来容纳被挤出的金属，有能保证加工出的螺纹得到完整的(　　)。

(A)牙形　(B)螺纹外径　(C)螺纹内径　(D)螺纹

59. 公称直径为 1/2 英寸 550 圆锥管螺纹的钻底孔的钻头直径为(　　)。

(A)15 mm　(B)16 mm　(C)16.5 mm　(D)18.3 mm

60. 加工 3/4 英寸圆柱管螺纹，攻丝前钻底孔的钻头直径是(　　)。

(A)20.2 mm　(B)21.3 mm　(C)23.4 mm　(D)24.4 mm

61. 用做一般热水采暖系统和低压蒸汽采暖系统的各种垫片的用料是(　　)。

(A)橡胶板　(B)石棉板　(C)耐热橡胶板　(D)铜板

62. 弹簧垫圈，其用途是装载螺母下面，用于(　　)。

(A)避免连接表面擦伤　(B)增大接触面积

(C)降低单位面积压力　(D)防止螺母松动

63. 焊接电源、焊接电流强度、焊条药皮、电弧长度是影响焊接电弧稳定的(　　)。

(A)因素　(B)原因　(C)条件　(D)关键

64. 手工电弧焊焊机的外特性曲线应该是(　　)的。

(A)缓降　(B)缓升　(C)陡降　(D)陡升

65. 焊接外观检查应在无损探伤、强度试验及严密性试验之前进行，要求焊接接头无表面裂纹、气控、夹渣等缺陷，要肉深度不得大于(　　)，焊脚高度符合平缓过渡。

(A)0.1 mm　(B)0.25 mm　(C)0.35 mm　(D)0.5 mm

66. 气焊的原理是：利用可燃气体加上助燃气体，通过一特别的焊炬，使他们发生剧烈的氧化-燃烧，利用燃烧时所产生的热量去熔化工件接头处的金属和焊丝，使工件获得牢固的不可分离的接头，这是利用(　　)的一种熔化焊接的方法。

(A)气体燃烧热能　(B)化学能转化为热能

(C)气体混合燃烧热能　(D)化学能

67. 氧气瓶的工作压力是 1.5 MPa，试验压力是工作压力的(　　)倍。

(A)1.2　(B)1.3　(C)1.5　(D)2

68. 在气焊气割工作中发生的气体火焰进入喷嘴内逆向燃烧的现象，称为(　　)。

(A)回火　(B)逆火　(C)倒火　(D)反火

69. 气焊规程通常包括焊丝的牌号、焊丝的直径、气焊溶剂、火焰成伤与促率、焊炬的倾斜角度、焊接方向和(　　)。

(A)焊接快慢　(B)焊接质量　(C)焊接速度　(D)焊接程序

70. 利用金属板制成的圆筒有内径、外径和中心径之分，当板料弯曲时，里皮压缩，外皮拉伸，他们改变了原来的长度，只有板厚的中心层长度不变，所以原统下料展开长度必须以(　　)为计算标准。

(A)外径　(B)内径　(C)皮厚 1/5 处直径　(D)中径

71. 头锥、二锥、三锥的区别方法是:一般头锥的下端没有螺纹,与螺丝底孔一样大小,以便适合初步铰丝工作,二锥只有下端设有(　　),三锥之下端具有完全的螺纹。

(A)1 个螺纹　(B)2～3 个螺纹　(C)3～4 个螺纹　(D)1～2 个螺纹

72. 填料是为了防止阀内介质随阀件的转动而泄漏,阀内应设置加填料的(　　)。

(A)空间　(B)空位　(C)间隙　(D)位置

73. 管道安装中使用的弯管式伸缩器是用管子弯制而成,按(　　)不同分为圆形和方形两种。

(A)形状　(B)外形　(C)内径　(D)外径

74. 弯管机的弯曲模中尺寸 D 是管件弯曲半径的(　　)。

(A)D＝弯曲半径　(B)D＝2×弯曲半径

(C)D＝2 倍弯曲半径加管径　(D)D＝2 倍弯曲半径减管径

75. 弯管机弯曲模的圆弧曲线半径等于管子的(　　)。

(A)管子内径的半径　(B)管子外径的半径

(C)管壁厚度中径的半径　(D)大于管子外径的半径

76. 管子在弯曲时,管子外壁受拉伸力变薄,易成扁平形状,为减少弯曲变形,弯管机的压力模或靠背的圆弧曲线应是(　　)比较合适。

(A)等于管子的半圆　(B)大于管子的半圆

(C)小于管子的半圆　(D)合理的椭圆形曲线

77. 压力管道工程设计分成管道布置、管道材料设计和管道(　　)三部分。

(A)安装设计　(B)附件设计　(C)机械设计　(D)施工设计

78. 管道的走向设计就是确定管道以怎样的一个空间、路径和形状把相关的设备或部件连接起来。良好的管道设计应使规则整齐,(　　)最低运行起来安全可靠。

(A)设计费用　(B)建设费用　(C)材料费用　(D)安装费用

79. 在确定管道的定位尺寸时应充分考虑隔热及防腐的施工影响,热胀位移的影响,法兰及阀门操作检修的影响,仪表元件对管道结构尺寸的要求,管道及元件的安装空间要求,支承(　　)位置的要求等。

(A)固定　(B)安装　(C)生根　(D)确定

80. 管道的防腐设计是通过选取适当的防腐涂料和防腐结构,以达到管道及其元件免遭(　　)的目的。

(A)环境腐蚀　(B)大气腐蚀　(C)雨水腐蚀　(D)介质滴漏腐蚀

81. 管道表是指由工艺专业提供的带有管道号、管道起止点、管道操作条件(介质、介质操作压力和温度、隔热要求等),并留有供管道设计专业添加相应内容的(　　)。

(A)管道细目表　(B)管道名称表　(C)管道明细表　(D)管道布置表

82. 压力管道的安全性或者说可靠性首先表现在其操作运行风险小,安全系数大,不至于应失效产生重大事故,其次是运转平稳,没有或者少有跑、冒、滴、漏现象,不至于造成装置短生产周期的停车或频繁(　　)。

(A)事故　(B)停止　(C)不正常运行　(D)停车

83. 阀门是压力管道中重要组成部件之一,用于启闭、(　　)和保障管道及设备的安全运行等。

(A)减流　(B)缩流　(C)节流　(D)增流

84. 材料的密度是指单位体积物体的(　　),用符号 P 表示。

(A)质量　(B)重量　(C)轻重　(D)重度

85. 金属材料被加热到一定温度时就开始熔化变成液态,物体的这种性能成称为(　　)。

(A)溶解性　(B)可溶性　(C)熔化性　(D)变态性

86. 热量由物体的一处传到物体的另一处的性能称为物体的(　　)。

(A)传热性　(B)串热性　(C)散热性　(D)导热性

87. 材料在外力作用下会产生变形,当外力消除后,变形能完全恢复者称为弹性变形,不能恢复者称为(　　)。

(A)塑性变形　(B)残余变形　(C)永久变形　(D.)局部变形

88. 流体能传递外力,对管道或容器中的流体施加外力,流体很快把力传递给管道和容器的内壁压力的方向总是(　　)于管道和容器的壁面,压力的大小与壁面面积和外力的大小成正比。

(A)平形　(B)倾斜　(C)垂直　(D)正压

89. 在温度不变的情况下,流体体积随压力增加而缩小的性质称为流体的(　　)。

(A)压缩性　(B)可变性　(C)流动性　(D)变形性

90. 在压力不变的情况下,流体体积随温度的升高(或降低)而增大(或缩小)的性质称为流体的(　　)。

(A)伸缩性　(B)胀缩性　(C)可变性　(D)应变性

91. 热量从一个物体转移到另一个物体,或者从物体的一部分转移到邻近部分的过程,叫做(　　)。

(A)热传导　(B)热扩散　(C)热传递　(D)热流动

92. 在正常情况下,当柴油机运转速度 430 r/min,其末端机油压力不低于 0.10 MPa,柴油机转速 1 000 r/min 时,柴油机末端有压不低于 0.4 MPa,机油滤清器的压差为(　　)。

(A)0.005～0.01 MPa　(B)0.01～0.015 MPa

(C)0.015～0.02 MPa　(D)0.02～0.05 MPa

93. DF_{10F} 客运机车机油系统机油最高工作温度不大于 95 ℃,工作温度一般在(　　)范围内。

(A)55～64 ℃　(B)64～76 ℃　(C)74～80 ℃　(D)80～90 ℃

94. 冷却水系统最高处与水箱相连的各排气管上的塞门,仅在机车需要预热时须关闭外,其余任何状况下均处(　　)。

(A)常闭状态　(B)继续开启状态　(C)常开状态　(D)按时开闭状态

95. DF_{10F} 客运机车柴油机冷却水温度最高允许 98 ℃,一般为 80～95 ℃。如水温过高,应分别对可能造成水温过高的部件进行(　　)。

(A)拆检修复　(B)检查分析　(C)局部检查　(D)维持工作

96. 预热水泵,机车大修时必须拆卸解体清洗检修各零件,更换密封件,叶轮与衬套连接不得松动,叶轮前后与泵体密封压盖间的间隙保持在(　　)范围内。

(A)0.1～0.2 mm　(B)0.3～0.4 mm　(C)0.4～0.8 mm　(D)0.8～0.9 mm

97. 热交换器进行检查修理后,必须按油、水通路分别进行水压试验。水路压力为 0.6 MPa,

油路为(　　),保压 5 min 检查有无泄漏。

(A)0.5 MPa　(B)0.8 MPa　(C)1.0 MPa　(D)1.3 MPa

98. 散热器是机车冷却水系统的重要部件,他把冷却水从柴油机带出的(　　)传给空气散入大气中,保证柴油机耐久可靠的工作。

(A)热能　(B)热量　(C)热度　(D)温度

99. 在机车运用中,如发现静液压系统的工作油变色乳化,可能由油水热交换器泄漏所致,此时除检修油水热交换器外,必须更换静液压系统(　　)。

(A)少量工作油　(B)部分工作油　(C)多量工作油　(D)全部工作油

100. 120 型铁路货车空气制动控制阀检修时,滑阀、节制阀各滑动面和阀座涂以适量的(　　),不准用其他油代替。

(A)润滑油　(B)润滑脂　(C)甲基硅油　(D)工业凡士林

101. 货车厂修时 120 阀的滤尘器必须清洗干净,如有变形、损坏时须更换,非(　　)滤尘器者必须更换。

(A)粉末冶金　(B)不锈钢　(C)铜网　(D)铝网

102. 减压阀是管路中用来降低管道内介质的压力的一种(　　)。

(A)降压装置　(B)减压装置　(C)排压装置　(D)卸载装置

103. 采暖系统是由热源部分、(　　)、散热部三部分组成。

(A)导热部分　(B)传热部分　(C)输热部分　(D)供热部分

104. 燃油预热器应选用优质的材料并采用先进工艺,保证该装置的质量。所选用的燃油预热器应能使机车在一个(　　)正常使用而无故障。

(A)临修期　(B)架修期　(C)大修期　(D)厂修期

105. 机车燃油系统的管路应支承牢固、连接可靠,应配置优质的胶管或扰性接头,以承受机车常见的(　　)。

(A)冲动　(B)冲击　(C)晃动　(D)震动

106. 当两种不同性能的钢材组焊在一起时,允许按其中(　　)选用焊条和焊丝,但焊接工艺应满足强度较高的母材的工艺要求。特殊情况应在产品图样或技术文件中注明。

(A)强度较高的母材　(B)碳钢钢材

(C)强度较低的母材　(D)任何型号钢材

107. 内燃机车和内燃动车防火及消防规则中要求必须防止燃油和机油的泄漏,油管的接头应减量减少,所用接头必须良好密封,禁止使用(　　)焊接接头。

(A)一般焊条　(B)低熔点焊条　(C)高熔点焊条　(D)特殊焊条

108. 应在机车活动车的每个司机室内分散设置手提式灭火器,其总容量最少应为(　　)。

(A)4 kg　(B)3 kg　(C)2 kg　(D)1 kg

109. 电力平面图图形符号“Ⓜ”表示(　　)。

(A)电动机　(B)直流电动机　(C)发电机　(D)直流发电机

110. 电力平面图图形符号“◪”表示(　　)。

(A)杆上变电所　(B)地下变电所　(C)车间变电所　(D)发电站所

111. 电力平面图灯具符号“⊖”表示(　　)。

(A)安全灯 (B)广照型工厂灯 (C)防水防尘灯 (D)防爆灯

112. 铁道车辆用储钢焊接咬边深度不得大于0.5 mm,咬边连续长度不得大于100 mm,咬边总长度不得大于该条焊缝长度的( )。

(A)5% (B)7% (C)8% (D)10%

113. 铁道车辆用储风缸应逐个进行900 kPa的水压试验,保压5 min,不得产生( )和裂纹及净水现象。

(A)局部变形 (B)永久变形 (C)短时变形 (D)弹性变形

114. 机车车辆前列车软管,当机车车辆落成后应做全面质量检查验收,其中前列车软管伸出盖板长度应为( )。

(A)50～60 mm (B)60～70 mm (C)80～100 mm (D)80～120 mm

115. 撒砂装置在机车落成后也要做全面质量检查,其中软管(喷嘴)的下平面至轨道距离为( )。

(A)20 mm (B)30 mm (C)40 mm (D)50 mm

116. 柴油机水管安装中所有软管两端钢管不同心度4 mm,两钢管端面距离( )。

(A)30 mm (B)40 mm (C)50 mm (D)60 mm

117. 机车辅助机油泵安装,油泵和电机的不同心度在50 mm长度上允差( )。

(A)0.1 mm (B)0.08 mm (C)0.06 mm (D)0.05 mm

118. 紧急排风阀检查验收试验:当自动制动阀和单独制动阀手把均置于运转位,打开紧急排风阀,列车管压力应下降,应能起紧急制动作用,闸缸压力应为( )。

(A)340 kPa (B)360 kPa (C)420 kPa (D)450 kPa

119. 总风安全阀试验:闭合空压机手动打风按钮,空压机应打风。安全阀开启压力应为( ),安全阀应无漏风现象。

(A)900±10 kPa (B)950±10 kPa (C)900±20 kPa (D)950±20 kPa

120. 机车运转状态机油系统柴油机机油末端压力检查验收:柴油机430 r/min时120 kPa,1 000 r/min时( )。

(A)130 kPa (B)150 kPa (C)200 kPa (D)250 kPa

121. 风动刮雨器维修保养:风动刮雨器润滑用SY1607-77工业用凡士林。每走行( )加一次油。

(A)50 000 km (B)55 000 km (C)70 000 km (D)75 000 km

122. 撒砂系统用砂的粒度最好在0.5～1 mm左右,最细不小于0.2 mm,最粗不大于( )。

(A)1.2 mm (B)1.5 mm (C)2 mm (D)2.5 mm

123. 工作场地应整洁,零件堆放整齐,实用行灯照明电压不许超过( )。

(A)36 V (B)24 V (C)12 V (D)60 V

124. 砂轮机砂轮不圆,过薄或因磨损过多,工作面离甲板边缘不足( )时,应更换新砂轮。

(A)15 mm (B)20 mm (C)25 mm (D)30 mm

125. 使用摇臂钻床时,要检查电动机、配电箱、安全灯、导线、接地线及其他电气设备是否完善,符合要求。周围环境是否清洁,严禁铁屑、油垢、冷却液等侵入,配电箱必须( )。

(A)严关 (B)关紧 (C)关好 (D)关上

126. 操纵割丝机进行割丝时,禁止开车变速及(　　)。

(A)倒车　(B)换向　(C)反转　(D)变挡

127. 操纵金属带锯床进行切割管件,当离开机床时,必须切断电源,下班前应将手柄、刀架放置在(　　)。

(A)工作位置　(B)工作台附近位置　(C)非工作位置　(D)任意位置

128. 机车主发电机发出的电流经整流后至各牵引电动机的大线电线管头均加橡胶套,以防止(　　)。

(A)拉伤大线　(B)进水　(C)进灰尘　(D)松动

129. 机车车辆喷漆,油雾,有机废气排放(　　)。

(A)污染水体　(B)污染土壤　(C)污染大气　(D)污染厂房

130. 酸洗除锈和磷化槽的含酸、含磷废液的排放要求是(　　)。

(A)任意排放　(B)用水稀释排放

(C)略加处理排放　(D)经环保处理达标后排放

131. 韶山$_4$型电力机车连挂车辆后,无论何种原因引起列车起非常制动后必须停留(　　)以上,列车停稳后,大闸在重联位停留几秒,方可缓解。

(A)10 s　(B)15 s　(C)18 s　(D)20 s

132. 最高管理者应确保在组织的相关职能和各层次上建立质量目标,质量目标应是可测量的,并与(　　)保持一致。

(A)质量标准　(B)质量管理　(C)质量方针　(D)质量程序

133. 质量管理组织应确保在不同的层次和职能之间,就质量管理体系的过程及其有效性进行(　　)。

(A)沟通　(B)交流　(C)互通情报　(D)联系

134. 质量管理组织应监控顾客满意和不满意的信息,作为对质量管理体系业绩的一种(　　)。

(A)评价　(B)测量　(C)根据　(D)指标

135. 焊接好球头和接头体的管件,应按工艺要求逐根装车摆放和卸下上料架,不准随意摔打和冲撞,以防损伤(　　)。

(A)管子　(B)焊缝　(C)球面和螺纹　(D)防尘堵

136. $\phi 6$、$\phi 10$管件的球头和接头体一般均用气焊焊接,焊缝的高度和焊量一定要符合工艺要求,过小影响强度,过大影响(　　)。

(A)接头体通过　(B)活接头螺母通过　(C)连接质量　(D)美观

137. 机车车辆管件割制管锥螺母均用专用割丝机切向板牙切制,切向板牙的调整角度应和管锥螺纹的(　　)相一致。

(A)外径　(B)底径

(C)螺纹中径　(D)管锥螺纹的锥度

138. 焊接基本符号时表示焊缝(　　)的符号。

(A)横截面形状　(B)焊缝中剖面形状　(C)焊缝高度　(D)焊缝宽度

139. 焊缝符号Y表示(　　)。

(A)角焊缝　(B)带钝边V形焊缝

(C)V 形焊缝　　(D)带钝边单边 V 形焊缝

140. 管子在下料前对管材的质量要进行检查选择，对管子表面凹面大于管子直径的(　　)者，禁止使用。

(A)10%以上　　(B)15%以上　　(C)20%以上　　(D)25%以上

141. 不同管材的管件的切割下料必须使用指定的设备，按照相应的工艺规程进行，杜绝由于切割作业造成的管材切口变形以及管材(　　)。

(A)局部变形　　(B)截面变形　　(C)径向变形　　(D)整体变形

142. 水压发现焊缝渗漏时，严禁带压施焊，必须卸压，彻底清除原(　　)后，再按要求补焊。

(A)毛病　　(B)焊渣　　(C)缺陷　　(D)气孔

143. 小管径管件要摆放在(　　)，以防弯曲变形。

(A)地面上　　(B)专用管件上

(C)托臂距离长管架上　　(D)任意地方上

144. 机车大修，各表管及阀要(　　)，各阀需作用良好。

(A)解体检修　　(B)清洗检修　　(C)局部检修　　(D)外观检修

145. 机车大修中各种排水管、排气管须解体、清扫、检修、保持管道畅通，接头牢固，(　　)。

(A)无渗漏　　(B)无泄漏　　(C)无大漏　　(D)无滴漏

146. 空气干燥器中修经拆卸、清洗、组装后应进行(　　)试验。

(A)个别性能　　(B)局部性能　　(C)主要性能　　(D)综合性能

147. 油水分离器中修修程要求：解体检查并清扫(　　)。

(A)滤芯　　(B)孔腔　　(C)内体　　(D)整体

148. 直接控制气动执行机构的阀叫主阀，其作用是把压缩空气送入气动执行机构，同时把用过的空气排出去，使气路进行通、断或(　　)。

(A)变向　　(B)切换　　(C)变流　　(D)减流

149. 一般弯管机和弓锯床切管机的夹紧机构，通常都用(　　)来进行控制。

(A)电空阀　　(B)电磁阀　　(C)气动控制阀　　(D)变向阀

150. 工作前必须按规定穿戴好个人防护用品和佩戴好(　　)。

(A)安全用具　　(B)安全用品　　(C)安全工具　　(D)安全器具

151. 各类起重机应标明起重吨位，各安全装置必须齐全、(　　)。

(A)安全可靠　　(B)灵敏可靠　　(C)动作灵活　　(D)使用方便

152. 锅炉和压力容器设备的各种装置必须齐全、灵敏、可靠，并按规定(　　)，确保锅炉和压力容器安全运行。

(A)定期保养检修　　(B)不定期检修　　(C)临时保养检修　　(D)有问题时检修

153. 易燃易爆物品存放的库房的电器应符合规定的(　　)，并应定期检查。

(A)安全措施　　(B)防火措施　　(C)防爆措施　　(D)应急措施

154. 经审查批准后的工艺文件原则上任何人不得随意涂改，否则按违反(　　)的有关规定进行处罚。

(A)规章制度　　(B)质量规则　　(C)工艺要求　　(D)工艺纪律

155. 企业的规章制度是企业的(　　)。

(A)法规　(B)总则　(C)方针　(D)目标

156. 劳动者应当完成劳动任务,提高职业技能,执行劳动安全卫生规程,遵守劳动纪律和(　　)。

(A)职业规范　(B)职业道德　(C)职业修养　(D)劳动法规

157. 劳动者有权依法参加和组织(　　)。

(A)工会　(B)团体　(C)集会　(D)群众组织

三、多项选择题

1. 装配图一般都具有的基本视图包括(　　)。

(A)主视图　(B)俯视图　(C)左视图　(D)剖视图

2. 标注尺寸的四要素包括(　　)。

(A)尺寸界限　(B)尺寸线　(C)箭头　(D)尺寸数字

3. 根据支承面的摩擦性质,轴承可以分为(　　)几种。

(A)滑动轴承　(B)滚子轴承　(C)滚动轴承　(D)球轴承

4. 钢管可分成(　　)两种。

(A)无缝钢管　(B)焊接钢管　(C)白钢管　(D)有缝钢管

5. 下列属于管钳组成部分的有(　　)。

(A)活动钳口　(B)手柄　(C)套夹　(D)弹簧

6. 管道工常用的简单钻孔工具有(　　)。

(A)手电钻　(B)台钻　(C)风钻　(D)全自动钻机

7. 麻花钻头主要包括的组成部分有(　　)。

(A)钻柄　(B)钻颈　(C)锁紧部分　(D)工作部分

8. 机车车辆所用管件切割操作常用设备有(　　)等。

(A)专用切管机　(B)无齿锯床　(C)弓锯床　(D)带锯床

9. 机车车辆管道工常用的扳手有(　　)等。

(A)插扳手　(B)活扳手　(C)钩形扳手　(D)梅花扳手

10. 弯管机的各种模具中最易磨损需要定期进行检查的模具有(　　)。

(A)弯曲模　(B)靠背模　(C)芯模　(D)加紧模

11. 内燃机车各系统中,小管径管件连接常用的组合的方式有(　　)。

(A)法兰　(B)球接头　(C)活动螺母　(D)接头体

12. 机车管路中的法兰连接常用结构形式有(　　)等。

(A)方法兰　(B)圆法兰　(C)椭圆法兰　(D)花法兰

13. 下列方位中,属于主视图反映物体的方位的有(　　)。

(A)前　(B)上　(C)下　(D)后

14. 下列方位中,属于俯视图反映物体的方位的有(　　)。

(A)前　(B)左　(C)右　(D)后

15. 下列零部件中,属于风源系统的有(　　)。

(A)空气压缩机　(B)干燥器　(C)油水分离器　(D)风缸

16. JZ-7 型空气制动系统中,直接影响制动机性能的风缸有(　　)。

(A)总风缸 (B)工作风缸 (C)降压风缸 (D)均衡-过充风缸

17. 下列选项中，属于东风$_4$型内燃机车辅助系统的有(　　)。

(A)空气滤清系统 (B)燃油系统 (C)机油系统 (D)冷却水系统

18. $\phi32\times2.5$规格的管路，一个普通管管连接需要的零件为(　　)。

(A)球接头 DN25 (B)接头体 DN25

(C)活动螺母 M48×2 (D)活动螺母 M42×2

19. 关于聚四氟乙烯生料带的使用，下列表述正确的是(　　)。

(A)彻底清洗内外螺纹 (B)胶带必须从第一扣开始缠绕

(C)注意不能污染胶带 (D)清洗需要缠绕的外螺纹即可

20. 波纹管连接是必须做到(　　)。

(A)不得承受轴向拉力 (B)旋紧螺母时不得引起管身扭转

(C)安装后不得有接磨现象 (D)安装后不能挤压管身

21. 选用的管材，当有下列缺陷时，禁止使用(　　)。

(A)管子内外表面已腐蚀或有显著变色

(B)管子伤口伤痕深度为管壁厚的10%以上

(C)管子表面凹面达管子直径的15%以上

(D)管端口不垂直达到20%以上

22. 管路在弯制时，允许椭圆度为10%，但不允许有的缺陷是(　　)。

(A)弯曲部分的内外侧有锯齿形 (B)弯曲部分的内外侧形状不规则

(C)弯曲部分的内侧有扭曲或压坏 (D)弯曲部分的内侧波纹凹凸不平

23. 下列系统的管件在装车前必须进行酸洗和高温磷化处理的是(　　)。

(A)燃油系统 (B)机油系统 (C)静液压系统 (D)冷却水系统

24. 内燃机车的各系统管路在装车前需要分色，系列分色正确的是(　　)。

(A)燃油系统—中黄色 (B)机油系统—紫棕色

(C)空气制动系统—天酞蓝色 (D)静液压系统—淡棕色

25. 管件在装车前必须检查的项目有(　　)。

(A)管口质量 (B)内部清洁状况

(C)管件空间尺寸 (D)螺纹面状况

26. 目前我国主要线路上运行的机车种类有(　　)。

(A)蒸汽机车 (B)内燃机车 (C)电力机车 (D)液力传动机车

27. 目前机车车辆上常用的管路材质有(　　)。

(A)无缝钢管拔10 (B)1Cr18Ni9 (C)Q235-A (D)45

28. 电力机车空气管路系统就其功能可分为(　　)。

(A)风源系统 (B)控制管路系统 (C)辅助管路系统 (D)制动机系统

29. 国内电力机车装用过的制动机有(　　)。

(A)EL-14型空气制动机 (B)JZ-7型空气制动机

(C)DK-1型电空制动机 (D)克诺尔CCB-Ⅱ制动机

30. DK-1型电空制动机由于采用电信号传递控制指令及其积木式结构，所以有如下特点(　　)。

(A)准、快、轻和静 (B)结构简单、便于掌握、便于检修

(C)多重性的安全措施 (D)阶段制动、阶段缓解

31. DK-1 型空气制动阀的工作位置包括(　　)。

(A)缓解位 (B)运转位 (C)制动位 (D)紧急位

32. DK-1 型电空制动控制器操作全列车的制动和缓解,它有六个工作位置包括(　　)。

(A)过充位与运转位 (B)中立位与制动位

(C)缓解位与全制位 (D)重联位与紧急位

33. DK-1 型电空制动机双阀口式中继阀共有三个作用位置,包括(　　)。

(A)缓解充风位 (B)手柄取出位 (C)制动位 (D)保压平衡位

34. DK-1 型电空制动机双阀口式中继阀管座上连有五根管子,包括(　　)。

(A)制动缸管 (B)总风管 (C)列车管 (D)总风遮断阀管

35. DK-1 型电空制动机紧急阀三个作用位置包括(　　)。

(A)紧急制动位 (B)缓解位 (C)常用制动位 (D)充气位

36. 109 型机车分配阀主阀的组成部分包括(　　)。

(A)主阀部 (B)均衡部 (C)安装座 (D)增压部

37. 109 型机车分配阀的作用位置包括(　　)。

(A)充风缓解位 (B)常用制动位 (C)保压位 (D)紧急制动位

38. 109 型机车分配阀的主要特点有(　　)。

(A)具有良好的稳定性 (B)工作风缸容积的选配性

(C)制动缸压力的单独控制 (D)制动力的不衰减性

39. DK-1 型电空制动机重联阀构造上包括(　　)。

(A)转换阀部 (B)重联阀部

(C)制动缸遮断阀部 (D)重联阀体及管座

40. 六轴机车撒砂都位于一、三、四、六轮,按动Ⅰ端司机室撒砂按钮时撒砂的是(　　)。

(A)一轮 (B)三轮 (C)四轮 (D)六轮

41. 六轴机车撒砂都位于一、三、四、六轮,按动Ⅱ端司机室撒砂按钮时撒砂的是(　　)。

(A)一轮 (B)三轮 (C)四轮 (D)六轮

42. 制动机按操纵方法和动力来源的不同,一般可分为(　　)。

(A)空气制动机 (B)电空制动机 (C)真空制动机 (D)机械制动机

43. 704 调压器的调整包括(　　)。

(A)高压限压的调整 (B)低压限压的调整

(C)中压限压的调整 (D)无压力调整

44. 风源系统止回阀主要由(　　)组成。

(A)阀体 (B)活塞 (C)弹簧 (D)阀盖

45. 下列主要阀件控制关系正确的是(　　)。

(A)自动制动阀→均衡风缸 (B)单独制动阀→作用阀

(C)中继阀→分配阀 (D)作用阀→分配阀

46. 东风$_4$型内燃机车司机室压力表中,由红针指示的有(　　)。

(A)均衡风缸压力 (B)列车管压力 (C)制动缸压力 (D)工作风缸压力

47. 东风$_4$型内燃机车司机室压力表中,由黑针指示的有(　　)。

(A)均衡风缸压力 (B)总风管压力 (C)低压风缸压力 (D)工作风缸压力

48. 双阀口中继阀接口有(　　)。

(A)列车管接口 (B)过充管接口
(C)总风管接口 (D)单独缓解管接口

49. 双阀口中继阀作用位置有(　　)。

(A)缓解充气位 (B)缓解后保压位 (C)制动位 (D)制动后保压位

50. 中继阀管座管号与名称对应正确的有(　　)。

(A)列车管-2 (B)总风遮断阀管-7 (C)中均管-4 (D)总风管-3

51. 自动制动阀手柄作用位置有(　　)。

(A)运转位 (B)保压位 (C)过量减压位 (D)紧急制动位

52. 下列属于自动制动阀组成部分的有(　　)。

(A)调整阀 (B)重联柱塞阀 (C)客货转换阀 (D)放风阀

53. 列车管定压 600 kPa,下列工作压力显示正确的是(　　)。

(A)均衡风缸 600 kPa (B)工作风缸 600 kPa
(C)总风缸 600 kPa (D)降压风缸 600 kPa

54. 东风$_4$型内燃机车制动缸管车体上与转向架连接的位置在(　　)。

(A)一轮端部 (B)三轮端部 (C)四轮端部 (D)六轮端部

55. 单独制动阀的三个作用位置是(　　)。

(A)单独缓解位 (B)单独制动位 (C)运转位 (D)全制动位

56. 分配阀紧急部的紧急放风阀根据列车管压力变化的三个作用位置是(　　)。

(A)充气缓解位 (B)常用制动位 (C)保压位 (D)紧急制动位

57. 作用阀的三个作用位置有(　　)。

(A)紧急位 (B)缓解位 (C)制动位 (D)保压位

58. 下列关于变向阀的叙述,正确的是(　　)。

(A)第一变向阀用于转换两端单独制动阀对作用阀的控制
(B)第一变向阀使两端单独制动阀不能同时控制作用阀
(C)第二变向阀用于转换自动制动阀与单独制动阀对作用阀的控制
(D)第二变向阀使自动制动阀与单独制动阀不能同时控制作用阀

59. 下列选项属于制动机试验检测项目的有(　　)。

(A)列车管系漏泄检验 (B)风源管系和总风管系的漏泄检验
(C)制动缸管系漏泄检验 (D)各个阀类及风缸管系漏泄检验

60. 重联机车断钩分离后,被拉断的管路有(　　)。

(A)列车管 (B)总风重联管 (C)制动缸管 (D)平均管

61. 下列关于调整压力表述正确的是(　　)。

(A)紧急限压阀限制压力为 420～450 kPa (B)常用限压阀限制压力为 340～360 kPa
(C)高压保安阀的开启压力为 950 kPa (D)704 调压器的低压限压为 750 kPa

62. 自动制动阀手柄置运转位,均衡风缸升压缓慢的原因是(　　)。

(A)调整阀供气阀口被堵 (B)均衡风缸或其管路漏泄
(C)总风、均衡风缸管的通路过小 (D)遮断阀口打开不畅

63. 机车砂箱一般配备在(　　)位置附近。
(A)一轮　(B)三轮　(C)四轮　(D)六轮
64. 机车柴油机外的燃油系统一般包括(　　)燃油泵、燃油粗滤器及管件等。
(A)燃油箱　(B)燃油预热器　(C)限压阀　(D)安全阀
65. 柴油机控制机构是控制系统的执行机构,按样式分为(　　)。
(A)转轴式　(B)往复式　(C)活塞式　(D)拉杆式
66. 对柴油机控制系统的要求是(　　)。
(A)稳定　(B)灵敏　(C)安全　(D)可靠
67. 机车机油系统的作用有(　　)等。
(A)润滑作用　(B)导热作用　(C)清洗作用　(D)密封、缓冲作用
68. 机油润滑的种类有(　　)。
(A)飞溅润滑　(B)压力润滑　(C)高压注油润滑　(D)混合式润滑
69. 根据机油集存的位置不同,柴油机机油系统可分类为(　　)。
(A)复合式曲轴箱润滑系统　(B)湿式曲轴箱润滑系统
(C)干式曲轴箱润滑系统　(D)混合式曲轴箱润滑系统
70. 下列选项属于柴油机外机油系统的是(　　)。
(A)机油滤清器　(B)主机油泵　(C)机油热交换器　(D)管路及阀件等
71. 机油的主要指标有(　　)等。
(A)黏度　(B)闪点　(C)酸值　(D)机械杂质
72. 冷却水系统主要包括(　　)等。
(A)水泵　(B)膨胀水箱　(C)油水热交换器　(D)冷却风扇
73. 冷却水系统包括(　　)。
(A)低温水系统　(B)中温水系统　(C)常温水系统　(D)高温水系统
74. 低温水系统的作用是用来冷却(　　)的。
(A)增压空气　(B)机油　(C)燃油　(D)液压油
75. 预热系统主要作用是用来预热(　　)。
(A)燃油　(B)机油　(C)冷却水　(D)液压油
76. 下列描述正确的有(　　)。
(A)低压风缸压力 550～600 kPa　(B)机油出口压力 550～140 kPa
(C)燃油出口压力 200～300 kPa　(D)增压器油压 250～300 kPa
77. 机车各系统管路中,以接头体、球接头和活动螺母三者相结合方式连接的有(　　)。
(A)$\phi114\times4.5$　(B)$\phi89\times4$　(C)$\phi22\times2$　(D)$\phi10\times1.5$
78. 机车各系统管路中,以法兰方式连接的有(　　)。
(A)$\phi114\times4.5$　(B)$\phi89\times4$　(C)$\phi22\times2$　(D)$\phi10\times1.5$
79. 机车车辆用制动软管的组成部分有(　　)。
(A)球接头　(B)胶管　(C)连接器　(D)接头
80. 燃油系统安全阀调定压力为 245 kPa,是为了(　　)。
(A)怕损坏油路　(B)确保系统压力稳定　(C)保护柴油机　(D)保护系统部件
81. 为检验管道及管路附件和阀件等的机械强度和密封性能,工艺规定当管路安装完成

后要进行水压试验,下列压力标准哪些符合试验要求的是(　　)。
(A)公称压力的1.2倍　(B)公称压力的1.5倍
(C)公称压力的2倍　(D)公称压力的10倍
82. 机车车辆管道工常用的长度量具有(　　)。
(A)钢板尺　(B)盒尺　(C)直角拐尺　(D)角度尺
83. 生产时要严格执行"三按"和"三自",其中的"三按"指(　　)。
(A)按图纸　(B)按工艺　(C)按标准　(D)按现场
84. 生产时要严格执行"三按"和"三自",其中的"三自"指(　　)。
(A)自检　(B)自分　(C)自我做主　(D)自做标记
85. 图样中书写的字体都有号数要求,即字体高度,下列字高属于常用字高系列的有(　　)。
(A)1.5　(B)2.5　(C)3.5　(D)4.5
86. 关于图样中的字体,下列描述正确的是(　　)。
(A)斜体右倾75°　(B)斜体左倾75°
(C)汉字采用仿宋体　(D)字体宽度约是字体高度的2/3
87. 图样中常用的线形包括(　　)。
(A)粗直线　(B)细直线　(C)点划线　(D)虚线
88. 在管路、管件焊接中,比较常见的焊缝形式有(　　)。
(A)对接焊缝　(B)角焊缝　(C)搭接焊缝　(D)点焊缝
89. HXD_{3C}型是在(　　)型电力机车基础上研制的交流传动六轴7 200 kW干线货运电力机车。
(A)HXD_3　(B)HXD_{3B}　(C)HXN_3　(D)HXD_{3D}
90. 目前管路内部清洁方法比较常用的是(　　)。
(A)高压风吹扫　(B)酸洗清污　(C)高压水枪清扫　(D)射弹清扫
91. HXD_{3C}型电力机车主要特点有(　　)等。
(A)起动牵引力大　(B)黏着性能好
(C)功率因数高　(D)恒功率速度范围宽
92. HXD_{3C}型电力机车主要结构尺寸中,正确的有(　　)。
(A)机车前、后车钩中心距20 846 mm　(B)车体宽度3 100 mm
(C)车体高度4 100 mm(新轮)　(D)转向架固定轴距10 520 mm
93. 内燃机车一般是指柴油机车,它的基本组成部分包括(　　)等。
(A)柴油机　(B)传动装置　(C)走行部分　(D)机车上部结构
94. 冷却水系统主要包括(　　)。
(A)水泵　(B)水散热器　(C)油换热器　(D)管路附件
95. 膨胀水箱内燃机车运行中的作用是(　　)。
(A)为冷却水提供热胀冷缩的余地　(B)少量漏泄后补水
(C)排气　(D)加压
96. 水系统中有两个热交换器,分别安装在(　　)。
(A)低温水泵前　(B)低温水泵后　(C)高温水泵前　(D)高温水泵后
97. 内燃机车水系统中,主要完成热量转移的零件有(　　)。

(A)高低温水散热器　(B)静液压油热交换器
(C)燃油热交换器　(D)机油热交换器
98. 预热系统油水系统工作回路主要有(　　)。
(A)水循环回路　(B)燃油循环回路
(C)机油循环回路　(D)风机空气循环回路
99. 转向架主要有(　　)弹性摩擦旁承、牵引杆装置、基础制动装置等组成。
(A)构架　(B)轮对　(C)轴箱　(D)电机悬挂装置
100. 转向架的作用有(　　)等。
(A)保证机车顺利通过曲线或侧线　(B)缓和线路对机车的冲击
(C)保证轮轨间之黏着　(D)承受车体上部的重量

四、判 断 题

1. 机车车辆和设备的液压系统均装有橡胶软管,因软管有一定的弹性,所以在安装时可不考虑长度余量。(　　)

2. 为保持液压切管机和弯管机等设备的液压系统工作油的清洁度,一般在泵吸入管上应装置吸油滤油器,滤网的精度一般为 100～200 目,通过面积应大于油管。(　　)

3. 安装设备液压系统溢流阀的回油管不能直接和入口接通,应伸油箱油面以下,以防止飞溅引起气泡。(　　)

4. 修设备液压系统时,液压元件安装前应用煤油进行清洁,进行压力和密封试验,合格后才可安装。(　　)

5. 弯管机的弯曲模,加紧模管子密贴部分的弧度曲线,可以不经常检测,直到无法使用为止。(　　)

6. 一般弯管机上进行弯管操作时,要先试弯 1～3 根,检查弯曲半径,弯曲角度,倾斜度,平度面等均合格后,在继续进行弯制。(　　)

7. 车车辆的制动软管进行安装时,可以不做任何检查直接安装。(　　)

8. 装管道上的逆止阀时,可以不看指示方向和结构,随意安装。(　　)

9. 管道系统中的安全阀的调定压力应低于系统中介质的工作压力。(　　)

10. 燃油系统的循环回路,燃油箱→吸油管→粗滤管→燃油输送泵→逆止阀→柴油机燃油系统→燃油预热器→燃油箱。(　　)

11. 金属材料的机械性能是金属材料在外力作用下的表现的抵抗能力。(　　)

12. 含碳量<0.60%的钢称为高碳钢。(　　)

13. 钢中含碳量较低、塑性、韧性较好、含碳量较高、强度、硬度提高。(　　)

14. QT450-10 是可锻铸铁。(　　)

15. 铸铁是含碳量小于 2%～11%,并含有较多 Si、Mn、SP 等杂质的铁碳合金。(　　)

16. 淬火钢虽然具有高的硬度和强度,但较脆。(　　)

17. 铝合金、铜合金、轴承合金及合金钢均属有色金属。(　　)

18. 特殊性能钢包括不锈钢、耐酸钢、高电阻合金、磁性钢和抗磁性钢等。(　　)

19. 45、60 均为优质碳素工具钢。(　　)

20. T7 一般用于要求硬度较高的工具钢。(　　)

21. 按加热温度不同，回火可分为低温回火、中温回火和高温回火。(　)

22. 金属材料的硬度常用的有布氏酸度(HB)、洛氏硬度(HRC)和维氏硬度(HV)三种。(　)

23. 强度是指金属材料在外力作用下塑性变形的能力。(　)

24. 在含碳量小于0.8%的碳钢中，随着含碳量的增加，钢的塑性和韧性不断提高。(　)

25. 按照钢中所含有害杂质硫、磺的多少由高到低分为普通碳素钢、优质碳素钢和高级优质碳素钢。(　)

26. 合金钢按所含合金元素的种类可划分为锰钢、洛钢、硼钢、镍钢等。(　)

27. 高温回火的温度为300～500 ℃。(　)

28. 钢的表面感应加热淬火有高频淬火、中频淬火和工频淬火。(　)

29. 利用构件和运动副的符号，把机构的组成关系表示出来的一种结构图，叫做机构运动简图。(　)

30. 管螺纹连接螺纹面间没有间隙，密封性能好，因此用于管件连接。(　)

31. 螺纹M30×2的含义是普通螺纹，大径ϕ30、螺距2 mm、左旋螺纹。(　)

32. 弹簧是一种机械零件，它的作用是避震，回弹和夹紧等。其特征是当外力消除后仍能恢复原状。(　)

33. 液压泵的工作压力取决于外部负载，液压泵须在铭牌压力以上工作。(　)

34. 溢流阀并联在液压系统中工作，由调定压力和弹簧力平衡，在系统中起稳压溢流和油压过载时安全保护作用。(　)

35. 减压阀串联在系统中工作，用出口压力和弹簧力平衡，在系统中起减低油压的作用。(　)

36. 换向阀的作用是利用阀芯和阀体间的相对运动来改变液流的方向，接通或关闭油路。(　)

37. 温度是用以表示物体的冷热程度，可用各种压力表进行测定。(　)

38. 用压力表测量出来的管道内流体的压力，是流体的绝对压力。(　)

39. 室外上水管径大于或等于75 mm，一般采用镀锌钢管。(　)

40. 水、煤气管分为无缝钢管和镀锌钢管两种。(　)

41. 管道受热会伸长，在温度差，材料总厂相同的情况下，粗管比细管的伸长数值大。(　)

42. 英寸标注的管子的公称通径是指管子的内径。(　)

43. 管子由直管弯制成弯管后，其内侧管壁变厚，外侧管壁变薄。(　)

44. 截止阀的优点是关闭严密，开启省力，关闭后填料不与介质接触，便于检修。(　)

45. 支架是承托管道用的，支架可分为固定支架和悬吊支架两大类。(　)

46. 直管弯制成弯管后其截面理论上从圆形程度不同的变成了椭圆形。(　)

47. 千分尺是用来测量工件的长、宽、厚和外径的。(　)

48. 疏水器主要用于蒸汽设备或管道上，用来排除冷凝水并防止蒸汽泄出。(　)

49. 管柱螺纹的直径与管锥螺纹基本直径相同。(　)

50. 机车车辆上用的无缝钢管一般都是45号钢。(　)

51. 焊接时局部不均匀加热和冷却，不是产生内应力和变形的根本原因。(　)

52. 连接管螺纹所用的填料线缠绕不需要考虑旋向。(　)

53. 铸铁管承插接口允许任意借转角度。(　)

54. 氧-乙炔中心火焰的焰心温度最高。(　　)

55. 利用有压力的液体作为工作介质,来传递动力和运动的传递方式称为液压传动。(　　)

56. 机车系统管路中常用的管材材质为无缝钢管。(　　)

57. 常用的公称长度单位是 1 m=10 dm=100 cm=1 000 mm。(　　)

58. 钳工基本操作技能有划线、钻孔、铰削、攻丝和套丝、錾削、锯割、锉削、校正、刮削、研磨、装配与调试、测量等。(　　)

59. 三角皮带的标准长度是指三角带的内周长度。(　　)

60. 钻头修磨的注意要点是顶角大小要合适,两个切削力要一致,后角与横刃斜角要正确。(　　)

61. 工业上常用的弹簧按载荷的形式可分为拉伸弹簧、压缩弹簧、扭转弹簧和弯曲弹簧四种。(　　)

62. 有一个方向齿纹的为单齿纹锉刀。全齿宽度都同时参加锉削,需要较大的切削力,因此适用于锉削硬材料。(　　)

63. 对工件进行平面化线时,通常采用一个划线基准。(　　)

64. 机械运动的传动比就是在传动中主动轮与被动轮齿数之比。(　　)

65. 目前常用的滚动轴承的精度有四级,分别用 C、D、E、G 表示,D 级为普通级。(　　)

66. 选择锯齿的粗细,必须按照工件的硬度、强度及切面的形状来决定。一般具软材料且切面较大的工件用粗齿锯条;锯较硬和切面较小工件用细齿锯条。(　　)

67. 板牙是加工外螺纹的工具,它由碳素工具钢或高速钢制成并经热处理淬硬。(　　)

68. 用螺纹密封的管螺纹代号有 R、RC 和 RP 三种。(　　)

69. 零件的互换性是指同一规格的零件中,在尺寸功能上彼此能够相互替换的性质。(　　)

70. 偏差是某一尺寸减去基本尺寸所得的几何差。(　　)

71. H 代表基准孔,h 代表基准轴。(　　)

72. 孔的上偏差 E_S;孔的下偏差 E_I。(　　)

73. 轴的上偏差 e_i,轴的下偏差 e_s。(　　)

74. 最大极限尺寸等于基本尺寸减去上偏差。(　　)

75. 配合公差的大小反映了配合松紧不一的程度,配合公差愈小,配合精度愈高。(　　)

76.“○”是形状公差圆柱度符号。(　　)

77.“○”符号是表示位置公差的位置度。(　　)

78. ↗ 、↗↗ 两个符号依次表示位置公差的全跳动和圆跳动。(　　)

79. 当被测要素为轴线,球心或中心平面时,形位公差指引线的箭头应与该要素的尺寸线对齐。(　　)

80. 对于螺纹形位公差的被测要素是螺纹的大径的轴线。(　　)

81. 管子在弯曲后的中弯点处截面由原来的圆形变成了椭圆形,其形状公差用符号“○”来表示。(　　)

82. 管子经切制后,切口处会产生偏斜,偏斜公差应用“⌒”符号表示。(　　)

83. 同轴度公差带是直径为公差值 t,且与基准轴线同轴圆柱面内的区域。(　　)

84. 平面度公差带是距离为公差值 t 的两平行平面之间的区域。(　　)

85. 图样上所标注的表面粗糙度代号,是该表面未完工后的要求。(　　)

86.“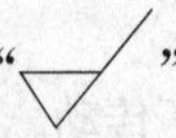”表示表面粗糙度，是用去除材料的方法获得。（　　）

87.“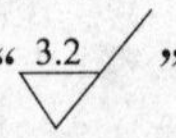”表示用去除材料的方法获得的表面，R_a 的最大允许值为 3.2 μm。（　　）

88. 电源两端被电阻为零的导体接通，这种情况叫电源断路。（　　）

89. 电功率的计算方法是 $P=I^2R$。（　　）

90. 电场强度是矢量，其方向是负电荷受力的方向。（　　）

91. 电流强度是通过单位面积的电流大小。单位是 A/mm^2（安/毫米^2）。（　　）

92. 电路中，任意两点间电压的差，称为两点间的电压(U)。（　　）

93. 交流电是电流的大小和方向不随时间周期性变化的电流。（　　）

94. 直流电是电流的大小和方向不随时间变化的电流。（　　）

95. 三相输电线每相负载中流过的电流叫总电流。（　　）

96. 电气设备安装不需要保护接地或保护接零。（　　）

97. 全电路欧姆定律 $I=\dfrac{E}{R+r}$。（　　）

98. 在低压电路中，短路保护措施就是在电路中接熔丝(保险丝)。（　　）

99. 对蓄电池进行充电时，应将蓄电池正极与充电极正极相接，负极与充电极负极相等。（　　）

100. 图样中所标注的尺寸为该图样所示机件的带加工尺寸。（　　）

101. 零件图指能够清楚完整的表达零件的形状，大小和技术要求，以指导生产指定零件的图样。（　　）

102. 当同一零件图要几个剖视图表达时，剖面线方向不相同，间隔不相等。（　　）

103. 两个基本体互相贯穿(相交)而形成的立体而称为相贯体。（　　）

104.“┌”是机构构件的运动极限位置的节流的基本符号。（　　）

105.“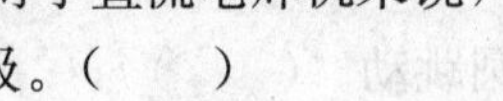”表示法是连接截止阀符号。（　　）

106.“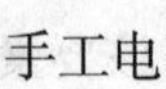”表示方型补偿器。（　　）

107.“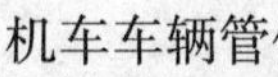”表示螺纹连接减压阀符号。（　　）

108. 管道工常用的管钳有 12″、14″、18″、24″、36″五种。（　　）

109. 机车机油和冷却水系统的法兰连接件的密封垫为耐油、耐湿石棉橡胶垫。（　　）

110. 对于直流电焊机来说，一个极为正极，一个极为负极，当焊件接正极，焊钎接负极时，称为反接极。（　　）

111. 手工电弧焊时、电弧电压主要由电弧长度决定，电弧越长，则电弧电压越低。（　　）

112. 机车车辆管件的接头和法兰焊接，多用管子转动方式焊接。（　　）

113. 管件在于球头、接头体、法兰等连接件进行组焊时，管体端部直线段的中心线一定要与连接件的插管孔相垂直，并要按工艺要求插入一定深度。（　　）

114. 管件与连接件焊接时，焊接的缺陷通常有咬边、裂纹、未焊透和气孔等。（　　）

115. 手工电弧焊的最主要焊接参数是电压大小和焊条直径。（　　）

116. 为了检查管件的焊接质量，管件与接头、法兰焊接后都要进行水压漏泄试验，水压压力根据不同介质的工作压力而定，保压 5 min，不许有渗漏。（　　）

117. 为了减少焊接变形，较大管径的管件与法兰和弯头焊接时，应先在圆周上点焊。（　　）

118. 气焊设备中减压器的作用是将氧气瓶内的高压气体调节成工作需要的低压气体，并保持输出气体的压力和流量稳定不变。(　　)

119. 气焊设备中回火保险器的作用是把倒流的火焰与乙炔发生器连通起来。(　　)

120. 车辆用的104型和103型空气制动机都是由制动软管、折角塞门、制定主管、T型接头、制动支管、截断塞门、集尘器、分配阀、工作风缸、副风缸和制动缸等部件组成。(　　)

121. 104型空气制动机装用104型分配阀，并用于客车上，设有自动间隙调整器，有的在制动缸和分配阀的连通管中间还设有排风塞门。(　　)

122. 在每个车轮上只设置一个闸瓦的，称为双闸瓦式基础制动装置，一般使用于客车上。(　　)

123. 客车给水装置根据水箱安装位置不同，分为车顶水箱式和平底水箱式两种。(　　)

124. 铁路车辆使用的风表，最高压力值为1 MPa/cm^2，精度等级为1.5级，属高精度压力表。(　　)

125. 机油热交换器采用密排光管式，是专门通过冷却水来冷却机油的。(　　)

126. 机油滤清器的阻力在0.5～1.0 kgf/cm^2范围内，超过此值应旋转心轴刷洗滤芯，当转动刷子刷洗后，阻力仍不减少或超过1.5 kgf/cm^2时，则需拆捡清洗滤芯组。(　　)

127. 安装机车冷却水系统管路时，最高部位要设有排气塞门，在最低部位应设置排水阀。(　　)

128. 在安装机车、客车水系统管路、卫生设备水管、上下水管等水系统管网时，可以在低于系统放水阀的位置设置下凹型管件。(　　)

129. 机车的静液压系统的高压管路工作压力为120 kgf/cm^2，在安装时可以不注意相连接管件的同心度要求。(　　)

130. 拆卸有压力的管子时，要先关闭主阀，截断支阀，开通排泄阀，待油、水、风排除后，方可拆卸。(　　)

131. 在启动弯管机进行弯管时，要先进行空机运转，检查机械运转是否正常，电气开关是否灵敏，一切正常后，方可进行管子弯制工作。(　　)

132. 开动切管机进行管料锯割加工进行夹紧管料、校对管子下料尺寸或取料时，可以不停机进行操作。(　　)

133. 用砂轮机进行磨削操作时，工作者不准站在砂轮正面，必须戴防护镜，禁止用棉纱等裹住工件进行磨削。(　　)

134. 切管机、弯管机等设备小修后的质量要求保持设备的工作性能，满足产品要求，达到设备完好标准，做必要项目的精度检验。(　　)

135. 第一次进行大修的设备，不管使用年限多少，均可根据工艺要求适当放宽允差。(　　)

136. 为消除潜在不合格或其他潜在不期望情况的原因所采取的措施叫预防措施。(　　)

137. 为消除已发现的不合格或其他不期望情况的原因所采取的措施叫纠正。(　　)

138. 全员参与各级人员都是组织之本，只有它们的充分参与，才能使他们的才干为组织带来收益。(　　)

139. 工作场地材料要摆放整齐，工作结束后，要把剩余的材料和废弃物整理清扫干净，保持环境和清洁卫生。(　　)

140. 在进行气焊和气割作业时，如果发生回火应立即关闭氧气，后关乙炔气。(　　)

141. 工资应以货币形式按月支付给劳动者本人,不准克扣或无故拖欠劳动者的工资。(　　)

142. 劳动合同定立即具有法律约束力,当事者可以不履行劳动合同规定的义务。(　　)

143. 为实现测量过程所必需的测量仪器、软件、测量标准、标准物质或辅助设备或它们的组合叫测量设备。(　　)

144. 返工是为使不合格产品符合规定要求而对其所采取的措施。(　　)

145. 返修是为使不合格产品满足预期用途而对其所产生的措施。返修和返工是同一个概念。(　　)

146. 报废是为避免不合格产品原有的预期用途而对其所采取的措施。(　　)

147. 环境保护工作的同时,建设项目中预防污染的措施,必须与主体工程同时设计,同时施工,同时提高使用效率。(　　)

148. 因管理不善,造成有害物质排放,污染环境,均视为环境现象。(　　)

149. 对生产过程中产生的污染环境的有害物质要积极防治,严禁含油和酸碱的废水注入下水道,有毒的废弃物严禁填埋。(　　)

150. 每年的6月5日是世界环境日,在职工中要普及环保宣传教育,提高职工的环保意识。(　　)

151. 入厂新工人、实习、代培、临时参加劳动,变换工种的人员,未经“三级安全教育”和本工种的安全技术知识技能的培训,可以单独操作和作业活动。(　　)

152. 各种设备、仪器必须有专人负责,二人以上共同工作时,必须有一人负责安全。(　　)

153. 各类设备要定期维修、保养、保证正常使用,工装夹具要按规定保护好,经常维护,及时监督检查其完好状况。(　　)

154. 操作人员在上岗前,应熟悉与本工序有关的技术文件,也可以根据自己的实践经验进行操作。(　　)

五、简 答 题

1. 车辆制动系统用储风缸一般用何种材料制造?
2. $\phi 25\times 2.5$ 规格的无缝钢管应选择多大通径的球面活接头?
3. 连接两根外径为 $\phi 14$ mm 壁厚为 2 mm 的无缝钢管,应选择什么样型式尺寸的接头体?
4. 说明“双头螺纹管 R5/4×3350”的标记含义?
5. 写出与圆柱内螺纹相匹配、尺寸代号为 1—1/4 的右旋圆锥外螺纹的标记。
6. 衡量企业劳动生产者对社会贡献大小的标准是什么?
7. 内燃、电力机车的燃油和机油系统管路的油漆涂色各为什么颜色?
8. 金属材料应具备的性能有哪几方面?
9. 何谓强度? 分哪几种? 表示符号是什么?
10. 何谓塑性? 衡量塑性的指标有哪些? 表示符号是什么?
11. 何谓铁碳合金状态图?
12. 钢铁材料为什么要进行热处理?
13. 钢是怎样分类的?
14. 什么是球墨铸铁?

15. 生产上常用的退火有哪几种?
16. 什么是铸铁?
17. 常用管材有哪几种?
18. 公称直径含义是什么?
19. 公称压力的含义?
20. 流量是什么?
21. 何谓流速?
22. 钳工常用量具有哪些?
23. 钻孔使用冷却液的目的是什么?
24. 何谓热膨胀等数?
25. 标高指什么?
26. 攻丝前加工钢和塑性较大的材料的工质螺纹底孔时,钻头直径如何选择?
27. 锯条如何制成?
28. 刮削精度主要包括哪些?
29. 螺纹旋转方向有几种?
30. 什么叫矫正?
31. 何谓冷作硬化?
32. 什么叫钻床主运动?
33. 什么是公差?
34. 什么是配合?
35. 什么是公差带?
36. 什么是表面粗糙度?
37. 什么是测量基准?
38. 什么是形状公差?
39. 什么叫位置公差?
40. 何谓机械性能?
41. 电荷有哪两种? 其性质是什么?
42. 电子和原子核各带何种电荷?
43. 什么叫安全电压?
44. 什么是电流强度?
45. 什么是电路中的电阻?
46. 什么叫电路?
47. 工厂中一般的动力电源电压是多少伏?
48. 国家标准《机械制图》规定的图线有哪些?
49. 图样中标注的尺寸表示什么?
50. 三视图的投影规律是什么?
51. 什么叫剖视图?
52. 什么叫剖面图?
53. 何谓调质?

54. 什么叫硬度？
55. 什么叫钢的退火？
56. 什么是钢的淬火？
57. 气焊时，焊具倾斜角怎样选择？
58. 车辆空气制动系统的主管和支管一般的公称通径为多少？
59. 什么叫管路系统图？
60. 什么叫工作压力？
61. 什么叫试验压力？
62. 什么叫公称压力？
63. 什么叫容量？
64. 什么叫压力损失？
65. 热能是怎样形成的？其传热方式有几种？
66. 管道工常用量具有哪些？
67. 人工套丝的主要工具是什么？有几种规格？
68. 什么叫螺纹连接？
69. 管道螺纹连接的应用范围是什么？
70. 什么叫电弧焊？

六、综 合 题

1. 如图1所示，当开关闭合后，分别计算出电路图中电流表和电压表的读数。

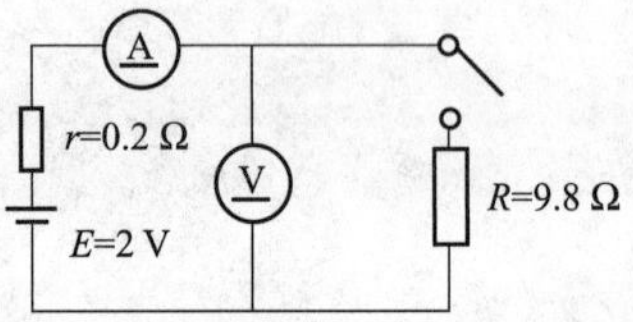

图 1

2. 对某种材料钻孔时，查得料的切削速度为 $V \leqslant 20$ mm/s，如果钻头直径为 25 mm，求主轴转速不得大于多少？

3. 已知管件的尺寸为 $\phi 50 \pm 0.8$，求最大最小极限尺寸公差。

4. 车削一根长 1 m 的铜棒，车削时温度由 10 ℃升高到 60 ℃，这时铜棒的长度应为多少？（铜的线膨胀系数 a 为 17.8×10^{-6}/℃）

5. 在材质为 45 号钢零件上钻普通螺纹底孔，已知螺纹外径 $d=20$ mm，螺距 $t=2$ mm，求钻头直径 D 应为多少米？

6. 计算通径为 100 mm，流速为 1.2 m/s 的水管 1 h 的流量是多少立方米？

7. 厂房内需要安装四组排管散热器，每组散热器长 2 m，用四排 $\phi 76 \times 3.5$ mm 钢管组合而成，若忽略两端立管不计，试计算出每组散热器的散热面积和总散热面积？

8. 机车高温水系统使用的 $\phi 32 \times 2.5$ 的碳钢管，长度为 6 m，当柴油机运转后，水温由 10 ℃增加至 88 ℃，计算此时钢管的长度增加多少？

9. 计算图 2 弯管的展开长度？（弯曲角度 $\alpha=90$ ℃，单位为 mm）

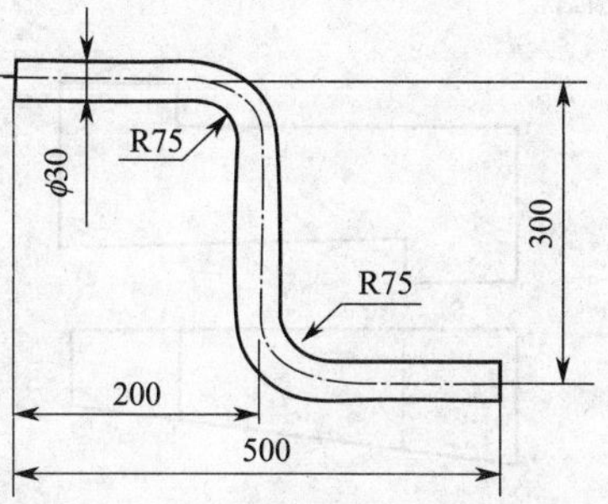

图 2

10. 管道工常用的工具有哪些?(至少答出 15 种)

11. 管路附件在管路系统中起什么作用?

12. 管道工程试压方法主要有哪几种?

13. 常用的管道伸缩器有哪几种? 各有何特点?

14. 碳含量对碳钢的机械性能有何影响?

15. 何为设备管理使用的“三好”和“四会”?

16. 对设备如何实行自用自养?

17. 生产工人在生产前对工件应作何检查方可投产?

18. 如何检查调节器的作用?

19. 论述机车风喇叭的安装和作用?

20. 机车燃油系统有哪些主要部件组成?

21. 焊条药皮的作用是什么?

22. F-7 型分配阀的风缸有哪些? 他们的容积各是多少?

23.704 调压器弹簧制作应达到什么技术条件规定?

24. 机车车辆用管接头螺纹的表面粗糙度有何要求?

25. 客车用于制动机一般有哪几种?

26. 货车常用的制动机有哪几种?

27. 车辆用单车试验器的机能检查都进行哪些项目?

28. 判断图 3 中物体表面与投影面的相对位置。

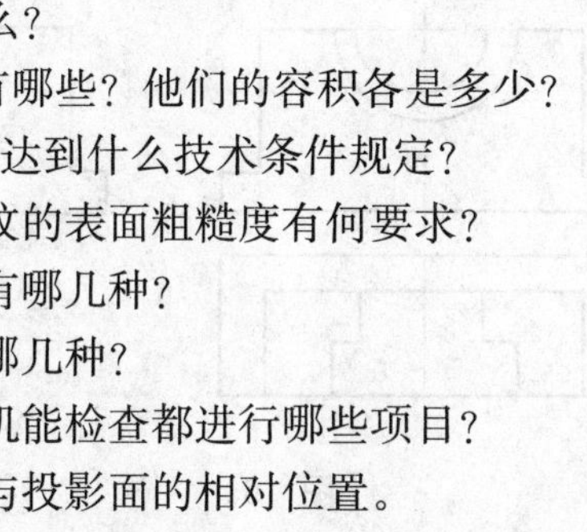

图 3

A 面是__________________;*B* 面是__________________;*C* 面是__________________。

29. 如图 4 所示，补画三视图。

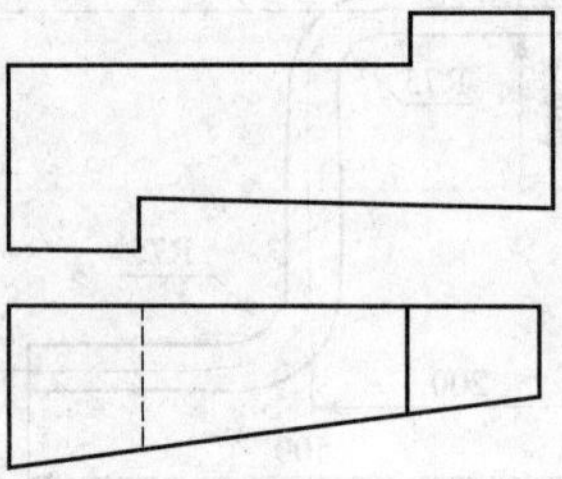

图 4

30. 如图 5 所示，补画三视图。

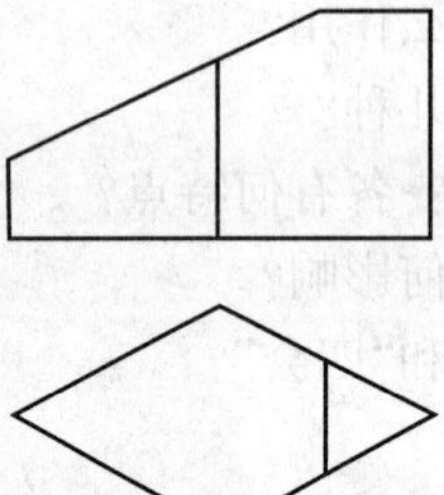

图 5

31. 如图 6 所示，补画视图中的漏线。

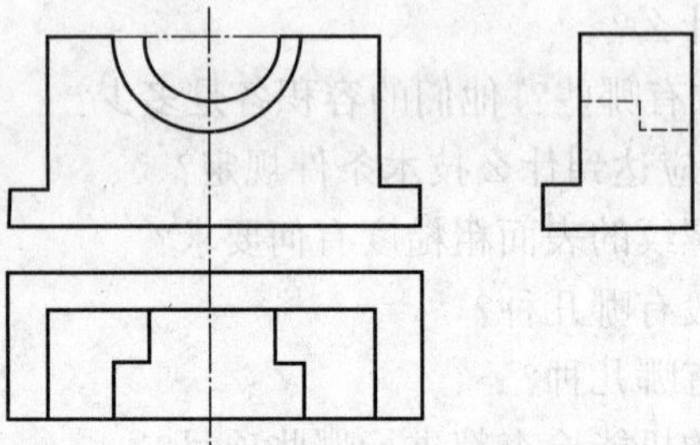

图 6

32. 如图 7 所示，补画视图中的漏线。

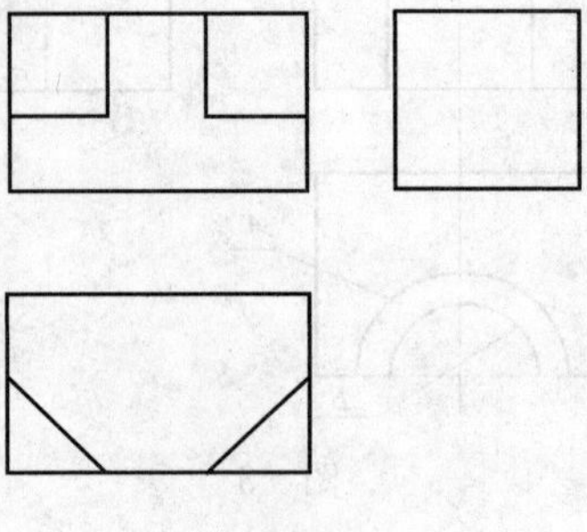

图 7

33. 如图 8 所示,补画视图中的漏线。

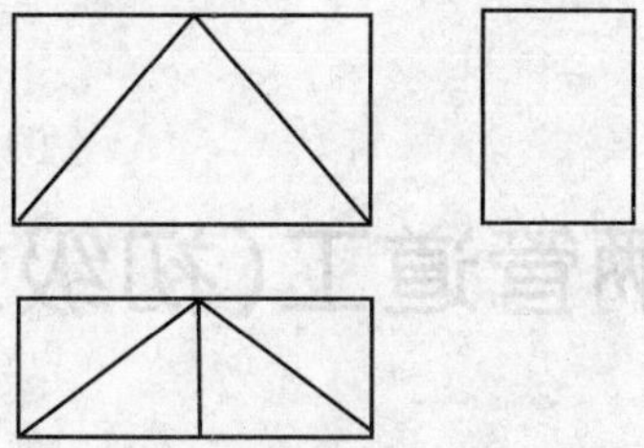

图 8

34. 如图 9 所示,补画视图中的交线。

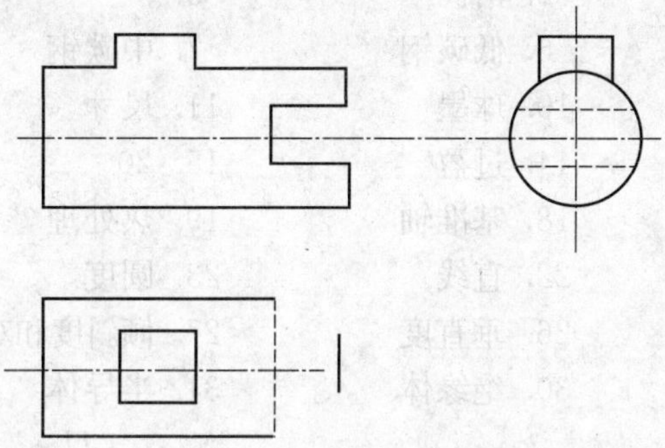

图 9

35. 如图 10 所示,补缺线。

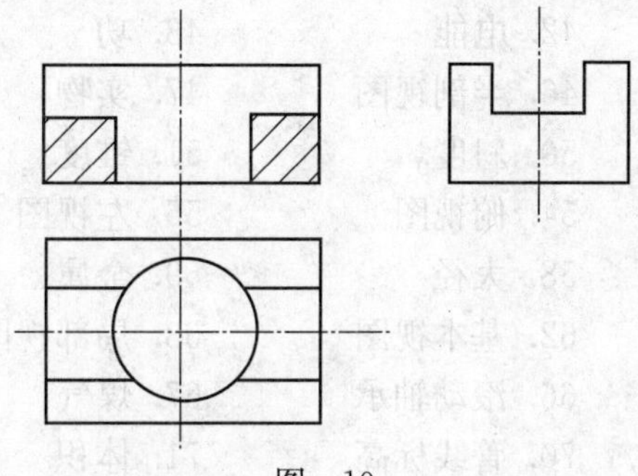

图 10

36. 如图 11 所示,在指定位置画全剖视图。

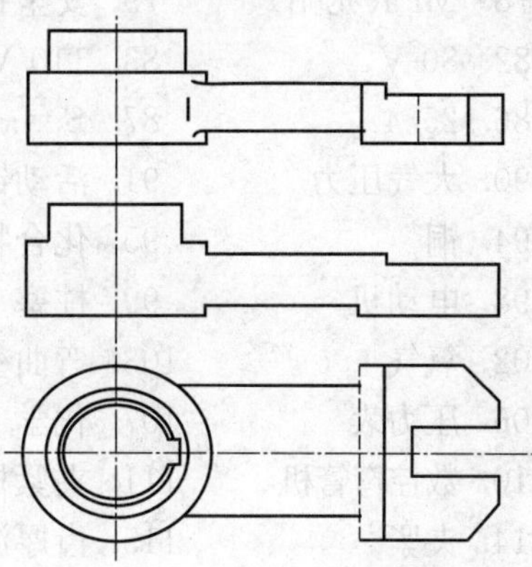

图 11

机车车辆管道工(初级工)答案

一、填 空 题

1. $200\ \text{N/mm}^2$	2. 洛氏	3. 三	4. s
5. b	6. 低碳钢	7. 中碳钢	8. 0.6%
9. 铁碳合金	10. 球墨	11. 尺寸	12. 公差等级
13. 间隙配合	14. 过盈	15. 20	16. 轴
17. H	18. 基准轴	19. 热处理	20. 伸长率
21. 回火屈氏体	22. 直线	23. 圆度	24. ▱
25. 平行度	26. 垂直度	27. 倾斜度和对称度	28. 细实线
29. 导体	30. 绝缘体	31. 半导体	32. 电流
33. V(伏特)	34. Ω(欧姆)	35. $I=\dfrac{U}{R}$	36. 触电
37. 悬挂	38. 36	39. 开关	40. $R=R_1+R_2$
41. 电压	42. 电能	43. 功	44. 相电压
45. 一组尺寸	46. 半剖视图	47. 实物	48. 缩小
49. 放大	50. 斜度	51. 锥度	52. 半径
53. 主视	54. 俯视图	55. 左视图	56. $3.2\ \mu\text{m}$
57. 尺寸界限	58. 大径	59. 金属	60. 非金属
61. 相反	62. 基本视图	63. 局部视图	64. 粗实线
65. 尺寸	66. 滚动轴承	67. 煤气	68. 压缩空气
69. S	70. 管线标高	71. 体积	72. 灰口
73. 密封胶	74. 橡胶板	75. 无缝钢管	76. 机械
77. 3∶7	78. MPa(兆帕)	79. 安全技术	80. 手段
81. 10 m	82. 80 V	83. 110 V	84. 易燃物
85. 硫酸铝	86. 25.4	87. $S=\pi r^2$	88. 线胀系数
89. 流动	90. 大气压力	91. 活动钳口	92. 螺旋式
93. 侧面	94. 铜	95. 化合物	96. 钻孔
97. 工作部分	98. 电动机	99. 柱塞	100. 1.5～2
101. 泄除	102. 氧气	103. 弯曲变形	104. 压应力
105. 设计	106. 压力表	107. 化学	108. 带锯床
109. 绝热	110. 数控弯管机	111. 夹紧模	112. 3
113. 倾斜偏差	114. 夹紧	115. 齿厚游标卡尺	116. 呆扳手
117. 磨损过限	118. 过滤	119. 压力	120. 空间位置

121. 变形　122. 组合研胎　123. 弯曲角度　124. 酸洗磷化
125. 球面活接头　126. 方法兰　127. 600 kPa　128. 运动黏度
129. 排放　130. 安全阀　131. 燃油箱　132. 不合格
133. 适应性　134. 质量　135. 合法权益　136. 权利
137. 选择　138. 工作点　139. 弯曲半径　140. 异常
141. 缓慢　142. 振动　143. 正式运转　144. 卸荷
145. 排除　146. 储存　147. 倍数　148. 操作
149. 正面　150. 安全措施　151. 原理　152. 锯片
153. 润滑　154. 标志　155. 清除　156. 专用工具
157. 润滑油　158. 运转　159. 安全

二、单项选择题

1. B　2. C　3. B　4. A　5. B　6. C　7. B　8. A　9. B
10. A　11. C　12. C　13. C　14. C　15. B　16. C　17. C　18. C
19. A　20. A　21. A　22. B　23. A　24. C　25. C　26. A　27. B
28. B　29. B　30. B　31. B　32. C　33. D　34. A　35. B　36. C
37. C　38. D　39. C　40. C　41. A　42. C　43. D　44. A　45. D
46. D　47. D　48. B　49. C　50. C　51. B　52. B　53. B　54. C
55. A　56. B　57. A　58. A　59. D　60. D　61. C　62. D　63. A
64. C　65. D　66. B　67. C　68. A　69. C　70. D　71. B　72. A
73. B　74. B　75. B　76. D　77. C　78. B　79. C　80. A　81. C
82. D　83. C　84. A　85. B　86. D　87. A　88. C　89. A　90. B
91. C　92. D　93. D　94. C　95. A　96. C　97. D　98. B　99. D
100. C　101. A　102. B　103. C　104. C　105. D　106. C　107. B　108. A
109. B　110. C　111. A　112. D　113. B　114. C　115. D　116. C　117. D
118. D　119. D　120. D　121. D　122. C　123. A　124. C　125. A　126. B
127. C　128. A　129. C　130. D　131. D　132. B　133. C　134. A　135. B
136. C　137. B　138. D　139. B　140. C　141. D　142. C　143. B　144. A
145. B　146. D　147. A　148. B　149. C　150. A　151. B　152. A　153. C
154. D　155. A　156. B　157. A

三、多项选择题

1. ABC　2. ABCD　3. AC　4. AD　5. ABCD　6. AB　7. ABD
8. ABCD　9. ABCD　10. AD　11. BCD　12. ABC　13. BC　14. ABCD
15. ABC　16. BCD　17. BCD　18. ABC　19. AC　20. ABCD　21. ABC
22. ABCD　23. ABCD　24. AC　25. ABD　26. BC　27. AB　28. ABCD
29. ABCD　30. ABC　31. ABC　32. ABD　33. ACD　34. BCD　35. ACD
36. ABD　37. ABCD　38. ABCD　39. ABCD　40. AC　41. BD　42. ABC
43. AB　44. ABD　45. AB　46. BC　47. ACD　48. ABC　49. ABCD

50. ACD　51. ACD　52. ABCD　53. ABD　54. BC　55. ACD　56. ABD
57. BCD　58. ABCD　59. ABCD　60. ABD　61. ABCD　62. ABC　63. ABCD
64. ABD　65. AD　66. ABCD　67. ABCD　68. ABCD　69. BC　70. ACD
71. ABCD　72. ABC　73. AD　74. ABD　75. ABC　76. ABCD　77. CD
78. AB　79. BCD　80. BD　81. BC　82. AB　83. ABC　84. ABD
85. BC　86. ACD　87. ABCD　88. AB　89. AB　90. AD　91. ABCD
92. ABC　93. ABCD　94. ABCD　95. ABC　96. AC　97. ABCD　98. ABC
99. ABCD　100. ABCD

四、判 断 题

1. ×　2. √　3. √　4. √　5. ×　6. √　7. ×　8. ×　9. ×
10. √　11. √　12. ×　13. √　14. ×　15. ×　16. √　17. ×　18. √
19. ×　20. ×　21. √　22. √　23. ×　24. ×　25. √　26. √　27. ×
28. √　29. ×　30. √　31. ×　32. √　33. ×　34. √　35. √　36. √
37. ×　38. ×　39. ×　40. ×　41. ×　42. √　43. √　44. √　45. ×
46. √　47. ×　48. √　49. √　50. ×　51. ×　52. ×　53. ×　54. ×
55. √　56. √　57. √　58. √　59. ×　60. √　61. √　62. ×　63. ×
64. ×　65. ×　66. √　67. √　68. √　69. √　70. ×　71. √　72. √
73. ×　74. ×　75. √　76. √　77. √　78. ×　79. √　80. ×　81. √
82. ×　83. √　84. √　85. ×　86. ×　87. √　88. ×　89. √　90. ×
91. √　92. √　93. ×　94. √　95. ×　96. ×　97. √　98. √　99. √
100. ×　101. √　102. ×　103. ×　104. ×　105. √　106. √　107. ×　108. √
109. √　110. ×　111. ×　112. √　113. √　114. √　115. ×　116. √　117. √
118. √　119. ×　120. √　121. √　122. ×　123. √　124. ×　125. ×　126. √
127. √　128. ×　129. ×　130. √　131. √　132. ×　133. √　134. √　135. ×
136. √　137. ×　138. √　139. √　140. ×　141. √　142. ×　143. √　144. √
145. ×　146. √　147. √　148. ×　149. √　150. √　151. ×　152. √　153. √
154. ×

五、简 答 题

1. 答：储风缸须用具有良好焊接性能的锁静钢制造。(5 分)

2. 答：根据钢管的公称通径为 20 mm(2 分)，应选择 TB/T 776—93I 公称通径＝20 mm 的球面活接头。(3 分)

3. 答：根据两根管连接的方式和通径，应选择 TB/T 333—93I 型接管式 DN10 的接头体。(5 分)

4. 答：表示总长 L＝3 350 mm(2 分)，螺纹尺寸代号为 5/4 的双头带圆锥管螺纹钢管的标记示例。(3 分)

5. 答：R_1 1—1/4(5 分)。

6. 答：衡量劳动生产者对社会贡献大小的标准主要是看其为社会和消费者提供的产品质

量如何(2 分)。企业生产者必须本着质量第一、用户至上的职业道德准则,精心生产出质量合格、品位精量、为社会和消费者称道的产品。(3 分)

7. 答:燃油系统管路涂黄色(2.5 分);机油系统管路涂棕色。(2.5 分)

8. 答:金属材料应具备的性能有:物理性能;化学性能;机械性能;工艺性能等方面。(5 分)

9. 答:强度是金属材料在静载荷作用下,抵抗变形和破化的能力。分为:抗拉、抗压、抗剪、抗扭、抗弯强度,用符号 σ_b 表示。(5 分)

10. 答:金属材料在断裂前发生塑性变形的能力称为塑性(2 分)。衡量金属材料塑性好坏的指标是延伸率和断面收缩率。分别以"δ""ϕ"符号表示。(3 分)

11. 答:铁碳合金状态图是表示在极缓慢冷却或极缓慢力加热的情况下(2 分),不同成分的铁碳合金的状态或组织随温度变化的一种图形。(3 分)

12. 答:钢铁材料进行热处理的目的是为了改善钢材的性能(3 分),以便得到所需的各种机械性能。(2 分)

13. 答:钢按化学成分品质、含碳量、用途等方法进行分类。(5 分)

14. 答:球墨铸铁是球化处理,得到球状石墨的铸铁,它与灰口铸铁何可锻铸铁相比,具有更高的机械性能。(5 分)

15. 答:完全退火、球化退火、去应力退火。(5 分)

16. 答:含碳量大于 2.11%(一般为 2.5%~4%)的铁碳合金称为铸铁。(5 分)

17. 答:常用管材有钢管、铸铁管、硅铁管、有色金属管。(5 分)

18. 答:使为保证管子、管件、阀件之间的互换性而规定的一种标准直径(4 分),用 DN 表示。(1 分)

19. 答:公称压力是指阀门、法兰、容器等在基准温度下的额定设计压力或最大允许工作压力。(5 分)

20. 答:流体在单位时间内流过的体积或重量。(5 分)

21. 答:液体在单位时间流过的距离。(5 分)

22. 答:钳工常用量具有:游标卡尺、千分尺、百分表、量角器等。(5 分)

23. 答:使用冷却液的目的是使钻头切削部分降温、润滑,又能提高孔壁光洁度。(5 分)

24. 答:表示金属温度升降 1 ℃时,在长度上增加或减少的相对值。(5 分)

25. 答:标高是指与基准面之间的垂直距离。(5 分)

26. 答:$d_0=d-1.1P$,其中 d_0 为钻孔直径,d 为螺纹外径,P 为螺距。(5 分)

27. 答:锯条一般用低碳钢冷轧渗碳而成(2 分),也有用碳素工具钢或和精钢制成(2 分),并经热处理淬硬。(1 分)

28. 答:刮削精度主要包括:尺寸精度、形状和位置精度、接触精度及贴合精度、表面粗糙度。(5 分)

29. 答:螺纹旋转方向分为右旋螺纹和左旋螺纹。(5 分)

30. 答:矫正就是消除金属材料(1 分)、型材(1 分)、管材的不平(1 分)、不直(1 分)或翘曲(1 分)等缺陷的操作。

31. 答:冷作硬化就是矫正和弯曲后,金属材料硬度提高,性能变脆的现象。(5 分)

32. 答:钻床主运动就是主轴带动刀具作旋转运动。(5 分)

33. 答:公差是允许尺寸的变动量(2 分)。在数值上,公差等于最大极限尺寸与最小极限

尺寸之代数差的绝对值。(3分)

34. 答:配合是基本尺寸相同的,相互结合的孔、轴公差带之间的关系。(5分)

35. 答:在公差带图中,由上下偏差的两条直线所限定的区域。(5分)

36. 答:表面粗糙度是指零件加工后,表面微观不平的程度。(5分)

37. 答:用于检验已加工表面尺寸其相对位置所依据的点、线、面叫做测量基准。(5分)

38. 答:形位公差是指被测实际要素对其理想要素的变动量。(5分)

39. 答:位置公差是指被测要素的实际位置对其理想要素的变动量。(5分)

40. 答:机械性能包括弹性(1分)及塑性(1分)、强度(1分)、韧性(1分)、脆性和硬度(1分)等。

41. 答:电荷分为正电荷和负电荷两种(2分)。其性质:同性电荷相互排斥;异性电荷相互吸引。(3分)

42. 答:电子带负电性质的电荷(2.5分);原子核带正电性质的电荷。(2.5分)

43. 答:不致造成人身触电事故的电压成为安全电压(4分)。规定一般低于36 V。(1分)

44. 答:电流强度是表示电流大小的一个物理量(4分)。单位是A(安培)。(1分)

45. 答:在电路中表示导体对电流阻碍作用的物理量叫电阻(4分)。单位是Ω(欧姆)。(1分)

46. 答:电路就是电流经过的路径,通常由电源、负载、开关和连接导线所组成。(5分)

47. 答:工厂中一般的动力电源电压为380 V和220 V。(5分)

48. 答:规定的图线有粗实线、细实线、波浪线、双折线、虚线、细点划线、粗点划线、双点划线八种。(5分)

49. 答:图样中标注的尺寸,表示机件的真实大小,与画图的比例无关。(5分)

50. 答:主视图和俯视图长对正;主视图和左视图高平齐;俯视图和左视图宽相等。(5分)

51. 答:假想用剖切平面剖开机件,将处于观察者和剖切平面之间的部分移去,而将其全部分向投影面投影,所得的图形称为剖视图。(5分)

52. 答:假想用剖切平面将机件的某处切断,仅画出切断面的形状,并画上剖面符号,这种图形叫剖面图,简称剖面。(5分)

53. 答:将钢材经过淬火后再高温回火处理,获得回火索氏体组织的热处理方法。(5分)

54. 答:硬度是金属材料抵抗另一种更硬物体压入其表面引起塑性变形的抵抗能力。(5分)

55. 答:将钢加热到一定温度,保温一定时间,然后缓慢的冷却到室温,这一热处理工艺称为退火。(5分)

56. 答:将钢加热到临界温度(Ac_3或Ac_1)以上的适当温度,经保温后,快速冷却(达到或大于临界冷却温度)。以获得马氏体组织的热处理工艺,称为淬火。(5分)

57. 答:气焊焊具倾斜角的大小主要根据焊件厚度、焊嘴大小、金属材料的熔点及导热性来选择。(5分)

58. 答:车辆制动系统的主管公称通径为32 mm;支管公称通径一般为10、15、20、25 mm。(5分)

59. 答:表明动力装置的形式,设备的连接及工作介质的流程的图形。(5分)

60. 答:工作压力(也称操作压力):是介质的实际压力(4分),用P_s表示。(1分)

61. 答:试验压力:是为了对设备和管线进行水压强度和密封性试验而规定的一种压力,用P表示。(5分)

62. 答:公称压力:是为了设计、制造和使用的方便,而人为地规定的一种标准压力,用P_g

表示。(5 分)

63. 答:容量为材料在自然状态下(包括孔隙)的单位体积的重量。(5 分)

64. 答:压力损失就是流体在管道内的流动过程中,会由于摩擦和冲击作用等造成能量损失。(5 分)

65. 答:热是能的一种形式,它是物体的内部分子运动的结果(2.5 分)。其传热的方式有传导、对流和辐射。(2.5 分)

66. 答:管道工常用量具有盒尺、盘尺、弯尺、法兰直角尺、钢板尺、水平尺、线坠、划规、量角规等。(5 分)

67. 答:人工套丝的主要工具是管子绞板,绞板规格可分为"1/2-2";"2-4"两种。(5 分)

68. 答:螺纹连接也称丝扣连接,管子多用圆锥形螺纹,与圆柱形内螺纹的连接件将管子紧密的连接。(5 分)

69. 答:应用于水、煤气钢管、硬质聚乙烯管等管道的连接。(5 分)

70. 答:电弧焊就是焊条和焊件在电弧热量的作用下熔化,使焊件焊接在一起。(5 分)

六、综 合 题

1. 答:当开关闭合后,电路处于通路状态,所以电流表的读数为:

$$I=\frac{E}{R+r}=\frac{2}{9.8+0.2}=0.2(\text{A})\ (5\text{ 分})$$

电压表的读数为:$U=IR=0.2\times9.8=1.96(\text{V})$ (5 分)

2. 答:$n_{max}=(20\times1\,000)/(25\cdot\pi)=254.78=255$ r/min

主轴转速不得大于 255 r/min。

3. 答:最大极限尺寸 $=50+0.8=50.8$ mm (2.5 分)。最小极限尺寸 $=50-0.8=49.2$ mm (2.5 分)。

公差=最大极限尺寸−最小极限尺寸 $=50.8-49.2=1.6$ mm (2.5 分)。

最大极限尺寸为 50.8 mm,最小极限尺寸为 49.2 mm,公差是 1.6 mm (2.5 分)。

4. 答:已知 $a=17.8\times10^{-6}/℃$ $L_1=1$ m $t=60$ ℃-10 ℃$=50$ ℃(2.5 分)

$a=(L_2-L_1)/(L_1\times t)$ (2.5 分)

将已知条件代入公式得:

$17.8\times10^{-6}=(L_2-L_1)/(1\times50)$ $2=17.8\times10^{-6}\times50+1=1.000\,89$ m(5 分)

这时铜棒的长度应为 1.000 89 m。

5. 答:$D=d-t=20-2=18$(mm) (10 分)

钻头直径 D 应为 18 mm。

6. 答:$d=100$ mm$=0.1$ m $v=1.2$ m/s (5 分)

$Q=\pi d^2/4v=(3.14\times0.1^2)/(4\times1.2\times3\,600)=33.912$ m^3/h (5 分)

流量为 33.912 m^3/h。

7. 答:每组散热器的散热面积 $A=4\pi dL=4\times3.14\times0.076\times2=1.909$ m^2(5 分)

总散热面积 A 总$=4\times A=4\times1.909=7.636$ m^2(5 分)

每组散热器的散热面积为 1.909 m^2,总散热面积为 7.636 m^2。

8. 答:已知 $L_1=6$ m$=6\,000$ mm $t_2-t_1=88$ ℃-10 ℃$=78$ ℃ $a=0.000\,011\,7$

$\Delta L=L_1\cdot a\cdot(t_2-t_1)=6\ 000\times0.000\ 011\ 7\times78=5.476$ mm (10 分)

此时钢管长度增加 5.476 mm。

9. 答:已知:$d=30$ mm,内臂弯曲半径 $R_{内}=75$,两个弯曲角度 $\alpha=90°$

管子的中心弯曲半径 $R_{中}=R_{内}+$管径$/2=75+15=90$　圆弧长度 $L_1=2\pi R_{中}/4\times2=2\times3.14\times90/4\times2=282.6$ mm (2 分)

第一段直线长度 $L_2=200-R_{中}=200-90=110$ mm (2 分)

第一段直线长度 $L_3=300-2R_{中}=300-2\times90=120$ mm (2 分)

第一段直线长度 $L_4=500-200-R_{中}=500-200-90=210$ mm (2 分)

弯管展开总长度 $L_{总}=L_1+L_2+L_3+L_4=722.6$ mm (2 分)

管件展开长度为 722.6 mm。

10. 答:管道工常用的工具有:管钳、链钳、克丝钳、活扳手、套筒扳手、单头呆扳手、双头呆扳手、梅花扳手、螺丝刀、剪刀、改锥、手锯、弯剪、手锤、绞扳、割管器、手电钻等。(10 分)

11. 答:管路附件在管路中主要起管件连接、变径、变向、分支、截断、开通、调压、溢流和定向等作用。(10 分)

12. 答:管道工程常用的试压方法有:(1)水压试验(2.5 分)、(2)气压试验(2.5 分)、(3)真空试验(2.5 分)、(4)渗漏性试验(2.5 分)

13. 答:常用的管道伸缩箱有:(1)套筒式伸缩器;一般用硬铸铁成,是依靠套筒和芯管之间的自由伸缩来补偿直管段热胀冷缩造成的长度变化。(2)弯管式伸缩器是用管子弯制而成,按外形不同可分为圆形和方形两种,(俗称胀力弯),靠其形状变化来补偿直管段热胀冷缩的长度变化;(3)波纹管式伸缩器,由钢板造成,水平安装对每个凸面下端,应按排放水装置。(10 分)

14. 答:在含碳量小于 0.8%的碳钢中,随着含碳量的增加,钢的强度、硬度不断提高,塑性、韧性不断降低(5 分);含碳量大于 0.8%的碳钢,随着含碳量的增加,钢的强度不再增加,但硬度还有提高,塑性、韧性继续降低。(5 分)

15. 答:设备管理使用的三好是:管好、用好、养好;四会是会使用、会保养、会检查、会排除故障。(10 分)

16. 答:按设备"谁使用、谁保养"的原则,对单人一班作业的设备实行自用字样,单人操作轮班作业的设备指定一人负责,每班各自保养。(10 分)

17. 答:生产工人在生产前必须对工件的图号、工序、材料、数量和表面状态等是否符合图样或工艺文件要求进行检查,完全符合后才能投产。(10 分)

18. 答:按下空压机启动按钮,空压机向总风缸打风,当总风缸压力升至 900 kPa 时,空压机应停止打风。(10 分)

19. 答:机车的风喇叭安装在两端司机室顶部,每一端配有两个低音喇叭,(方向向前方)一个高音喇叭,(方向向后方)高低音喇叭与其对应的正、副司机脚踏阀和电空阀组成一独立的系统(5 分)。风压在 0.5 MPa 时,即可得到洪亮而和谐的音响,发出警告注意信号。(5 分)

20. 答:机车燃油系统主要由燃油箱、燃油输送泵、安全阀、逆止阀、截止阀、燃油预热器及管路等组成。(10 分)

21. 答:焊条药皮的作用是:(1)提高焊接电弧的稳定性(2 分);(2)防止空气对溶池的侵入(2 分);(3)保证焊缝金属脱氧(2 分);(4)渗合金提高焊缝性能(2 分);(5)提高焊接生

产率(2 分)。

22. 答:铁道车辆用储风缸经检验合格后,外表面涂防锈漆一遍,干燥后涂面漆一遍,面漆干燥后方可装车使用。(10 分)

23. 答:704 调压器弹簧除满足设计图纸规定外,均应符合 T1366-83 机车车辆制动机弹簧技术条件Ⅱ级规定。(10 分)

24. 答:管接头螺纹的表面粗糙度 R_a 的最大允许值为 6.3 μm。(10 分)

25. 答:客车制动机有:林式手制动机、螺旋式手制动机和蜗轮蜗杆式手制动机。(10 分)

26. 答:货车常用的手制动机有:链条式手制动机、螺旋式手制动机和擎轮式手制动机。(10 分)

27. 答:单车试验器的机能检查有下列两项:(1)单车试验器管系和回转阀泄漏试验(5 分);(2)测定回转阀各孔的充、排气时间。(5 分)

28. 答:A 面是水平面;B 面是铅直面;C 面是正平面。(10 分)

29. 答:三视图如图 1 所示。

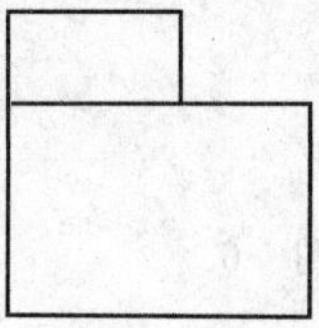

(10 分)

图 1

30. 答:三视图如图 2 所示。

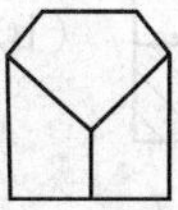

(10 分)

图 2

31. 答:补画漏线如图 3 所示。

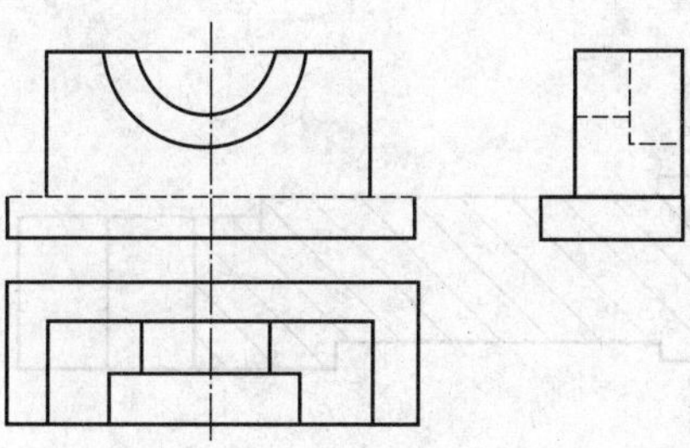

(10 分)

图 3

32. 答:补画漏线如图 4 所示。

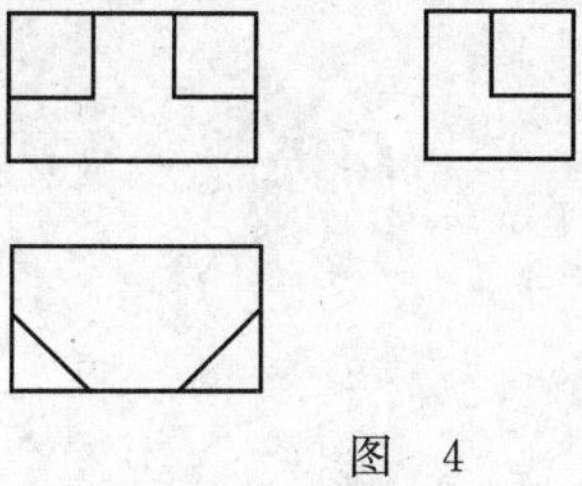

(10 分)

图 4

33. 答:补画漏线如图 5 所示。

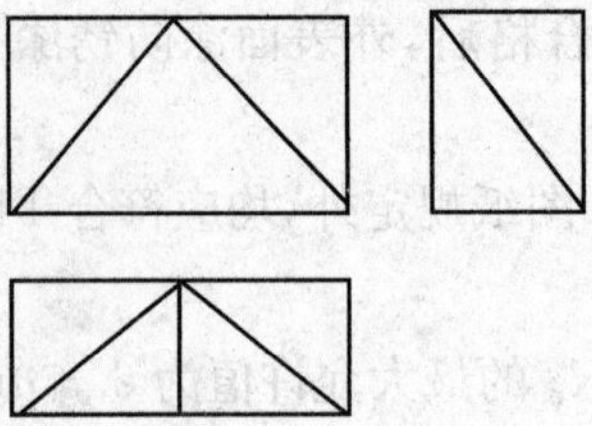

(10 分)

图 5

34. 答:补画交线如图 6 所示。

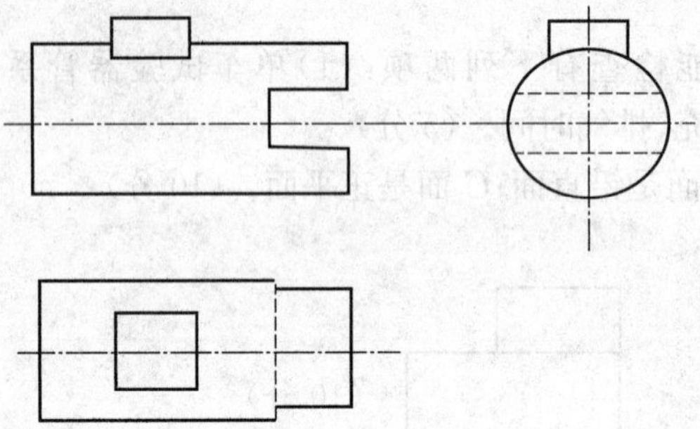

(10 分)

图 6

35. 答:补画缺线如图 7 所示。

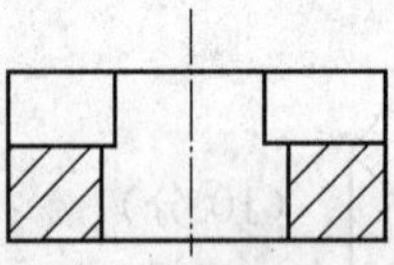

(10 分)

图 7

36. 答:全剖视图如图 8 所示。

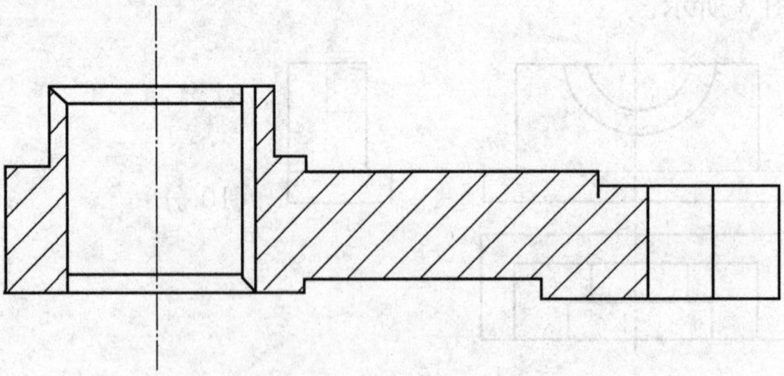

(10 分)

图 8

机车车辆管道工(中级工)习题

一、填 空 题

1. 当尺寸链中环数较多,封闭环的精度要求很高时,可将各组成环的公差放大到易于制造的精度,并对某一组成环留有足够的外偿量,通过修配使其达到装配要求,这种方法称为(　　)。

2. 分度蜗轮副修理时,常用更换蜗杆,修理涡轮的方法来恢复或提高蜗轮副的(　　)。

3. 螺旋机构的主要特点是:结构简单、传动平稳、无噪声,可以获得很大的减速比,具有很大的机械效益,即当在主动件上施加一个不大的扭矩时,就能在从动件上获得一个很大的(　　)。

4. 静平衡的实质是确定旋转件上不平衡量的大小和位置。静平衡只能平衡旋转件中心的不平衡,而不能消除不平衡力偶,故仅适用于直径比较小或速度不高的(　　)。

5. 在弯制管件时,当弯曲模开始转动的瞬间,管子向后滑行,这时要检查管件夹紧处是否有机油使管子打滑,同时也要检查夹紧模的夹紧压力是否符合弯曲管件的规定要求,待夹紧压力调整合适后,方可(　　)。

6. 为了减少芯棒和管子内壁在弯制过程中的摩擦阻力,芯棒要保持清洁光滑,并在每次插入管子之前喷一定量的润滑机油,以防止管子在弯制过程中产生(　　)。

7. 自动制动阀手柄在紧急制动位时,制动缸压力下降的原因是紧急限压阀阀套或柱塞的第一道 O 型圈损坏或不清洁,使作用管的风漏到列车管。此时应更换清洗(　　)。

8. 自动制动阀手柄不许放在何位置,副阀充气阀通大气口排风不止。其原因是副阀充气阀膜板破裂,应更换副阀(　　)。

9. 单独制动阀手柄在制动区,制动缸压力不稳定,原因分析是调整阀膜板破裂,调整阀座 O 型圈泄漏,应(　　)调整阀膜板和调整阀座 O 型圈。

10. 管子扩口,应先对管端加热,然后将管子放在铁砧上,用锤子锻打管壁内面,同时转动管子,逐渐将管口扩大。因扩口管壁变薄,所以只允许扩大(　　)。

11. 当管道无垂直位移或垂直位移很小时,应设(　　)和吊架。

12. 水击力量的大小与系统中循环水的水容量、循环泵停止运行的时间长短和(　　)有关。

13. 卫生器具安装的共同要求是平、稳、牢、准以及(　　)等。

14. 架空管道的管底标高,距铁路轨顶不小于 6 m,距公路面不小于 4.5 m,距人行道面不小于(　　)。

15. 管道中为了减少管件弯曲有害变形的方法,冷弯时是在管内设置芯棒,热爆时是在管内(　　)。

16. 在室内管道上作为保护层的常用材料是玻璃丝布和(　　)。

17. 热水供热系统的循环方式有重力循环和(　　)两种。

18. 管路系统主要是由管件、管路附件、阀件和(　　)等组成。

19. 金属材料的性能包括有：物理性能、化学性能、机械性能和（ ）。

20. 工业上常接触到的金属材料的物理性能有：强度、熔点、热膨胀性、导热性、导电性和（ ）。

21. 表示金属材料强度的指标有屈服强度 σ_s 和（ ）。

22. 表示金属材料塑性的指标有延伸率 δ 和（ ）。

23. 钢的强度和塑性与其含碳量及加热温度有关，含碳量增加，其强度增高，塑性降低。加热温度增高其强度降低，塑性（ ）。

24. 金属材料的工艺性能是指金属材料在加工中表现出的性能，通常包括铸造性能、锻压性能、焊接性能、机械加工性能和（ ）。

25. 碳钢按质量分为普通碳素钢、优质碳素钢和（ ）。

26. 零件的尺寸、几何形状和相互位置以及表面粗糙度等技术要求的一致性叫（ ）。

27. 基本尺寸是指在图纸上有设计给定的尺寸。它是根据零件的强度、刚度、结构和工艺要求等所确定的（ ）。

28. 标准公差是用以确定公差带大小的任一公差数值，其代号为 IT。它是确定尺寸允许变动的范围，标准公差分为（ ）级。

29. 基孔制配合中的孔称为基准孔，其基本偏差代号为 H，下偏差为零，上偏差为（ ）。

30. 按孔、轴公差带的关系，配合分为三类，即间隙配合、过盈配合和（ ）。

31. 管螺纹用于管件连接，它的公称直径是指管子的孔径，而不是指螺纹的外径，对于圆锥管螺纹外径要在（ ）测量。

32. 管道连接有承插、丝接、焊接、和（ ）等连接方式。

33. 安全要求氧气瓶中的气体不得用完，应当有余压（ ）。

34. 流动是产生阻力损失的外部条件，流速大，阻力大，流速小，阻力（ ）。

35. 弯制有缝钢管时，焊缝位置须放在距中心轴线上下（ ）的位置区域内。

36. 回水盒的作用是：运行前排出冷凝水，运行时阻气（ ）。

37. 氧气管道必须用丝连接时，用于丝头上的填料一般采用一氧化铅和水玻璃或蒸馏水调和料，决不可使用（ ）。

38. 由于氧气有遇油着火的特性，因此输送氧气管道安装前，需用（ ）进行脱脂。

39. 一般碳素钢管的加热温度为（ ）。

40. 铜管的加热温度为（ ）。

41. 供水管路的水嘴和卫生器具所使用的阀件要在管道进行（ ）完后再装。

42. 管螺纹包括圆柱管螺纹，牙形角 55 和圆锥管螺纹，牙形角（ ）。

43. 化学热处理是将零件放在一定的活性介质中加热，使某些元素渗入零件表层，以改变表层的化学成分和组织，从而改善表层性能的（ ）。

44. 渗碳式钢表面森如碳原子的过程。方法是将零件置于含碳的介质中加热和保温，使活性碳原子渗入钢的表面，以提高钢的表面含碳量，从而获得表面高硬度，中心（ ）的零件。

45. 钢按用途分为建筑钢、结构钢、工具钢和特殊性能钢。结构钢分为碳素结构钢和和合金结构钢。工具钢可分为碳素工具钢、合金工具钢和（ ）。

46. 灰口铸铁厂用热处理有消除应力退火和表面淬火两种。目的是减少铸件的内应力和提高灰口铸铁的表面硬度和（ ）。

47. 20、45是优质碳素结构钢,T7、T8是(　　)。

48. 根据主加元素不同,铜合金分为黄铜、青铜、白铜三大类,在机械制造业中应用最广的是黄铜、(　　)。

49. 钳工划线选择基准的原则,即划线基准应与设计基准一致。所谓设计基准,就是零件图上用来确定其他点、线、面位置的(　　)。

50. 錾子要用工具钢(TA7)锻成,且经淬火和回火热处理,保证錾子切削部分有适当的(　　)。

51. 刮研接触精度的确定是将被刮研面与校准工具对研后,用边长为25 mm的正方形方框罩在被检查表面上,根据在方框内的研点数来确定(　　)。

52. 锯路的排列有交叉性、斜形及波浪形,其目的是为了减少锯缝两侧对锯条的摩擦力,避免锯条被夹住(　　)。

53. 对刀具切削部分的材料的基本要求是:高硬度、足够的强度和韧性、高耐腐性、高耐热性、较好的导热性和较好的(　　)。

54. 由于切削速度、进给量、吃刀深度对切削温度和刀具耐用度的影响大小不同,选择切削用量时,在机床功率、强度、钢性及刀具强度等条件允许的情况下,先选尽量大的切削深度,再选尽量大的进给量,最后选尽量大的(　　)。

55. 在电路中常用的电工开关有闸刀开关、铁壳开关、组合开关和(　　)。

56. 接触器是一种自动的电磁式开关。它通过电磁力作用下的吸合和反向弹簧力作用下的释放使触头闭合和分断,导致电路的接通或断开,所以接触器是电力拖动中最主要的控制电器之一,可起到远距离操作和(　　)的控制作用。

57. 正弦交流电的特点:其电动势、电压、电流的大小和方向都随时间作(　　)的变化。

58. 管路布置图是表明一种或数种管路与设备,管路与建筑物以及机车车辆系统管路与部件间的(　　)关系的图。

59. 压力单位的物种表示方式:用水柱高度表示:米水柱(mH_2O)、用水银柱高度表示:毫米汞柱(mmHg)、用英制计量单位表示:磅每平方英寸、用标准大气压表示:大气压、用工业大气压表示:(　　)。

60. 焊芯中的锰元素是一种很好合金剂,当含碳量在2%以下时,随着锰含量的增加,钢的机械性能,特别是强度和韧性提高,是较好的(　　)。

61. 壁厚相同的管子、管件组对应符合的要求是:级焊缝不应超过壁厚的10%,不大于1 mm,级焊缝不应超过壁厚的20%,且不大于2 mm,铝及铝合金、铜及铜合金不应超过壁厚的(　　),且不大于1 mm。

62. 气焊中的氧-乙炔焰,要求焊接火焰应对熔池进行保护,不使空气中的氧和氮与液体金属发生作用,火焰还应具有还原性质,不仅不使液体金属氧化,而且还应该对熔池中某些金属氧化物及熔渣起(　　)。

63. 机械切管的设备有专用切管机、无齿锯、高速切管机、锯片切割机、弓锯床、带锯式割管机和(　　)等。

64. 管道对保温材料的一般要求是:热传导系数小、空隙率大、容重轻、温度变化或机械振动时不易损坏、吸水性差、来源广、(　　)。

65. 机车车辆的管路防寒方法,一般是底层包扎毛毡,外层用防寒布包扎紧,然后用细铁丝等距离的缠绕禁锢，为防止因铁丝折断而使防寒层松落，要求缠绕铁丝时，每 300 mm 长度内打一个防松节。有时也要用(　　)进行管路防寒。

66. 闸刀开关是一种手动电器，它与熔断器组合，是一种最简单的全压起动电气，闸道开关作为接通和(　　)电路用。

67. 更换溶丝时，一定要切断电源，将(　　)，然后再进行更换。

68. 行灯电压不得超过 36 V，在特别潮湿环境或在四周为导体的机车车辆上作业时，电压不得超过 12 V，如无 12 V 行灯时，可用(　　)。

69. 把电气设备的金属外壳和电源线的零线相连接叫(　　)。

70. 电动机起动困难的原因一般有：负荷过大，起动电压或起动方法不适当，线头接错，电压过低和转子铝线(　　)。

71. 弯管机和切管机运用中如发现电动机轴承过热，首先应检查出产生过热的原因：缺油，加油过多或油质过稠，油太脏，混进其他小颗粒或油质不好，轴弯，轴承磨损严重或有其他故障，电动机端盖或轴承安装不好，电动机轴与轴承孔不同心或皮带太紧，地脚螺栓松动等。然后按(　　)进行维修。

72. 对接接头的坡口形式一般有：不开坡口，V 形坡口，X 形坡口，单 V 形坡口和(　　)等五种形式。

73. 选用压力表时，压力表盘刻度的极限值，应为受压部件工作压力值的(　　)。

74. 对于冷弯弯曲管间壁厚减薄铝应符合以下要求：对高压管不超过 10%，中低压管不超过 15%，且不小于设计(　　)。

75. 轮系的传动比是指该轮系中(　　)的转速之比。

76. 直齿圆柱齿轮的标准压力角为(　　)。

77. 在一个齿轮上，压力角、齿数和(　　)使齿轮几何尺寸计算的主要参数依据。

78. 液压传动中的控制回路按作用分为：压力控制回路、速度控制回路和(　　)。

79. 旋转零件的平衡状态有两种，即静平衡和(　　)。

80. 液压传动装置通常用以下四部分组成，即液压泵、液压缸、控制阀和(　　)。

81. 在机械制图中表达机件的方法有：视图、剖视图、剖面图、(　　)和简化画法及其他。

82. 单位时间内通过用电设备的(　　)所作的功，叫做电功率。

83. PDCA 工作法是全面质量管理的基本工作方法，具体分为四个阶段，即计划、执行、检查、(　　)。

84. 在质量管理工作中，影响产品质量的因素通常头以下五个方面，即：人员的素质、机具设备、原材料、工作方法及工艺方法，(　　)。

85. 三角皮带的标准长度是指三角皮带的(　　)。

86. 管道仪表接点的开孔和焊接应在管道(　　)进行。

87. 穿墙及过楼板的管道，一般应在套管，但管道焊缝不得置于套管内。穿墙套管长度不得小于墙厚，穿楼板高出楼面或地面 50 mm，穿过屋面的管道一般应有防水肩和(　　)。

88. 管道安装工作如有间断，应及时封闭(　　)的管口。

89. 建筑物附近铺设管路时，一般应距建筑物基础 3 m 以外。但管路埋设深度超过 2～5 m 时，管路和建筑物基础的距离应不少于埋深加(　　)。

90. 给水管与煤气管间的最小水平净距为 1.5 m，最小垂直净距为(　　)。

91. 使用套管接口时,两管连接端之间距离不得超过(　　)。

92. 管道安装法兰接口时,接口处两法兰面须平行、对正、与管子的轴线垂直,然后加入密封垫,再将螺栓和螺母点上机油,对称均匀地上紧螺母,螺栓应露出螺母,其长度不得大于螺栓直径的(　　)。

93. 吸水管路由水源至水泵应有一定的坡度,最低不少于5%的上坡,严禁有反向坡,水平管段的异怪连接均应采取偏心(　　)。

94. 东风4DF型内燃机车用NPT5型空压机的主要参数:容积流差2~4 m^3/min;进气压力101.325 kPa;最大排气压力900 kPa;转速1 000 r/min;轴功率(　　)。

95. 空气压缩机每运转300~600 h,应检查、清洗气阀和(　　)。

96. 704-1型调压器的技术特性:压力调整范围200~1 200 kPa,压差调节范围80~500 kPa,开关分断能力:直流(接R-C保护装置)50 V:3 A、110 V:(　　)。

97. JZ-7型空气制动机主要有自动制动阀、单独制动阀、均衡风缸、中继阀、过充风缸、分配阀、切控阀、作用阀、重联阀、变向阀、滤尘止回阀和(　　)等组成。

98. JZ-7型自动制动阀是一种自动保压式的制动装置。该阀安装在管座上,控制制动管压力变化,通过司机操纵观其手柄,实现制动机的(　　)与作用。

99. 自动制动阀的过充位是使制动管得到比规定压力高30~40 kPa过充压力,以加快制动管的(　　)。

100. 自动制动阀的手把取出位是本务机车非操纵端,无火回道机车所用位置,使自动制动阀失去对列车制动机的(　　)。

101. 单独制动阀是操纵机车的制动和环节而与列车无关,有单独环节位、运转位和全制动位三个(　　)。

102. 单独制动阀的单独缓解位是自动制动阀施行列车制动后单独缓解(　　)所用的位置。

103. 中继阀由双阀口式中继阀、总风遮断阀和(　　)三部分组成。

104. F-7型分配阀采用二压力机构与三压力机构相结合的混合机构。即能阶段缓解,又能(　　)。

105. F-7型分配阀的副阀部由副阀、充气阀、保持阀、局减止回阀、一次缓解逆流止回阀和(　　)等部件组成。

106. 作用阀有三个作用位置,即缓解位、制动位和(　　)。

107. 在重联阀管座上,共装有五报钢管,有总风纹号管3、作用管14a、作用管14b、制动缸管12以及(　　)。

108. 电线管的弯制在安装空间允许的情况下,弯曲半径应尽量大一些,弯曲部位尽量少一些,以防穿电缆线困难或易顺伤电缆线的(　　)。

109. 为防止划伤电缆线的绝缘保护层,电线管两端切割加工的毛刺和铁屑一定要清除干净,并须在电线管两端按电缆线的进出走线方向弯制所需角度的(　　)。

110. 120型铁路货车空气制动控制阀检修组装时,各活动密封圈应涂以适量的7057硅润滑脂或经部批准的其他硅质不准使用(　　)或其他油脂代替。

111. 120型铁路货车空气制动控制阀检修组装后,各活塞及滑阀、节止阀装入阀体内拉动时,动作需(　　)阻力适当。

112. 120 型铁路货车空气制动控制阀检修组装后，需在 705 型试验台上进行作用性能试验，合格后在主阀体左侧涂打厂、段简称和(　　)年、月。

113. 120 型铁路货车空气制动控制阀在 705 试验台上作稳定性试验的质量要求：在制动管减压 40 kPa 以前，不得发生(　　)作用。

114. 东风4C 型内燃机车大修规程规定机油管路检修时，管路开焊允许焊修，焊后需经磷化处理，并作 0.8 MPa 油压试验，保持 5 min，(　　)。

115. 按机车大修规程要求：制动软管接头、连接器有裂纹需更换，制动软管连接器须以 0.6 MPa 的压缩空气在水槽内试验，保持 5 min 不许泄漏，外直径膨胀不许超过(　　)。

116. 机车大修时，总风钢焊缝预作探伤检查，并进行 1.4 MPa 水压试验保持(　　)无泄漏。

117. 东风11、东风4D 型机车中修范围规定检查机油、燃油及冷却水管路，通扫各表管路，更换可曲绕球体橡胶接头、胶管、胶圈及垫，处理不良的管卡及(　　)。

118. 机车中修时，要解体检修及油泵、安全阀、燃油安全阀及调压阀，并试验调整至(　　)。

119. 机油热交换器中修规程范围：解体清洗各部件，更换各密封胶圈及垫，油路、水路应分别进行(　　)。

120. 燃油粗滤器及精滤器中修检修检修项目：解体清洗，更换滤芯，更换(　　)。

121. 吸油泵安全阀中修检修项目：解体、清洗、检查部件，组装后(　　)。

122. 机车大修时，风喇叭检修应符合下列要求：解体、清洗、各部件有裂损均需更换，在 0.5～0.9 MPa 压力下实验，音响须(　　)。

123. 机车大修，对空气干燥器、油水分离器及各阀均需解体、清洗、检修。更换橡胶件及(　　)。

124. 燃油管路在机车段修和厂修时，要解体清洗，去除油垢，管接头螺纹不许碰伤。大修时应更换垫圈和橡胶件，并对管子表面按原设计进行(　　)。

125. 设计燃油限压阀的目的：控制压力整定在 118±10 kPa，以保持进油喷油泵的油压(　　)。

126. 燃油精滤器的清洗里程为 20 000～30 000 km，清洗时应先打开下体出油道两端的螺堵，放尽(　　)。

127. 机油系统润滑油的清洗作用：机油流经的表面，随时将摩擦表面的微量磨损金属清洗掉。例如活塞与缸套之间的磨损微粒，曲轴与轴承之间的磨损微粒均靠机油的流动，进行不断的(　　)。

128. 润滑的种类：有飞溅润滑、压力润滑、高压注油润滑和(　　)。

129. 为了保证柴油机润滑，设有油压继电器，当柴油机主机油道末端油压降到一定值后，油压继电器动作，使柴油机进行自动卸载或(　　)。

130. 为了防止主机油泵出口管路的强烈高频振动，B 型和 C 型柴油机均在主机油泵出口管路处设置了旁通管路，并装置了减压阀。B 型机减压阀的开启压力调整到 550＋20 kPa，C 型机开启压力调整到(　　)。

131. 16V240ZJC 型柴油机采用双螺杆机油泵，由泵体，主、从动螺杆装配，传动齿轮，主从动齿轮，前后盖板，轴承套装置和 3056213(　　)等零件组成。

132. 机车柴油机对机油的要求是：高温清净性与热安定性，抗磨抗擦伤性能，碱值与碱性保持性能，氧化安定性和(　　)。

133. 对冷却水系统要求密封可靠,避免空气和燃气窜入,造成冷却水流动堵塞和系统内产生(　　)。

134. 预热锅炉:冬季长期停机时,冷却水可通过预热锅炉进行保温,以免冻裂机件,并使柴油机启动达到一定的油、水温度,保证良好的润滑条件和燃烧状态,改善(　　)。

135. 离心式水泵在一定的转速下工作时,压力随流量的增加而降低,功率及效率随流量的增加而增加,但流量超过一定数值后,其效率将随流量的增加而下降,所以水泵工作时,应使其流量在(　　)范围内,以获得较佳的经济性。

136. 弯管机在工作中,要经常注意各部位的运转情况,如有异常现象,应立即停机,(　　)。

137. 操作者在离开机床时,必须切断电流及电源,下班前清扫干净机床,关闭(　　)。

138. 停机时间较长,开动设备时,首先要检查变速箱油位是否正常,检查各润滑表面应清洁,加注(　　)。

139. 使用普通弯管机进行弯曲管件时,弯制前,要认真核对管件的弯曲半径、弯曲角度、管件直径和工艺要求,然后选择与管件弯曲工艺要求的弯曲模、夹紧膜、靠背和确定好起弯点和终弯点,方可(　　)。

140. 使用液压弯管机、数控弯管机进行管件弯制时,首先进行试运转,检查弯曲压力、夹紧压力、靠背压力,均应达到规定压力后,方可进行(　　)。

141. 在使用液压弯管机、数控弯管机弯制 $\phi76$、$\phi89$、$\phi114$ 较大直径关键时要先启动机床,进行空转试验,检查芯棒的送进、旋转,弯曲模的旋转,靠背的送进等各项运动性能(　　)后,方可正式进行弯制操作。

142. 在研配组焊胎具上研配好的管件,要轻拿轻放,不准用力摔碰,以防点焊的法兰或管接头(　　)。

143. 单一管件焊接好后,要进行焊缝的泄漏试验,试验的程序为:将管件安装定位,拧紧各裸露管接头的螺堵或法兰的密封盖板,充水至防水管排水为止,根据不同介质的管件的试压压力进行充压试验,保压 5 min,检查各焊缝不许有(　　)。

144. $\phi76$、$\phi89$、$\phi114$ 较大直径管件与法兰焊接时,管子的直线端面一定要垂直于法兰面,并且要全部插入法兰的插管直径内,不许有(　　)就进行焊接。

145. 机车各系统所有的 $\phi10$ 和 $\phi6$ 管件的接头体与球体与管子的焊接,一般都采用气焊焊接,焊缝要符合工艺要求,球接头的焊接要保证活接头螺母能(　　)。

146. 管件安装前,要用干燥和洁净的压缩空气吹扫,一是为了清除管件内的灰尘和污物,而是为了检查管件上所焊的支管载入体和表座等零件有无漏钻,确保道路(　　)。

147. 管件安装前,应检查管件内壁有无侵蚀,或各球头球面有无碰伤,各接头体螺纹有无损坏,有上述情况者(　　)。

148. 在机车和车辆上进行焊接作业时,不准在管件或阀件上打火,以防(　　)管件。

149. 油缸的种类有活塞式油缸(又分单活塞杆式和双活塞杆式两种)、柱塞式油缸和摆动式油缸(　　)。

150. 选择机床设备的电动机时,可根据工作的场所、地区选择电动的型号,根据负载功率选择电动机的容量,根据所拖动的生产机械的额定运转选择电动机的(　　)。

151. 电气设备采用保护接零后,如果一相带电部分碰连设备的金属外壳时,就通过设备外壳形成了相线对零线的单相短路。很大的短路电流会使线路上的保护装置迅速动作，从而断开了(　　)的电源，保障了安全。

152. 管件的样杆或样板是检查和确定管部件尺寸、形状和相对位置的一种(　　)。

153. 合理选择划线基准，合理安放工件，正确找正是划好线的(　　)。

154. 划线时采用拉线、吊线、线坠、直角尺和直尺互相配合，通过投影来引线的方法称为拉线与(　　)。

155. 研磨外圆柱表面避免产生锥度的最有效措施是：操作时保持工件不摇晃，最好是垂直研磨，在条件允许时，应尽量隔时(　　)。

156. 齿轮分度圆上的周节对圆周率 π 的比值以 m 表示，$m=P/\pi$，称为齿轮的(　　)。

157. 标准齿轮是指模数、压力角、齿顶高系数、顶隙系数均取为标准值，且分度圆上的齿厚等于齿间宽的齿轮叫做(　　)。

158. 按承受载荷方向的不同，滑动轴承可分为承受径向载荷的向心轴承和承受轴向载荷的(　　)两大类。

159. 滚动轴承采用润滑油润滑时的润滑方法有：油浴润滑，滴油润滑，溅油润滑，压力润滑，(　　)等方法。

160. 尺寸链的封闭环是当其他尺寸确定后，最后形成的一个环称尺寸链的(　　)。

二、单项选择题

1. 管道工程常用的金属材料是铸铁和钢，它们的区别主要是(　　)的多少不同。

(A)含铁量　　(B)含硅量　　(C)含碳量　　(D)含锰量

2. 为了均匀分配补偿器间的管道伸缩量，而设置的管架是(　　)。

(A)固定支架　　(B)吊架　　(C)导向支架　　(D)活动支架

3. 煤气管道安装，管径大于 200 mm 时采用(　　)。

(A)水煤气钢管　　(B)薄壁无缝管　　(C)钢板卷焊管　　(D)铸铁管

4. 不需经常检修的管道，敷设时可采用(　　)。

(A)地沟　　(B)埋设　　(C)架空　　(D)明设

5. 管子弯曲时，中性轴的长度会(　　)。

(A)伸长　　(B)不变　　(C)缩短　　(D)减小

6. 乙炔系统必须用铜合金时，其含铜量应在(　　)。

(A)70%以上　　(B)70%以下　　(C)50%　　(D)60%

7. 高压压缩空气管道施工所用管材在施工前(　　)。

(A)要用磁力探伤方法检查　　(B)高压空气试验

(C)用高压水试验　　(D)进行机械强度试验

8. 乙炔的氧化爆炸压力为起始绝对压力的(　　)倍。

(A)10　　(B)11～13　　(C)30　　(D)50

9. 铸铁给水管是用(　　)浇铸而成的。

(A)灰口铸铁　　(B)白口铸铁　　(C)可锻铸铁　　(D)球墨铸铁

10. 碳素工具钢的牌号为(　　)。

(A)HT15-32　　(B)15Mn　　(C)H62　　(D)T10

11. 在弹性范围内,材料的应力与应变成(　　)关系。

(A)正比　(B)反比　(C)倒数　(D)平方

12. 下列机械性能指标符号中(　　)代表金属材料的强度符号。

(A)δ　(B)HB　(C)σ_b　(D)ϕ

13. 管道在温度变化较大时,如不能自由伸缩,管道材料产生热应力,若温度升高时为(　　)。

(A)拉伸应力　(B)压缩应力　(C)剪应力　(D)切应力

14. 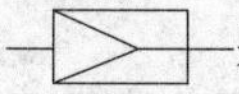表示(　　)。

(A)止回阀　(B)减压阀　(C)闸阀　(D)塞门

15. 表示(　　)。

(A)水分离器　(B)油水分离器　(C)疏水器　(D)节流阀

16. $i=0.003$ 表示(　　)。

(A)管道坡度　(B)管道坡度及方向　(C)管道走向　(D)管道高度

17. DN50 低压采暖管道中,控制流量采用(　　)。

(A)Z417-10　(B)J417-16　(C)Z15T-10　(D)Z45T-10

18. 型号 Y43H-10 表示阀门名称(　　)。

(A)活塞式减压阀　(B)波纹管式减压阀

(C)薄膜式减压阀　(D)(薄膜)活塞式减压阀

19. 型号 A47H-16C 表示阀门名称(　　)。

(A)弹簧全启式安全阀　(B)弹簧微启式安全阀

(C)弹簧封闭微启式安全阀　(D)单杠杆安全阀

20. 型号为 S43H-10 浮桶式疏水阀的公称压力为(　　)。

(A)1.6 MPa　(B)25 MPa　(C)1.5 MPa　(D)1.0 MPa

21. 型号 S19H-16 表示阀门名称(　　)。

(A)浮桶式疏水阀

(B)公称压力为 1 MPa 的热动力式疏水阀

(C)公称压力为 1.6 MPa 的热动力式疏水阀

(D)公称压力为 2.5 MPa 的热动力式疏水阀

22. 符号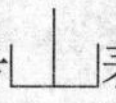表示(　　)。

(A)油箱补油器　(B)油管端部在油面之上

(C)油管端部在油面之下　(D)油管接口在油箱下部

23. 热煨弯管时,当加热长度范围内管子表面呈现橙红色(红中透黄)时,温度约为(　　)。

(A)500～600 ℃　(B)700～750 ℃　(C)900～950 ℃　(D)1 100～1 200 ℃

24. 由于热煨弯管冷却后有回弹现象,因此,煨管时应比需要的角度大(　　)。

(A)0.5°～0.8°　(B)1°～2°　(C)2°～3°　(D)3°～4°

25. 当用电焊连接钢管时,管端应开 V 形坡口的条件是(　　)。

(A)管道壁厚大于 4 mm　(B)管道壁厚大于 6 mm

(C)管道壁厚大于 10 mm　(D)管道壁厚大于 12 mm

26. 用研管组焊胎研配管件时,管子与法兰、球头和接头体等管件用电焊点焊定位的焊点不应少于(　　)。

(A)1 处　(B)2 处　(C)3 处　(D)4 处

27. 东风$_4$型机车预热锅炉循环水泵为(　　)。

(A)离心式叶片泵　(B)齿轮泵　(C)柱塞泵　(D)螺杆泵

28. 空气制动系统高压保安阀的开启压力为(　　)。

(A)450 kPa　(B)550 kPa　(C)750 kPa　(D)950 kPa

29. 东风$_4$型机车静液压系统安全阀的最高开启压力调定位(　　)。

(A)10 MPa　(B)12 MPa　(C)17 MPa　(D)20 MPa

30. 东风$_4$型机车冷却风扇的转速是由(　　)控制的。

(A)静液压泵　(B)静液压马达　(C)温度控制阀　(D)安全阀

31. 东风$_{4B}$型机车控制机油温度的感温元件的作用温度为(　　)。

(A)55～65 ℃　(B)66～72 ℃　(C)72～82 ℃　(D)82～88 ℃

32. 容积单位 1 立方米(m^3)等于(　　)升。

(A)1　(B)10　(C)100　(D)1 000

33. TB/T777-93 中 M64 螺母的螺距为(　　)。

(A)2　(B)2.5　(C)1.5　(D)3

34. 冷弯公称通径为 65～80 mm 的管子常用弯曲半径为(　　)倍公称通径。

(A)2　(B)3　(C)3.5　(D)4

35. 一般用手锯锯薄壁管采用约 32 齿/寸的(　　)锯条。

(A)粗　(B)中粗　(C)细　(D)特细

36. 对于相同齿数的齿轮模数越大,齿轮的几何尺寸(　　)。

(A)愈大　(B)愈小　(C)不变　(D)与模数无关

37. 在脉动变化的接触应力反复作用下,齿面缺陷处产生疲劳裂缝,扩展后引起小块金属剥落,形成小坑,称为齿面(　　)。

(A)胶合　(B)磨损　(C)点蚀　(D)穴蚀

38. 绘制直齿圆柱齿轮的零件图时,齿根圆和齿根线用(　　)。

(A)粗实线　(B)细实线　(C)点划线　(D)虚线

39. 圆柱齿轮、圆锥齿轮的零件图中的参数表一般放在图样的(　　)。

(A)左上角　(B)右下角　(C)右上角　(D)左下角

40. 高速钢的材料符号是(　　)。

(A)W6Mo5Cr4VZ　(B)9SiCr　(C)CrWs　(D)1Cr18Ni9Ti

41. ϕ55(H9/d9)表示配合型式(　　)。

(A)间隙配合　(B)过盈配合　(C)过渡配合　(D)动配合

42. 有一孔公差带范围是 ϕ20.060～ϕ20.105 之间,其公差带宽为(　　)。

(A)0.060　(B)0.105　(C)0.045　(D)0.165

43. 液力偶合器与液力变扭器(　　)。

(A)是一物两个名称　(B)结构有所不同,功能完全相同

(C)结构和功能均不同　(D)结构相同,功能不同

44. 选用加工表面的设计基准为定位基准,称为(　　)。

(A)基准重合原则　(B)基准统一原则　(C)自身定位　(D)基准定位

45. 公差等级 H7/u6 的配合属于(　　)。

(A)间隙配合　(B)过盈配合　(C)过渡配合　(D)动配合

46. 液压传动系统中的卸荷回路属(　　)。

(A)方向控制回路　(B)速度控制回路　(C)压力控制回路　(D)流量控制回路

47. 钢在退火时是(　　)冷却的。

(A)随炉　(B)在空气中　(C)在油中　(D)在水中

48. 弹簧钢的材料牌号为(　　)。

(A)20 号钢　(B)60Mn　(C)9SiW　(D)10 号钢

49. 试压泵是对各种压力容器、管道设备进行液压试验时的加压设备,是管道工常用的机具,其特点是(　　)。

(A)流量小,压力高　(B)流量大,压力小

(C)流量小,压力小　(D)流量大,压力大

50. 在液压千斤顶中,工作液体可用水、油或混合液体,工作液体的压力可达 500 个大气压。起重量为 3～300 t,最大可达(　　)。

(A)350 t　(B)400 t　(C)600 t　(D)750 t

51. 中性焰,氧和乙炔按体积计算的比例等于 1～1.2,此时乙炔可充分燃烧。气焊一般使用中性焰,用于焊接(　　)。

(A)高碳钢　(B)中碳钢　(C)低碳钢　(D)铸钢

52. 螺旋千斤顶的起重量为 1～20 t,起重高度为(　　),自身重量为 20～50 kg。

(A)50～100 mm　(B)100～150 mm　(C)200～250 mm　(D)250～360 mm

53. 电动机铭牌上所标明的功率因素,表示该电动机在额定功率时的值,也就是有功功率和视在功率的比,大约在(　　)左右。

(A)0.25～0.35　(B)0.4～0.5　(C)0.6～0.8　(D)0.85～0.9

54. 钢管的焊接有电弧焊和氧乙炔焰气焊两种方式。管壁厚底小于 4 mm 的钢管对接,可不开坡口而仅留 0.5～1 mm 间隙以利焊透。管壁厚度超过 4 mm 的需要开坡口,即将管端加工成留有 1～3 mm 钝边及(　　)角的 V 型坡口,以利于达到焊透。

(A)20°～25°　(B)30°～35°　(C)35°～40°　(D)40°～45°

55. 压力表表盘刻度的极限值,应为管道系统介质工作压力的(　　)倍。

(A)1.2～1.5　(B)1.5～3　(C)3～3.5　(D)3.5～4.5

56. 弯管的椭圆度要求:高压管不超过 5%;中压管不超过 8%;铜、铝管为 9%;铜合金、铝合金管不超过 8%;铅管不超过(　　)%。

(A)5　(B)8　(C)10　(D)12

57. 客车检修暖气主管和散热器管时,暖气主管与转向架有碰磨痕迹时需修整。管系除暖气主管和室内暖气散热管状态良好者外。均需分段分析,各管腐蚀剩余厚度 Dg30、Dg40 管件不得小于 2 mm;Dg50、Dg70 管件不得小于 2.5 mm,更换或节段分解的各管组装后,须有(　　)以上剩余丝扣。

(A)1 扣　(B)2 扣　(C)3 扣　(D)3.5～4 扣

58. 管道中的膨胀节一般安装在一段管道的中间，管道两头用固定托架固定牢靠，这个固定托架也叫做（　　）。

(A)固定点　(B)固定架　(C)固定支承　(D)受力点

59. 常见的散热器有赤箱型、柱型、圆翼型、排管型等。赤箱型A型规格60大的散热器的有关尺寸为：600 mm、页宽115 mm、中心距505 mm、每片长280 mm、页数14枚、试压0.45 MPa、容量（　　）。

(A)3 kg　(B)5 kg　(C)8 kg　(D)10 kg

60. 物体的表面经常会出现平面与平面、平面与曲面、曲面与曲面相交的情况，这种两形体相交时所产生的交线叫做（　　）。

(A)表面交线　(B)形体交线　(C)平面交线　(D)曲面交线

61. 管道中常用的三通、四通、三承丁字管、三盘丁字管、四盘十字管、支管式连接的载入体与主管的连接等相同形体或不同形体相交面产生的交线，称为（　　）。

(A)相交线　(B)相贯线　(C)交界线　(D)分界线

62. 任何复杂零件都可以看作由若干个基本几何体组成，各基本几何体之间有结合、截割、穿孔等几种组合形式。由两个或两个以上的基本几何体构成的物体叫（　　）。

(A)部件　(B)零件　(C)结合体　(D)组合体

63. 用以确定公差带大小的数值称为标准公差。国标规定：标准公差分为20级，其代号用拉丁字母“1T”和阿拉伯数字组成，即1T01、1T0、1T1等等。精度等级依次（　　）。

(A)增加　(B)减少　(C)降低　(D)提高

64. 相互配合的孔和轴，它们之间可能具有间隙，也可能具有过盈的配合，叫做（　　）。

(A)间隙配合　(B)过盈配合　(C)过渡配合　(D)动配合

65. 管道系统的管件往往都不标注公差，这些尺寸称为未注公差尺寸，又称为自由尺寸。未注公差尺寸的极限偏差应根据国标GB/T 1804—2000来确定。标准规定：未注公差尺寸的公差等级规定为（　　）。

(A)1T4-1T5　(B)1T6-1T8　(C)1T9-1T10　(D)1T12-1T18

66. 标准管件研配组焊胎具研制出的管件，在控制最小焊接变形的条件下，一般均可达到机车系统管路的（　　）要求。

(A)安装　(B)尺寸　(C)互换　(D)工艺

67. 圆度是表示零件上圆的要素实际形状与其中心保持等距的状态，即通常说的圆整程度。重要管件的圆度公差是指同一横截面上，实际圆对理想圆所允许的（　　）。

(A)最大变动量　(B)最小变动量　(C)直径变动量　(D)圆弧变动量

68. 圆柱度是表示零件上圆柱面外形轮廓各点对其轴线保持定距状况。它体现了对圆柱体的横截面、轴截面和轴线的形状误差的综合控制要求。圆柱度公差是实际圆柱面对理想圆柱面所允许的最大变动量。弯管机所用芯棒的圆柱度通常应控制在（　　）比较定点。

(A)0.2～0.5 mm　(B)0.5～0.6 mm　(C)0.05～0.08 mm　(D)1～2 mm

69. 弯管机的弯曲模、压力模、夹紧模等模具所用的冷变形模具钢具有高硬度和耐磨性，足够的强度和韧性以及小的（　　）。

(A)变形　(B)摩擦　(C)磨损　(D)腐蚀

70. 因为灰铸铁中的石墨占有相当大的容积,本身较软,能够吸收振动能,加上它割裂基体,不利于能量的传递,所以具有良好的(　　)。

(A)抗振性　　(B)件振性　　(C)防振性　　(D)耐振性

71. 因为蜗轮蜗杆传动具有很大的传动比,外廓结构尺寸小,重量轻,工作平稳无噪声和具有自锁性等优点。所以机车系统管件的接头体和法兰的电焊和气焊(　　)均采用蜗轮蜗杆传动。

(A)自动转胎　　(B)焊胎　　(C)焊台　　(D)装置

72. 在轮系中,若一个齿轮即是前一级传动的从动轮,又是后一级传动的主动轮,则这个齿轮称为(　　)。它在轮系中并不影响轮系传动比的大小,而仅起改变从动轮转向的作用。

(A)中间轮　　(B)过轮　　(C)介轮　　(D)导向轮

73. 弹簧的功用有:控制运动;缓冲和减震;储存及输出能量和(　　)力的大小。

(A)计算　　(B)测量　　(C)计量　　(D)表达

74. 使用三角皮带传动的主要优点是:在相同的张紧力下,带的两个侧面与滑槽的两个斜壁间是槽面摩擦,产生的摩擦力大,能传递较大的功率;允许的传动比也比较大,结构较为紧凑;绝大多数制成标准的封闭性,可以避免接头处传动(　　)的现象。

(A)不光滑　　(B)不平稳　　(C)不稳定　　(D)不平滑

75. 型号为 24D-10B,符号为是(　　)电磁阀。

(A)二位二通　　(B)二位三通　　(C)二位四通　　(D)二位五通

76. 在中性点直接接地的三相四线制低压电网中,若把在正常情况下不带电而在故障情况下可能呈现危险的对地电压的金属部分,与电网的零线可靠地接线,称为(　　)。

(A)保护接零　　(B)保护接地　　(C)火线接地　　(D)安全保护

77. 在任意直径的圆周上,相邻两对应点之间的弧长称为该圆上的(　　),用 P 表示。

(A)齿距　　(B)周节　　(C)齿隙　　(D)齿宽

78. 分度圆就是齿轮上具有标准模数和标准下切角的圆。节圆就是以两啮合齿轮的回转中心为圆心,过节点所作的两个(　　)。

(A)相交的圆　　(B)相接的圆　　(C)相切的圆　　(D)等距的圆

79. 滚动轴承的主要特点是:摩擦损失小、效率高、起动灵敏、润滑方便、易于互换,并且在极低转速下应用。但是承受冲击及动力载荷的性能较差,高速时出现噪声,工作寿命一般(　　)。

(A)较好　　(B)较长　　(C)极差　　(D)较差

80. 表示装配单元装配先后顺序的图称为单元(　　)。

(A)程序图　　(B)次序图　　(C)系统图　　(D)顺序图

81. 螺纹塞规的形式有:整体螺纹塞规、锥柄螺纹塞规、套式螺纹塞规和(　　)。

(A)双柄螺纹塞规　　(B)单柄螺纹塞规　　(C)双杆螺纹塞规　　(D)单杆螺纹塞规

82. 螺纹塞规是用来检查普通螺纹的内螺纹,分为通端和止端。可检验尺寸范围:1～5 mm;1～100 mm;52～100 mm 等。用止端检验允许旋合量不能多于(　　)。

(A)1 牙　　(B)2 牙　　(C)3/2 牙　　(D)3 牙

83. 螺纹环规是用来检测普通螺纹的外螺纹的,按结构型式可分为调整式和不可调整式二种。设有通端和止端,用止端检验时允许旋合量不能多于(　　)。

(A)2 牙　　(B)3 牙　　(C)5/2 牙　　(D)4 牙

84. 水平仪是利用水准泡的移动来检验平面对水平或垂直位置的误差的,例如,检查工件平面的平面度,机床导轨的直线度误差等,是机械设备在安装调试和精度检验中的重要(　　)。

(A)精密量仪　　(B)精密仪器　　(C)测量仪　　(D)普通量仪

85. 机车车辆的制动软管连接器的连接器体、接头与软管组装前须清除毛刺和凸起物。组装时,各结合面间需涂以适量的 TL5070 制动软管用(　　)。

(A)润滑脂　　(B)密封胶　　(C)黏结剂　　(D)凡士林

86. 制动软管的连接器体、接头、软管卡等与软管组装时,均不得损伤软管的内、外胶层,软管卡组装后与软管端面的距离不得小于 7 mm,软管卡两耳间的距离应为(　　)。

(A)3～5 mm　　(B)5～10 mm　　(C)10～12 mm　　(D)12～15 mm

87. 机车车辆用折角塞门的标记示例:折角塞门 DN32TB/T 1133-1999,组装好后,车辆用的折角塞门须以 600 kPa 的压缩空气进行气密性试验,机车用的折角塞门须以(　　)进行试验,不得泄漏。

(A)600 kPa　　(B)700 kPa　　(C)800 kPa　　(D)900 kPa

88. Dg20 mm 的无缝钢管用 2A 型载入式接头体的标记示例为:接头体Ⅱ ADg20 TB/T 333-2-93。此种型式接头是用来连接管件和带有管锥内螺纹的(　　)之用的。

(A)阀件或部件　　(B)阀件或管件　　(C)阀件　　(D)部件

89. Dg13 的无缝钢管用 3A 型支管式接头体的标记示例:接头体Ⅲ ADg13 TB/T 333-3-93。它在管路系统中是用来作(　　)连接之用的。

(A)管与阀体　　(B)主管与支管　　(C)管与部件　　(D)管与管

90. d=M16×1.5 TB/T27-93,其配属的管外径为 $\phi 10$;接头体 M16×1.5、球接头 Dg6、活接头螺母为(　　)。

(A)M16×1.5　　(B)M14×1.5　　(C)M20×1.5　　(D)M12×1.5

91. 外接头(圆柱管螺纹)的材料规定为 KTH300-06,允许用 QT450-10 制造,公称通径 Dg20 mm 的外接头的标记示例:外接头 Dg20TB/T 113-91 本标准适用于机车车辆(　　)中的外接头。

(A)电线管路　　(B)水管路　　(C)有关路　　(D)暖气管路

92. 机车车辆用 TB/T 85-1999 标准中截断塞门所用弹簧的标记:$d=2$mm,$D=14$ mm,$H=16$ mm 的弹簧标记示例为:弹簧 $2x14x16$　TB/T 85-3-1999。材料为(　　)。

(A)65Mn　　(B)20 钢　　(C)60Mn　　(D)碳素弹簧钢丝

93. 公称通径为 DN15TB/T 85-1-1999。材料为 ZcuSn3Zn 11Pb4,阀芯与阀体要进行研磨,光洁度过 $\overset{0.8}{\bigtriangledown}$,阀芯的锥度为(　　)。

(A)1∶1.5　　(B)1∶5　　(C)1∶7　　(D)1∶9

94. 机车车辆系统管路用管卡的型式有:同径双管卡、中间固定双管卡、两端固定双管卡、两端固定单管卡、U 型卡和一端固定单管卡等。它们在系统管路中是起(　　)管路作用的。

(A)支承　　(B)固定　　(C)减振　　(D)支承固定

95. 圆锥量规用于检验锥体,分为高精度级(G)、精度级(J)、和(　　)三种。

(A)低精度级　(B)普通级　(C)一般级　(D)特殊级

96. 圆锥量规分为塞规(检验锥孔)和套规(检验外锥体),在圆锥塞规和套规上作出一个台阶形缺口或画两条环形线,如果被检验锥体断面正好处于缺口之间或两条线之间,就表示锥体(　　)。

(A)合格　(B)不合格　(C)基本合格　(D)基本不合格

97. 检验平尺是用来检验平面的直线度和(　　)。

(A)平行度　(B)轮廓度　(C)平面度　(D)对称度

98. 机油热交换器组装后,油、水系统应单独进行水压试验,水系统水压压力为 1.6 MPa;油系统水压试验压力为 1.3 MPa,各延续五分钟不许有泄漏和冒水珠现象。如果管子有泄漏,最多允许堵(　　)。

(A)4 根　(B)6 根　(C)8 根　(D)10 根

99. 机油系统所有管子与球头、接头体,管子与法兰、弯头等均采用 焊接,焊后进行(　　)水压试验,迟缓 3 min 不许有冒焊和泄漏。

(A)1.2 MPa　(B)1.5 MPa　(C)1.3 MPa　(D)1.6 MPa

100. 机车燃油系统的球接头、接头体与管子之间的焊接,焊缝高度为(　　)。每段管子装配后应进行 0.5 MPa 水压试验,持续 3 min,不许有泄漏和冒水珠现象。

(A)1.5 mm　(B)2～4 mm　(C)4.5 mm　(D)5 mm

101. 机床的液压系统试验:主要是检查回路是否漏油和耐压强度。试验压力为工作压力的 1.5～2 倍;胶管为 2～3 倍,应无(　　)。

(A)异状　(B)变形　(C)局部凸起　(D)直径增大

102. 液压油箱的使用维修:油箱中的液压油要经常保持正常油面;液压油要经常检查,保持清洁,根据使用情况和环境定期更换;油箱要经常进行清洗,管有时应用(　　)过滤器。

(A)60 目　(B)80 目　(C)100 目　(D)120 目以上

103. 机床液压油箱应保持合适的温度,一般油温不能超过 60 ℃,液压机械一般应在(　　)范围内工作比较合适。

(A)35～60 ℃　(B)60～70 ℃　(C)25～40 ℃　(D)70～80 ℃

104. 机床液压油系统为了消除系统高压管路由于受机车振动和由于带有脉性的高压油管转弯处造成交变得伸直力而是管子疲劳破坏,用以吸振和吸收(　　)。

(A)压力变化　(B)压力脉冲　(C)压力冲动　(D)压力波动

105. 高压软管主要由接头芯、钢丝缠绕橡胶软管、三瓣管卡、卡环和锁紧环组成。橡胶软管用夹有三层钢丝的耐油胶管制成,钢丝用缠绕方法与胶管相连,其耐压力很高,最高使用工作压力可达到(　　)。

(A)10～15 MPa　(B)15～17 MPa　(C)17～20 MPa　(D)35～40 MPa

106. 静液压系统为了消除系统高压管路由于受机车振动和带有脉冲性的高压油管转弯处交变的伸直力而使管子疲劳破坏,所以在高压管路上安装了高压软管,用以吸振和吸收(　　)。

(A)压力脉冲　(B)压力波动　(C)压力冲动　(D)压力变化

107. 机车预热系统的预热锅炉为螺旋管式锅炉,主要由炉体、管组、喷油点火装置组成。

预热过程可通过温度表监测，当预热锅炉进口水温大于 60 ℃或出水水温大于或等于（　　）时，即可停止预热锅炉的工作。

(A)65 ℃　　(B)70 ℃　　(C)75 ℃　　(D)80 ℃

108. 机车预热锅炉，内部有四层不同直径的螺旋管，均用 ϕ25×2.5 mm 无缝钢管绕成后套装在一起的，每层管组有三根相同螺距的螺旋管构成，螺旋管内有水，各层螺旋管间为（　　）。

(A)燃油　　(B)热水　　(C)燃气　　(D)燃烧物

109. 预热锅炉燃油泵是为预热锅炉供给燃烧所用燃油，燃油泵组装好后，先进行磨合试验，在进行性能试验。当其转速为 3 000 r/min、吸入真空度为 0.02 MPa 时，出口压力在 1～1.65 MPa 范围内，供油量为（　　）。

(A)2 L/min　　(B)2.5 L/min　　(C)L/min　　(D)L/min

110. 预热系统的循环水泵组装后，须经空转试验、性能试验及密封性试验。当水温在 70～800 ℃范围内，水泵转速为 3 000 r/min，水泵出口压力为 0.1 MPa，其流量不小于（　　）。

(A)5 m^3/min　　(B)6 m^3/min　　(C)8 m^3/min　　(D)10 m^3/min

111. 机车钢喇叭在日常运用中，如发现无响声或声音嘶哑，可先松开锁紧螺母，旋转喇叭筒套，调整共鸣腔容积或气流（　　），使发音正常为止；如调整无效则应拆下后盖板，更换膜片，并清扫后盖板中排气孔。

(A)空间　　(B)大小　　(C)容积　　(D)间隙

112. 机车用刮雨器主要由气缸、换间阀、进气阀和刷杆组成。安装在司机室内前窗上方，供司机在雨天使用，以保证瞭望清楚。机车所用单摆杆刮雨器摆角为（　　）。

(A)70°　　(B)80°　　(C)90°　　(D)105°

113. 刮雨器装到机车上后，应先调整副杆位置，避免雨刮偏移或超出玻璃。更换刮杆时，应按旧副杆型式预先将副杆弯一角度。调整副杆的调节螺钉时雨刮与玻璃贴靠，保持刮雨器有适当的（　　）。

(A)预压力　　(B)压紧力　　(C)控制力　　(D)正压力

114. 在机车的不同部位，分别设有不同灭火器和 2 kg、3 kg 二氧化碳灭火器。泡沫灭火器容量大，易于补充，但用时只能一次用完。由于泡沫带有酸性，一般只适用于（　　）及其他物质的灭火。

(A)油漆　　(B)油脂　　(C)部件　　(D)点器

115. 泡沫灭火器使用时，应转动灭火器顶部旋钮，待中轴弹出，再将筒体倒置，即可对准火源喷射。禁止带电使用，以防泡沫带电伤人。要定期进行（　　）的水压试验。

(A)1.2 MPa　　(B)1.5 MPa　　(C)2.5 MPa　　(D)3.5 MPa

116. 机车管路的防寒要求：机车底架下部各排水管、上水管、上油管、燃油吸回油管、总风缸管（第一风缸底架盖板面一段）及上部（　　）均应用毛毡和防寒布包扎。

(A)水管　　(B)燃油管　　(C)机油管　　(D)暖气管

117. 机车系统管路位于底架下部的阀类，也要采取冬季防寒措施：总风缸放水阀、远心集尘器、油水分离器等均应增加（　　）。

(A)包扎毛毡　　(B)防寒罩　　(C)喷涂泡沫　　(D)喷涂阻压浆

118. 风喇叭作用阀又称脚踏阀,为机车通用件。安装在正、副操纵台下放,供乘务员鸣笛用,可脚踏此阀踏板,使总风管之压缩空气通过此阀直接进入风喇叭达到鸣笛(　　)。

(A)效果　(B)作用　(C)目的　(D)功能

119. 东风4B型内燃机车的轴式:Co-Co;轮径:1 050 mm;轴重:(　　)。

(A)(23±3%)t　(B)(23±5%)t　(C)(23±10%)t　(D)(23±15%)t

120. 东风4B型内燃机车;机车整备重量(138±3%)t;燃油箱容积:9 000;机油装载量:1 200 kg;冷却水装载量:1 200 kg;砂装载量:(　　)。

(A)500 kg　(B)600 kg　(C)800 kg　(D)1 000 kg

121. 东风4B型机车车体上部用四道隔墙将车体分为五个间隔。依次为Ⅰ司机室、电气室、动力室、冷却室和二司机室。东风4C型机车在冷却器和二司机室中间增加了一个(　　)。

(A)辅助间　(B)部件间　(C)预热锅炉间　(D)空气干燥器间

122. 列车制动机全部试验中的管系漏泄试验:列车保压1 min,风表压力下降不得超过(　　)。

(A)10 kPa　(B)20 kPa　(C)30 kPa　(D)40 kPa

123. 列车制动感度试验:用制动阀常用制动位减压50 kPa(货车编组超过60辆时减压70 kPa),列车中各车辆制动机须起(　　)。

(A)制动状态　(B)制动现象　(C)制动作用　(D)缓解作用

124. 列车制动机制动安定试验:用制动阀常用制动位减压0.14 MPa(货车,列车管定压0.5 MPa)或减压0.17 MPa(客车,列车管定压为0.6 MPa时),不得发生紧急制动,同时检查制动缸鞲鞴行程,须符合(　　)。

(A)规定要求　(B)限定要求　(C)正常要求　(D)基本要求

125. 104型分配阀用于客车上,由作用部、充气部、均衡部、局减阀和(　　)等五个部分组成。

(A)加压阀　(B)扩压阀　(C)变压阀　(D)增压阀

126. 104阀的作用部:是根据制动管压力的增减变化,与工作风缸的缸压形成压力差,使主鞲鞴带着节制阀和滑阀上下移动,因而产生充气、局减、制动、保压、缓解等(　　)。

(A)功能　(B)功效　(C)作用　(D)用途

127. 104阀的充气部:协调副风缸与工作风缸充气的一致性,使副风缸和工作风缸的充气同时均匀的进行。在充气部设有充气上回阀,用以防止当副风缸缸压高于制动管时向制动管(　　)。

(A)逆流　(B)回流　(C)反流　(D)倒流

128. 104型分配阀中间体内有三个空腔:容积为0.6 L局减室和容积为3.5 L的(　　)。

(A)储存室　(B)容量室　(C)容积室　(D)蓄压室

129. 103分配阀用在货车上,也是由主阀、中间体和紧急部组成。与104型不同之处:增设了减速部和空重车调整部;取消了增压阀,在此位置增设紧急二段阀;滑阀顶面冲气孔g_1的直径(1.0 mm)比104型(1.2 mm)小;主阀下鞲鞴的厚度比104小(　　)。

(A)3 mm　(B)4 mm　(C)5 mm　(D)6 mm

130. 货车厂修时120阀中间体检修:中间体外壁必须清除锈垢,内腔和气路用压缩空气吹扫,并用600 kPa以上风压试验,各型腔、气路间不得串通和泄漏,各堵不得泄漏,内壁漏泄时更换，外壁漏泄、裂纹、缺损时焊修或更换，经焊修后必须重新用(　　)以上风压试验，合格后方准使用。

(A)500 kPa　(B)550 kPa　(C)600 kPa　(D)650 kPa

131. 120 阀厂修时滑阀及座、节制阀的检修极限：节制阀磨耗，原型 6±0.2 mm，厂修限度 5.0 mm；缓解槽深度，原型 3 mm，厂修限度 2.2 mm；滑阀磨耗，原型 17±0.15 mm，厂修限度 16 mm；滑阀座磨耗，原型 45.5±0.39 mm，厂修限度(　　)mm。

(A)45.8　(B)46.8　(C)44.3　(D)46

132. 120 阀的缓解阀在 705 试验台上的质量要求：制动缸压力由零升至 350 kPa 的时间不得超过(　　)。用肥皂水检查缓解排气口，不得漏泄。

(A)2 s　(B)2.5 s　(C)3 s　(D)4 s

133. 120 型铁路货车空气制动控制阀在 705 试验台上试验质量要求：紧急室压力由零升至 580 kPa 的时间应为 40～50 s，待压力稳定后，关风门 2，制动管压力保持(　　)不得下降，各结合部及排气口不得泄露。

(A)10 s　(B)15 s　(C)20 s　(D)30 s

134. 车辆的单车试验器安装两根软管，一根接风源；一根接车辆的制动软管。接车辆制动软管的一根规定长度为 1 m，内径为 25 mm，如果其容积过大或过小，都会影响试验的(　　)。

(A)正确性　(B)准确性　(C)精度　(D)要求

135. 车辆暖气、给水装置各阀的系统和手把均用油漆涂成不同的颜色，原因是暖气、给水的阀类和塞门很多，有的外面还包扎着防寒材料，只有手把杆和手轮露在外面，不易确认和识别。为了使工作者正确无误的操纵这些阀类，便于(　　)，所以涂以不同颜色。

(A)区别　(B)识别　(C)分别　(D)确认

136. 折角塞门心与套接触不良引起泄漏，经研磨检修组装后，须进行密封性能试验：堵严塞门口，手把置于开通位，进行 0.6～0.7 MPa 的风压试验，在塞门体各接缝处涂肥皂水不得泄露；手把置于关闭位，取出塞门口堵，缸压达 0.6～0.7 MPa 时，在塞门口涂肥皂水，在(　　)内肥皂泡不得破裂。

(A)5 min　(B)7 min　(C)10 min　(D)12 min

137. 客车用给水调整阀安装在副风缸和给水减压阀、给水风缸之间，主要是控制由副风缸来的压力空气，使它在不影响制动作用的原则下，适当的向(　　)供给压力空气。

(A)给水装置　(B)水箱　(C)水管　(D)储水器

138. 机床液压系统压力分级一般为低压、中压、中高压、高压和(　　)。

(A)特高压　(B)超高压　(C)准高压　(D)极高压

139. 机床液压系统中一般采用四种螺纹连接：55°圆柱管螺纹；55°圆椎管螺纹；60°圆椎管螺纹和(　　)。

(A)60°圆柱管螺纹　(B)普通粗牙螺纹　(C)英制螺纹　(D)普通细牙螺纹

140. 液压弯管机或弯管机的压压系统初次启动油泵时应注意：向泵内灌满油；检查转动方向是否正确；出口是否接反；用手试转；检查吸入侧有否漏入空气和在(　　)转速内启动和运转。

(A)任意　(B)规定　(C)低　(D)高

141. 薄壁管扩口式管接头:适用于中低压油压管路系统,对于水和气压管路亦可适用,最大工作压力取决于管材和管径,规定为(　　)。

(A)1.5～10 kPa　(B)2.5～15 kPa　(C)3.5～16 kPa　(D)4.5～20 kPa

142. 钢丝编织胶管接头是与钢丝编织胶管配套组成的活动连接接头,适用于油、水、气介质的管路系统。压力范围随管径不同为 6～40 kPa;介质温度:油 30～80 ℃、水 80 ℃、空气 30～50 ℃,连接方式有扣压式和(　　)两种。

(A)可分解式　(B)可组合式　(C)可分离式　(D)可拆卸式

143. 焊接符号一般由基本符号和指引线组成。必要时还可以加上辅助符号、补充符号和焊缝符号等。图形符号的比例、尺寸和图样上的标注方法,按(　　)有关规定。

(A)技术制图　(B)设计图纸　(C)技术要求　(D)工艺要求

144. 完整的焊缝表示方法除了焊接基本符号、辅助符号、补充符号以外,还包括(　　)、一些尺寸符号和数据。

(A)指示线　(B)位置线　(C)指引线　(D)方位线

145. 机车及柴油机的冷却、预热、取暖系统中输送介子为水的管件必须进行酸洗和短时间磷化,外表面喷涂底漆,内壁喷淋(　　)。

(A)防锈漆　(B)酚醛清漆　(C)聚酯清漆　(D)机油

146. 空气制动系统的管路在上车组装前必须采用弹气工具进行清整,并从子弹的(　　)判断管路内部清洗状况。

(A)脏污程度　(B)脏污状况　(C)脏污颜色　(D)脏污性质

147. 管子经锯床切割后,须检查管件切割端面的垂直度,不垂直度应小于(　　)。

(A)0.2°　(B)0.4°　(C)0.5°　(D)0.8°

148. 管子在切割和钻削加工后,必须清除飞边、毛刺。在锯床、钻床、铣床及其他相关工艺装备和设备处,必须配备必要的去除飞边、毛刺工具和清除管件中的(　　)的工具。

(A)脏物　(B)杂物　(C)铁屑　(D)异物

149. 焊件焊接的焊缝尺寸必须满足设计要求,必要时可采用焊接测量器进行外观尺寸检测,焊缝要求成型美观,与母材过渡应圆滑,否则应打磨修整,焊缝宽度应均匀,宽窄公差应在 ±1 mm 范围内,焊缝余高一般要求控制在(　　)以内。

(A)1 mm　(B)1.5 mm　(C)2 mm　(D)2.5 mm

150. 样杆和研磨胎具必须有专人管理,在专用的存放架上放置,建立相应的明细台账,并在样杆和胎具上做好(　　)。

(A)标识　(B)记号　(C)代号　(D)图号

151. 管路装配完后,待接敞口管子或其他部件,待密封处应选用(　　)或塑料布封堵住,以免赃物侵入。

(A)螺堵　(B)工艺堵　(C)丝堵　(D)木塞

152. 胶管安装时应考虑到胶管在使用时长度方向上将发生变形,一般收缩量为管长的 3%～4%,因此安装时应留有一定的余量,避免处于(　　)。

(A)拉伸状态　(B)受拉状态　(C)拉紧状态　(D)拉力状态

153. 双球胶管,适用于机车的机油和冷却水系统。由内胶层、尼龙帘布、外胶层、骨架、卡箍、法兰等组成,其爆破压力应大于(　　)。

(A)1.5 倍工作压力 (B)2 倍工作压力 (C)2.5 倍工作压力 (D)4 倍工作压力

154. 电动机启动,如装有补偿器或 Y-Δ 起动器时要特别注意操作顺序,一定要推到"气动"位置,如果一时马虎,把操作顺序( ),不但起动位置没有起到应有的作用,还会烧毁起动装置或电动机。

(A)搞反了 (B)搞错了 (C)搞坏了 (D)搞乱了

155."水锤效应"是指在水管内部,管内壁光滑,水流动自如。当打开的阀门突然关闭,水流对阀门及管壁,主要是阀门会产生一个压力。由于管壁光滑,后续水流在惯性的作用下,迅速达到最大,并产生破坏作用,因此必须在闸门开关处安装( )。

(A)水锤卸压装置 (B)水锤消除装置 (C)水锤保护装置 (D)水锤卸荷装置

156. 在弯管过程中,设有弯管模导向辊轮,其周向均有与弯曲管径相适应的半圆凹槽。为提高弯管质量,改善皱瘪现象,辊轮的凹槽做成( )。

(A)半圆弧曲线 (B)椭圆曲线 (C)变径曲线 (D)特殊曲线

157. 弯管机必须良好接地,在清洗和检查弯管机时,必须断开电源;齿轮减速箱和液压系统要按时换油,滤油器也必须同时( )。

(A)吹扫干净 (B)擦抹干净 (C)清洗干净 (D)更换

158. 在管路中装有补偿器时,在补偿器两侧的"活动点"上必须装以活动管托,以保证补偿器能自动伸缩起补偿作用。这种活动管托只能承受管路的垂直载荷,而不能承受( )。

(A)轴向载荷 (B)径向载荷 (C)拉伸载荷 (D)压缩载荷

159. 铺设给水管和煤气管道时,要按规定两种管向留有一定距离。给水管与煤气管水平净具为 1.5 m,垂直净距为( )。

(A)0.12 m (B)0.15 m (C)0.17 m (D)0.40 m

160. 管道接口灌铅时,操作人员应站在承口的后面,灌铅口应距管顶 20 cm,倒铅时宜缓慢(管径较大时应稍快些;以防中途凝固),不宜过猛,以防( )伤人。

(A)铅液喷洒 (B)铅液喷射 (C)铅液飞溅 (D)铅液飞落

161. 管道气压试验的介质一般为空气,也可用氮气或其他气体。气压试验前,应对管道及管路附件的耐压强度进行核算,为保证安全,试验时采用的安全系数不得小于( )。

(A)1.5 (B)2 (C)2.5 (D)3.5

162. 高压弯管在弯制后,应进行无损探伤,须热处理的应在热处理后进行,如有缺陷,允许修磨,修磨后的壁厚不应小于管子公称壁厚的( ),且不小于设计计算壁厚。

(A)60% (B)70% (C)80% (D)90%

163. 管子煨弯,砂子必须烘干,装砂架子搭设牢固,并设栏杆。用机械敲打时,下面不得站人,人工敲打时上、下要( ),管子加热时,管子前不得有人。

(A)错位 (B)换位 (C)调位 (D)错开

164. 企业的环境方针:清洁生产、环境为本;污染预防,遵章守法;科学管理,( )。

(A)不断改进 (B)持续改进 (C)继续改进 (D)不断修改

165. 企业的安全方针:安全生产,( )为主。

(A)预测 (B)安全 (C)预防 (D)生产

166. 法定休假日安排劳动者工作的,支付不低于工资的( )工资报酬。

(A)100% (B)200% (C)300% (D)400%

167. 国家实行劳动者每日工作时间不超过 8 h,平均每周工作时间不超过 44 h(　　)的工时制度。

(A)36 h　　(B)48 h　　(C)54 h　　(D)64 h

三、多项选择题

1. 机车车辆各系统管路主要是由(　　)等组成。

(A)管件　　(B)管路附件　　(C)阀件与测量仪表　　(D)系统部件

2. 样杆或样板是检查和确定弯管(　　)的一种标准依据和综合量具。

(A)尺寸　　(B)角度　　(C)相关位置　　(D)材质与规格

3. 下列属于金属材料的性能的有(　　)。

(A)物理性能　　(B)化学性能　　(C)机械性能　　(D)工艺性能

4. 流动是产生阻力损失的外部条件,具体表现为(　　)。

(A)流速大阻力大　　(B)流速大阻力小　　(C)流速小阻力小　　(D)流速小阻力大

5. 常用管螺纹包括(　　)。

(A)圆柱管螺纹　　(B)圆锥管螺纹　　(C)NP 管螺纹　　(D)NPT 管螺纹

6. 机车车辆管路常用连接方式有(　　)。

(A)丝接　　(B)焊接　　(C)法兰连接　　(D)插接

7. JZ-7 型制动机操作部分包括(　　)。

(A)自动制动阀　　(B)单独制动阀　　(C)中继阀　　(D)分配阀

8. 中继阀由(　　)组成。

(A)局减室　　(B)双阀口中继阀　　(C)总风遮断阀　　(D)管座

9. 重联阀管座上共有五个管路接口,其中包括的有(　　)。

(A)总风管 3#　　(B)作用管 14# a、b　　(C)制动缸管 12#　　(D)平均管 27#

10. 作用阀有三个作用位置,分别是(　　)。

(A)缓解位　　(B)制动位　　(C)紧急位　　(D)保压位

11. F-7 型分配阀的组成部分有(　　)。

(A)主阀部　　(B)副阀部　　(C)紧急部　　(D)中间体

12. F-7 型分配阀采用二压力机构与三压力机构相结合的混合方式,这样的结构有自己独特的作用,作用特点包括(　　)。

(A)阶段缓解　　(B)不能缓解　　(C)独立缓解　　(D)一次缓解

13. 内燃机车各系统中,需要借用压力介质运行的有(　　)。

(A)空气制动系统　　(B)空气滤清系统　　(C)静液压系统　　(D)机油系统

14. 东风 4B 型内燃机车燃油精滤器前压力有一个正常的范围,下列压力值属于正常范围的有(　　)。

(A)210 kPa　　(B)230 kPa　　(C)250 kPa　　(D)270 kPa

15. 低温冷却水系统是冷却(　　)的。

(A)燃油　　(B)机油　　(C)静液压油　　(D)增压空气

16. 货运机车自动制动阀和单独制动阀手柄置于运转位,压力应该是 500 kPa 的是(　　)。

(A)列车管压力 (B)均衡风缸 (C)工作风缸压力 (D)制动缸压力

17. 109型机车分配阀主阀控制不同通路作用有(　　)。

(A)充风 (B)缓解 (C)制动 (D)保压

18. 黏度是机油的主要特性参数之一,按测定方法分黏度分(　　)。

(A)动力黏度 (B)雷氏黏度 (C)运动黏度 (D)条件黏度

19. 机车大修时对空气制动系统的空气干燥器、油水分离器及各阀均需解体清洗、检修(　　)。

(A)冷却水流动堵塞 (B)柴油机不工作 (C)爆炸 (D)系统内产生穴蚀

20. 水击力量的大小与哪些因素有关(　　)。

(A)系统中循环水的水容量 (B)循环泵停止运行的时间长短

(C)流量大小 (D)水压

21. 金属材料的物理性能包括(　　)、导电性、和磁性等。

(A)强度 (B)熔点 (C)热膨胀性 (D)导热性

22. 表示金属材料强度的常用指标有(　　)。

(A)屈服强度 (B)抗拉强度 (C)延伸强度 (D)抗压强度

23. 金属材料的工艺性能是指金属材料在加工中表现出的性能,通常包括(　　)等。

(A)铸造性能 (B)锻压性能 (C)焊接性能 (D)热处理性能

24. 碳钢按质量分为(　　)。

(A)普通碳素钢 (B)优质碳素钢 (C)高级优质碳素钢 (D)合金钢

25. 零件的互换性是指(　　)等技术要求的一致性。

(A)尺寸 (B)几何形状 (C)相互位置 (D)表面粗糙度

26. 按孔、轴公差带的关系,配合分为(　　)。

(A)间隙配合 (B)过盈配合 (C)过渡配合 (D)离散配合

27. 弯制有缝钢管时,焊缝必须放在距中心轴线(　　)的位置区域内。

(A)上45° (B)上90° (C)下45° (D)下90°

28. 氧气管道必须用丝连接时,用于丝头上的填料应采用(　　)的调和料。

(A)一氧化铅和水玻璃 (B)一氧化铅和蒸馏水

(C)亚麻铅油 (D)麻布铅油

29. 常用的管螺纹包括(　　)。

(A)60°圆柱管螺纹 (B)60°圆锥管螺纹

(C)55°圆柱管螺纹 (D)55°圆锥管螺纹

30. 钢按用途分为(　　)。

(A)建筑钢 (B)结构钢 (C)工具钢 (D)特殊性能钢

31. 工具钢可分为(　　)。

(A)特殊工具钢 (B)高速钢 (C)合金工具钢 (D)碳素工具钢

32. 下列牌号中属于优质碳素结构钢的是(　　)。

(A)T7 (B)T8 (C)20 (D)45

33. 根据主加元素不同,铜合金分为(　　)。

(A)黄铜 (B)紫铜 (C)青铜 (D)白铜

34. 在电路里常用的电工开关有(　　)。

(A)闸刀开关　(B)铁壳开关　(C)组合开关　(D)倒顺开关

35. 正弦交流电的特点是(　　)大小和方向都随时间呈周期性变化。

(A)电动势　(B)电阻　(C)电压　(D)电流

36. 机械切管的设备有(　　)高速切管机、金刚砂、锯片切割机和便携式切管机等。

(A)带锯式切管机　(B)无齿锯　(C)弓锯床　(D)专用切管机

37. 管道对保温材料的一般要求是(　　)。

(A)热传导系数小　(B)空隙率大、容重轻

(C)温度变化或机械振动时不易损坏　(D)吸水性差、来源广、价格低

38. 管路及管件间对接焊接时的坡口形式一般有(　　)等形式。

(A)V 形坡口　(B)X 形坡口

(C)单 V 或双 V 形坡口　(D)不开破口

39. 齿轮几何尺寸计算的主要参数依据有(　　)。

(A)压力角　(B)齿数　(C)分度圆　(D)模数

40. 液压传动中的控制回路按作用分为(　　)。

(A)压力控制回路　(B)速度控制回路　(C)方向控制回路　(D)辅助控制回路

41. 旋转零件的平衡状态有两种,即(　　)。

(A)轴向平衡　(B)动平衡　(C)静平衡　(D)线性平衡

42. 液压传动装置通常由(　　)组成。

(A)液压泵　(B)液压缸　(C)控制阀　(D)辅助装置

43. 在机械制图中表达机件的方法有(　　)和简化画法及其他。

(A)视图　(B)剖视图　(C)剖面图　(D)局部放大图

44. 在质量管理工作中,影响产品质量的因素通常有(　　)和工作环境。

(A)人员的素质　(B)机具设备　(C)原材料　(D)工作方法及工艺方法

45. 管道安装法兰接口时,应做到(　　)。

(A)接口处两法兰须平行、对正

(B)法兰面与管路轴线垂直

(C)加入密封垫后将螺栓和螺母点上机油,对称均匀的上紧螺母

(D)螺栓应露出螺母,其长度不得大于螺栓直径的 1/2

46. 东风 4DF 型内燃机车用 NPT5 型空压机,其主要参数有(　　)。

(A)容积流差 2～4 m^3/min　(B)进气压力 101.325 kPa

(C)最大排气压力 900 kPa　(D)转速 1 000 r/min;轴功率 21 kW

47. 704-1 型调压器的技术特性是(　　)。

(A)压力调整范围 200～1 200 kPa

(B)压差调节范围 80～500 kPa

(C)开关分断能力:直流(接 R-C 保护装置)50 V:3 A、110 V:2 A

(D)开关分断能力:交流(接 R-C 保护装置)50 V:3 A、110 V:2 A

48. JZ-7 型空气制动机主要有(　　)均衡风缸、中继阀、过充风缸、切控阀、重联阀、变向阀、滤尘止回阀和紧急制动阀等组成。

(A)自动制动阀　(B)单独制动阀　(C)分配阀　(D)作用阀

49. 单独制动阀是操纵机车的制动和缓解，与列车无关，其作用位置有(　　)。

(A)运转位　(B)全制动位　(C)单独缓解位　(D)保压位

50. 中继阀的组成有(　　)。

(A)调整阀　(B)双阀口式中继阀　(C)总风遮断阀　(D)管座

51. F-7型分配阀主要组成部分有(　　)。

(A)主阀部　(B)副阀部　(C)紧急部　(D)中间体

52. 为确保各阀作用状态的稳定性和完善制动机的作用性能，设有的风缸有(　　)。

(A)工作风缸　(B)降压风缸　(C)紧急风缸　(D)作用风缸

53. 工作风缸的作用是控制主阀的(　　)。

(A)制动　(B)运转　(C)保压　(D)缓解

54. 降压风缸的作用是控制副阀的(　　)。

(A)制动　(B)运转　(C)保压　(D)缓解

55. 作用风缸的作用是控制作用阀的(　　)。

(A)制动　(B)运转　(C)保压　(D)缓解

56. 分配阀的组成部件中，中间体将(　　)连接成为一个整体。

(A)主阀部　(B)紧急部　(C)副阀部　(D)局减部

57. 在重联阀管座上，装有的钢管有(　　)。

(A)总风管3#　(B)作用管14#(a、b)　(C)制动管12#　(D)平均管27#

58. 属于东风4D型机车中修范围规定的有(　　)。

(A)检查机油、燃油及冷却水管路

(B)通扫各表管路

(C)更换可曲绕球体橡胶接头、胶管、胶圈及垫

(D)处理不良管卡及卡座

59. 机车中修时，要解体检修(　　)，并试验调整至规定压力值。

(A)吸油泵　(B)安全阀　(C)燃油安全阀　(D)调压阀

60. 机油热交换器中修规程范围：(　　)。

(A)解体清洗各部件　(B)更换各密封胶圈及垫

(C)油路应进行水压试验　(D)水路应进行水压试验

61. 燃油粗滤器及精滤器中修检修检修项目：(　　)。

(A)解体清洗　(B)更换滤芯　(C)清洗滤芯　(D)更换密封胶圈

62. 机车大修时，风喇叭检修应符合的要求：(　　)。

(A)解体清洗

(B)各部件有裂损需更换

(C)在0.5～0.9 MPa压力下实验，音响须良好

(D)音响良好就不需拆解

63. 燃油管路在机车段修和厂修时要求(　　)。

(A)解体清洗去除油垢　(B)管接头螺纹不许碰伤

(C)更换垫圈和橡胶件　(D)管子表面按原设计进行表面处理

64. 润滑的种类有(　　)和混合式润滑。

(A)飞溅润滑　(B)压力润滑　(C)高压注油润滑　(D)低压运转润滑

65. 16V240ZJC 型柴油机采用双螺杆机油泵,其组成部分包括(　　)等零件。

(A)泵体　(B)主、从动螺杆装置　(C)主、从动齿轮　(D)轴承套装置和球轴承

66. 机车柴油机对机油的要求是:(　　)。

(A)高温清净性与热安定性　(B)抗磨抗擦伤性能

(C)碱值与碱性保持性能　(D)氧化安定性和良好分散性

67. 操作者在离开机床时,必须做到(　　)。

(A)切断电流及电源　(B)下班前清扫干净机床

(C)注油保养　(D)关闭总电门

68. 使用普通弯管机进行弯曲管件时,弯制前,要认真核对(　　)。

(A)图纸尺寸　(B)弯曲角度　(C)管件半径　(D)工艺要求

69. 使用普通弯管机进行弯曲管件时,弯制前,先核对管件的有关设计要求,然后选择与管件弯曲工艺要求的(　　),方可进行弯制。

(A)弯曲模　(B)夹紧模

(C)靠背模　(D)确定好起弯点和终弯点

70. 下列管子规格中,一般采用法兰连接的有(　　)。

(A)$\phi 14\times 2$　(B)$\phi 48\times 4$　(C)$\phi 89\times 4$　(D)$\phi 114\times 4.5$

71. 下列管子规格中,一般都采用球接头、活动螺母及接头体来连接,管子与球接头及接头体一般采用气焊焊接的有(　　)。

(A)$\phi 6\times 1$　(B)$\phi 10\times 1.5$　(C)$\phi 25\times 2.5$　(D)$\phi 38\times 3$

72. 管件安装前,应检查(　　),有上述情况者不准装车。

(A)管件内壁有无侵蚀　(B)各球头球面有无碰伤

(C)各接头体螺纹有无损坏　(D)管路内有无异物

73. 油缸的种类有(　　)。

(A)活塞式油缸　(B)柱塞式油缸　(C)摆动式油缸　(D)混合式油缸

74. 按承受载荷方向的不同,滑动轴承可分为(　　)。

(A)圆柱滚子轴承　(B)球轴承　(C)向心轴承　(D)推力轴承

75. 滚动轴承采用润滑油润滑时的润滑方法有:(　　)、油雾润滑等方法。

(A)油浴润滑　(B)滴油润滑　(C)溅油润滑　(D)压力润滑

76. 螺旋机构的主要特点是:(　　)。

(A)结构简单、传动平稳、无噪声

(B)可以获得很大的减速比

(C)具有很大的机械效益

(D)当在主动件上施加一个不大的扭矩时,就能在从动件上获得一个很大的推力

77. 管路试验压力指(　　)进行强度或严密性检查试验所规定的压力数值。

(A)管材　(B)管路附件　(C)安装后的管路　(D)整个或部分系统管路

78. 碳素钢是指含碳量小于 2.11%,并含有较少的(　　)等杂质的铁碳含量。

(A)Si　(B)Mn　(C)S　(D)P

79. 利用(　　)方法,使两个以上焊件的原子之间产生相互结合的力而形成一个不可分离的接头,这种方法叫焊接。

(A)加热　(B)加压　(C)两者同时并用　(D)两者不同时并用

80. 下列选项中,表示铸铁材料的牌号是(　)。

(A)45　(B)HT200　(C)KTH300-06　(D)QT42-10

81. 客车车辆定期检修修程有(　)。

(A)厂修　(B)段修　(C)辅修　(D)轴检

82. 货车车辆定期检修修程有(　　)。

(A)厂修　(B)段修　(C)辅修　(D)轴检

83. 焊接工艺文件的内容主要包括(　)、装配关系和焊接质量标准。

(A)焊接方法　(B)焊接规范　(C)焊接顺序　(D)坡口形式

84. 设备管理程序中的"三好"内容是(　)。

(A)管好　(B)用好　(C)理好　(D)养好

85. 设备管理程序中的"三包"内容是(　)。

(A)包使用　(B)包维护　(C)包保管　(D)包安全

86. 量具保管的要求是(　)。

(A)量具定位不离盒　(B)应有合格证

(C)盒内不准放其他物品　(D)按计量管理制度定期鉴定

87. 一根有 2 个 90°弯的 $\phi 32 \times 2.5$ 的管子,由其端点、中心线交点构成的尺寸分别是 200 mm、300 mm、400 mm,如果弯管半径是 65 mm,那么这根管子弯制完成后,中间直线段理论值有(　　)。

(A)135 mm　(B)170 mm　(C)235 mm　(D)335 mm

88. 通常情况下,一根四个弯管角度都是 45°的涨力管,如果把涨力管顺序分成的五段标记为:1、2、3、4、5,那么轴线平行的是(　)。

(A)1 与 2　(B)1 与 3　(C)2 与 4　(D)3 与 5

89. 热的转移方式有(　　)。

(A)传导　(B)对流　(C)辐射　(D)传递

90. 管弯按加工方法可分为(　)和割焊管弯等。

(A)冲压管弯　(B)机械管弯　(C)手工热胀管弯　(D)起皱管弯

91. 水平仪的类型有(　　)等。

(A)普通水平仪　(B)合像水平仪　(C)电子水平仪　(D)光学水平仪

92. 120 型货车空气控制阀主阀组成中作用部的滑阀座的气路有(　　)、L8、H4、D2。

(A)L1　(B)L2　(C)Z2　(D)Ju2

93. 强度是金属材料在静载荷作用下,抵抗变形和破化的能力。分为:(　　)、抗弯强度,用符号 σ_b 表示。

(A)抗拉　(B)抗压　(C)抗剪　(D)抗扭

94. 生产上常用的退火分为(　)。

(A)完全退火　(B)球化退火　(C)不完全退火　(D)去应力退火

95. 常用管材有(　)等。

(A)钢管　(B)铸铁管　(C)硅铁管　(D)有色金属管

96. 公称压力是指(　　)等在基准温度下的额定设计压力或最大允许工作压力。

(A)阀门　(B)管路　(C)法兰　(D)容器

97. 钻孔使用冷却液的目的是(　　)。

(A)为了快速完成钻孔工序　(B)使钻头切削部分降温

(C)使钻头切削部分润滑　(D)提高孔壁光洁度

98. 螺纹旋转方向分为(　　)。

(A)左旋螺纹　(B)右旋螺纹　(C)上旋旋螺纹　(D)下旋螺纹

99. 机械性能包括弹性及塑性、(　　)等。

(A)强度　(B)韧性　(C)脆性　(D)硬度

100. 工厂中一般的动力电源电压是(　　)。

(A)220 V　(B)280 V　(C)320 V　(D)380 V

101. 国家标准《机械制图》规定的图线除了有粗实线、细实线、波浪线、双折线,还有(　　)。

(A)虚线　(B)细点划线　(C)粗点划线　(D)双点划线

102. 三视图的投影规律是(　　)。

(A)主视图和俯视图长对正　(B)主视图和左视图高平齐

(C)剖视图与所属视图要对应　(D)俯视图和左视图宽相等

103. 三废治理是指对(　　)的治理。

(A)废水　(B)废渣　(C)废气　(D)废物

104. 管道工常用量具有盒尺、盘尺、弯尺、法兰直角尺、钢板尺、(　　)等。

(A)水平尺　(B)线坠　(C)划规　(D)量角规

105. 人工套丝的主要工具管子绞板,绞板规格可分为(　　)。

(A)1/2-1　(B)1/2-2　(C)1/2-4　(D)2-4

106. 管道螺纹连接的应用范围是水、煤气钢管、硬质聚乙烯管(　　)等管道的连接。

(A)水管　(B)煤气管　(C)硬质聚乙烯管　(D)下水管

107. 车辆空气制动系统的支管一般的公称通径为(　　)。

(A)10 mm　(B)15 mm　(C)20 mm　(D)25 mm

108. 管道标准化主要为了(　　)。

(A)批量生产　(B)降低成本

(C)管件互换　(D)便于设计、施工和维修

109. 弯管时弯曲角度回弹角的大小与管子(　　)有关。

(A)材料　(B)壁厚　(C)弯曲半径　(D)操作者

110. 手工电弧焊焊接电流的选择主要依据(　　)。

(A)焊条直径　(B)焊缝位置　(C)材料种类　(D)焊接厚度

111. 下列选项中属于焊接变形形式的有(　　)。

(A)纵向与横向　(B)弯曲与波浪　(C)夹渣与气孔　(D)角与扭曲变形

112. 弯管的弯曲点分为(　　)。

(A)起端点　(B)起弯点　(C)中弯点　(D)终弯点

113. 金属材料的化学性能包括其(　　)等。

(A)比重　(B)强度　(C)磁性　(D)导热性

114. 常用的安全电压有(　　)。

(A)12 V　(B)24 V　(C)36 V　(D)110 V

115. 液体在管道内流动时与管壁的摩擦引起的损失,称为沿程损失。它与(　　)有关。

(A)管道长度　(B)管径大小　(C)管内壁光洁度　(D)液体速度

116. 无缝钢管强度高,是工业管道最常用的一种钢管,下列选项中可以应用无缝钢管的有(　　)。

(A)机车车辆系统管路　(B)热力管道

(C)乙炔管道　(D)强腐蚀化工管道

117. 不锈钢具有较高的电极电位,表面致密的氧化膜和均匀内部组织以及很高的耐蚀性能,不锈钢管能抗(　　)介质的腐蚀。

(A)浓度 95%以下的硝酸　(B)80%～100%的硫酸

(C)10%的铬酸　(D)70%以下的氢氧化钠

118. 液压千斤顶的优点是(　　)。

(A)起升速度大　(B)自锁性好

(C)结构紧凑,工作平稳　(D)效率高

119. 当流量确定后,下列说法正确的是(　　)。

(A)所选管径大,则流速和阻力都小　(B)所选管径大,则流速和阻力都小

(C)所选管径小,流速和阻力则都小　(D)所选管径小,流速和阻力则都大。

120. 在机车设计中,不锈耐酸钢 1Cr18Ni9Ti,焊接性能良好,焊后不需处理,适用于制做(　　)等。

(A)管子　(B)法兰　(C)阀门　(D)传动件

121. 弹簧式安全阀的工作原理通过弹簧的弹力抵压阀瓣使之与阀座密封面密合,具体的就是(　　),从而防止设备或管路的超压,保证安全生产。

(A)当介质压力高于弹簧的弹性力时,弹簧被压缩,介质自行排出

(B)当介质压力低于弹簧的弹性力时,弹簧被压缩,介质自行排出

(C)当介质的压力升到与弹簧的弹性力相等时,密封面又开始重新密合

(D)当介质的压力降到与弹簧的弹性力相等时,密封面又开始重新密合

122. 关于离心式水泵的优点,下列说法正确的有(　　)。

(A)体积小,效率高　(B)结构简单耐磨损,噪声小

(C)运行平稳,出水均衡　(D)流量和流程可以调节

123. 目前常用的弯管机一般以电力拖动为主进行弯管,下列正确的有(　　)。

(A)导向夹紧采用电动夹紧　(B)导向夹紧采用液压夹紧

(C)管子夹紧采用偏心夹紧　(D)管子夹紧采用同心夹紧

124. 关于全自动弯管机的弯曲工艺方法的叙述,正确的是(　　)。

(A)弯曲模主动旋转　(B)靠背模主动旋转

(C)夹紧模主动旋转　(D)芯轴主动旋转

125. 法兰连接泄漏的原因,关于垫片的说法正确的是(　　)。

(A)垫片划伤　(B)垫片上粘有异物　(C)垫片位置不当　(D)垫片薄厚不均

126. 空气制动系统所说的三表一致(货车位),是指当自动制动阀和单独制动阀手把置于运转位置时(　　)的压力表所示空气压力均为 500 kPa。

(A)均衡风缸　(B)列车管　(C)总风管　(D)工作风缸

127. 机车燃油系统装有两个燃油输送泵,如果其中一个燃油输送泵发生故障,那么(　　)。

(A)柴油机不能工作　(B)柴油机可以工作

(C)机车不能正常运行　(D)机车可以正常运行

128. 机油热交换器在日常运用检查中如果发现(　　)情况,则必须拆下修理。

(A)机油中发现水,低温水正常　(B)低温水中发现机油,机油正常

(C)机油中发现水,低温水中发现机油　(D)机油中无水,低温水中无机油

129. 机车高温水循环系统主要是冷却柴油机的(　　)。

(A)气缸盖　(B)气缸套　(C)机油　(D)涡轮增压器出气壳

130. DF4D 型机车试运中冷却水系统管路检查项目包括(　　)。

(A)各管路接头和各种截止阀有无泄漏　(B)热风机管路系统各处有无泄漏

(C)各放气阀和放水阀作用是否良好　(D)膨胀水箱即补水管等各处有无泄漏

131. 机车系统管路中采用卡套式接头连接,必须考虑管件连接部位外表面的(　　)等缺陷。

(A)粗糙度　(B)划痕　(C)椭圆度　(D)同轴度

132. 一般弯管机的弯管靠背(压力磨具)的压力,应根据所弯曲的管件的(　　)等,适当调节其压紧压力,以减少管件在弯曲过程中的弯曲变形。

(A)硬度　(B)机械性能　(C)壁厚　(D)弯曲半径

133. 在弯管机上进行成批管件弯曲时,要先试弯 1～3 根,按工艺要求用有关量具进行检查,如有的检测点达不到设计图纸要求,就要根据实际测得的数据进行(　　)等。待弯曲的管件全部达到设计图纸要求后,方可成批进行弯制作业。

(A)起弯点、中弯点和终弯点的调整　(B)压力模压力调整

(C)夹紧模压力调整　(D)芯头伸出长度的调整

134. 机车系统管路的普通防寒要求中,需要包扎的管路部分包括(　　)等。

(A)空压机出口到干燥器部分管路　(B)车下排污管

(C)车下上油上水管　(D)车外空气管路

135. 高温水系统形成一个闭式循环系统,东风 4B 型机车的正常工作水温为 65～75 ℃主要适用于冷却(　　)。

(A)喷油器　(B)缸套　(C)气缸盖　(D)增压器

136. 东风 4D 型内燃机车所用风源净化装置的主要部件有(　　)等。

(A)空气干燥器　(B)油水分离器　(C)管路及管路附件　(D)自动排污阀

137. 单独制动阀有(　　)作用位置,它是用来操纵列车的制动与缓解。

(A)单独缓解位　(B)运转位　(C)全制动位　(D)保压位

138. F-7 型分配阀是根据总风缸的压力变化而产生动作,直接控制作用阀的充气和排气,

以实现机车的(　　)。

(A)缓解　(B)重联　(C)保压　(D)制动

139. 管路系统主要是由(　　)等组成。

(A)管件　(B)管路附件　(C)阀件　(D)测量仪表

140. 基本尺寸是指在图纸上有设计给定的尺寸。它是根据零件的(　　)等所确定的数值。

(A)强度　(B)刚度　(C)结构　(D)工艺要求

141. 弯管机和切管机运用中如发现电动机轴承过热,首先应检查出产生过热的原因,然后按机床维修保养规程进行维修。其过热原因有(　　)等。

(A)缺油,加油过多或油质过稠

(B)油太脏,混进其他小颗粒或油质不好

(C)轴弯,轴承磨损严重或有其他故障

(D)电动机端盖或轴承安装不好,电动机轴与轴承孔不同心或皮带太紧,地脚螺栓松动

142. 在质量管理工作中,影响产品质量的因素通常头以下几个个方面,即:机具设备、(　　)。

(A)原材料　(B)工作方法及工艺方法

(C)工作环境　(D)人员的素质

143. F-7 型分配阀的副阀部由(　　)、局减止回阀、转换盖板等部件组成。

(A)副阀　(B)充气阀　(C)保持阀　(D)一次缓解逆流止回阀

144. 作用阀有三个作用位置包括(　　)。

(A)缓解位　(B)运转位　(C)制动位　(D)保压位

145. 在使用数控弯管机弯制 $\phi76$、$\phi89$、$\phi114$ 等较大直径管件时要先启动机床,进行空转试验,检查(　　)等各项运动性能配合协调后,方可正式进行弯制操作。

(A)芯棒送进与旋转　(B)弯曲模的旋转

(C)靠背模的旋转　(D)夹紧模的旋转

146. $\phi76$、$\phi89$、$\phi114$ 较大直径管件与法兰焊接时的主要工艺要求有(　　)。

(A)管子插管端轴线一定要垂直于法兰面　(B)管子要全部插入法兰的插管直径内

(C)不允许带有缝隙进行焊接　(D)管子插管端面要垂直于管子插管端轴线

147. 划好线的关键是(　　)。

(A)合理选择划线基准　(B)合理安放工件

(C)正确找正　(D)工具优良

148. 标准齿轮是指(　　)均取为标准值,且分度圆上的齿厚等于齿间宽的齿轮。

(A)模数　(B)压力角　(C)齿顶高系数　(D)顶隙系数

149. 管道中代号 Z、M、YS、YQ 表示的含义正确的是(　　)。

(A)Z-蒸馏管　(B)M-煤气管　(C)YS-压力水管　(D)YQ-氧气管

150. 关于 103 阀和 104 阀的异同点的说法,正确的是(　　)。

(A)阀体上分别铸有"103"和"104"的字样以资识别

(B)103 阀和 104 阀在外观上很相似

(C)103 阀的主阀下部设有孔重车调整装置,104 阀无此装置

(D)104 阀的主阀下部设有孔重车调整装置,103 阀无此装置

151. 车辆制动缸主要配件有(　　) 前盖、后盖、鞲鞴杆和缓解弹簧等。

(A)缸体　　(B)鞲鞴　　(C)鞲鞴皮碗　　(D)压板

152. 试验列车制动机试验制动作用时,关于制动作用手信号的显示方式正确的叙述是(　　)。

(A)昼间用检查锤高举头上　　(B)昼间-用检查锤高举头上上下移动

(C)夜间-用白光灯高举头上上下移动　　(D)夜间-用白光灯高举头上

153. F-7 型分配阀的主阀部由(　　)等组成。

(A)主阀　　(B)转换盖板　　(C)紧急限压阀　　(D)常用限压阀

154. F-7 型分配阀的主阀是三压力机构,主阀的动作受(　　)三个压力差的控制,大小模板的有效面积比是 2.7：1。

(A)通小膜板鞲鞴下侧的列车管压力　　(B)通小膜板鞲鞴上侧的作用风缸压力

(C)通大膜板鞲鞴上侧的列车管压力　　(D)通大膜板鞲鞴下侧的工作风缸压力

155. 紧急放风阀受(　　)的空气压力在短时间内的压差来控制其动作。

(A)列车管　　(B)总风管　　(C)作用风缸　　(D)紧急风缸

156. 紧急放风阀的作用位置有(　　)。

(A)充气缓解位　　(B)常用制动位　　(C)常用保压位　　(D)紧急制动位

157. 货运机车的阶段制动作用中,减压量与制动缸压力对应正确的是(　　)。

(A)减压量 40～60 kPa,制动缸压力 80～150 kPa

(B)减压量 100 kPa,制动缸压力 200～230 kPa

(C)减压量 140 kPa,制动缸压力 330～360 kPa

(D)减压量 170～190 kPa,制动缸压力 330～360 kPa

158. 手柄取出位的作用正常的情况下,自动制动阀手柄由运转位移至手柄取出位,则(　　)都能实现。

(A)手柄应能取下　　(B)均衡风缸压力为 230～270 kPa

(C)列车管压力仍为规定值　　(D)中继阀能自锁

159. 全面质量管理就是全体职工及有关部门同心协力,把(　　)结合起来,建立起产品的研究、设计、生产制造、后勤服务等活动全过程的质量保证体系,从而用最经济的手段,生产用户满意的产品。

(A)专业技术　　(B)经营管理　　(C)数理统计　　(D)思想教育

四、判 断 题

1. 柴油机进行大修时,冷却水系统管路开焊允许焊修,焊后需经 0.7 MPa 水压试验,保持 5 min 不许泄漏。(　　)

2. 东风 4D 型内燃机车所用风源净化装置的主要部件 JKG 型空气干燥器、JKG 型油水分离器和自动排污阀等。(　　)

3. NT2 型保安阀装于总风缸支管上,它的用途是一旦调压器发生故障,空气压缩机的运转失去控制时,防止总风缸超压而发生危险。(　　)

4. NDT5 型空气压缩机组是由交流电动机和空压机本身的运动机构进、排气系统、冷却

系统、润滑系统等部分组成。(　)

5. 单独制动阀有单独缓解位、运转位和全制动位三个作用位置,它是用来操纵列车的制动与缓解的。(　)

6. F-7 型分配阀是根据总风缸的压力变化而产生动作,直接控制作用阀的充气和排气,以实现机车的制动、保压或缓解。(　)

7. 中继阀有双阀口式中继阀、总风遮断阀和管座三部分组成。(　)

8. 中继阀的管座上设有五根管子的连接孔,机车制动管 2、总风缸 3、中均管 4、过充管 7、总风遮断阀管 8。(　)

9. 机车机油系统主要由主机油泵、机油热交换器、机油滤清器、启动(辅助)机油泵、逆止阀、截止阀、仪表及管路管件等组成。(　)

10. 机车的高、低温冷却水系统均采用离心式水泵,高心式水泵在启动前,水泵的吸入管和螺旋室内可以不充满水就可以启动。(　)

11. 16V240ZJC 型柴油机高温水泵在转速为 2 750 r/min 时,水压为 350 kPa,流量为 135 kL/n。(　)

12. 无论厂修或架修机车,从柴油机上台试验开始,即徐不断的使用含 2 号硅系复合添加剂的冷却液。当机车在返段途中需补充冷却液时,应在机务段补加规定的冷却液,也可以随意上自来水。(　)

13. 过热水是在提高锅炉压力的前提下进行加热的。(　)

14. 上、下水管道的安装一般不具有一定的坡度。(　)

15. 所有焊接接头中,以对接接头应用最为广泛。(　)

16. 滚刀切断管子比锯条切断速度快,断面平直,但切断面因受挤而缩小。(　)

17. 白钢是粗研工件的磨料。(　)

18. 套 1/2 和 5/4 的管锥螺纹可用一种规格的管子铰板。(　)

19. 管道标准化主要为了成批生产、降低成本、管件互换、便于设计,施工和维修。(　)

20. 常用管道防腐涂料沥青是用来制作油麻,地面管道防腐。(　)

21. 银粉:常用来做散热器和室内管道的面漆。(　)

22. 闸板阀的特点是比较严密,可利用闸板的开度控制过流量,全打开时通过的流体不改变流动的方向,阻力大。(　)

23. 管道螺纹连接的应用范围是水、煤气管道的钢管和硬质聚乙烯等管道的连接。(　)

24. 室内上下水管的安装步骤是:先装干管,在装立管,后装支管,直到各配水点。(　)

25. 室内下水管为了便于疏通,立管底部与排出管要用两个 45°弯头连接。(　)

26. 管道的对接焊缝或法兰等接头,一般应高开支架 30 mm 左右。(　)

27. 室内管道安装完毕,仪表也应同时安装好。(　)

28. 无论在什么情况下,都可对铸铁上水管口进行清铅接口,这样速度快,而且质量好。(　)

29. 管道安装完毕,即可进行试验工作。(　)

30. 煤气管道使用的闸阀安装后要用煤油作渗漏试验。(　)

31. 流体阻力有摩擦力和局部阻力。( )

32. 弯管时弯曲角度回弹的大小与管子的材料、壁厚、弯曲半径无关。( )

33. 管制螺纹的基面到端部的长度是指螺纹的工作长度。( )

34. 填料型补偿器(伸缩器)一般禁止使用在输送易爆气体的管道上。( )

35. 管道中的工作压力是指绝对压力。( )

36. 焊接时局部不均匀加热和冷却,不是产生内应力和变形的根本原因。( )

37. 连接管螺纹所用的填料线缠绕不需要考虑旋向。( )

38. 铸铁管的承插接口允许任意借转角度。( )

39. 氧-乙炔中心焰的焰心温度最高。( )

40. 暖气片散热提高室温是通过对流实现的。( )

41. 1 kgf/cm^2需换算成 981 kPa。( )

42. "U"形补偿器的受力最大部位在顶部。( )

43. 一般情况下可以允许将压力水管接口设在墙壁或楼板中。( )

44. 热煨管所填充的砂子只要具备一定的粒度即可。( )

45. 气焊火焰的性质是根据母材种类及其性能来选择的。( )

46. 水塔高 10 m,其出水压力为 100 kPa。( )

47. 手工电弧焊焊接电流的选择主要依据使焊条直径、焊缝位置、材料种类、焊接厚度。( )

48. 手工电弧焊的最主要焊接参数是电流大小和焊接直径。( )

49. 焊件焊前预热的目的在于提高焊缝的冷却速度。( )

50. 焊接变形按形式分有纵向、横向、弯曲、波浪、角和扭曲变形。( )

51. 消除焊接残余应力最有效的方法是焊后热处理。( )

52. 手工电弧焊时,当电弧的长度超过焊条焊芯直径时称为长弧;当电弧的长度小于焊条焊芯直径时称为短弧。( )

53. 特种金属焊接时,预热温度应按可焊性较差一侧的钢材确定,焊后热处理一般要求按合金成分较低侧的钢材决定。( )

54. 气焊时的焊接火焰应对熔池进行保护,使空气中的氧和氮与液体金属发生作用。( )

55. 在气焊气割工作中发生的气体火焰进入喷嘴内造成燃烧的现象,称为回火。( )

56. 弯管的弯曲点分为起弯点、中晚点、和终弯点。( )

57. 铸铁管的优点是具有良好的耐蚀性。( )

58. 对于供热系统来说,蒸汽压力等于或小于 70 kPa 时为中压蒸汽。( )

59. 碳素钢的线膨胀系数是 0.000 011 7。( )

60. 紫铜的比重为 11.4。( )

61. 东风$_4$机车上所用最多的接头为平面活接头。( )

62. 过热蒸汽管的颜色为绿色。( )

63. 钢管的内截面积 $A=\pi d$。( )

64. 用于管道密封的铅油,是由油漆和机油调和而成。由于管螺纹、石棉绳编制的人孔或手孔垫,以及其他各类垫上,以增加连接的严密性。( )

65. 石棉橡胶板，耐热性好，可用于蒸汽管道的法兰垫或接头垫等。(　　)

66. 普通垫圈垫于螺母下面，保护被连接表面避免被螺母擦伤，增大螺母与被连接件之间的接触面积，并增加螺母作用在被连接件表面的单位面积压力。(　　)

67. 耐热石棉橡胶板，可用作一般热水采暖系统和低压蒸汽采暖系统的各种垫片。(　　)

68. 金属齿形垫片和透镜式垫片，常用于高温高压管道。(　　)

69. 圆螺母用止退垫圈，是配合圆螺母防止螺母松动的一种专用垫圈，主要用于制有外螺母的轴或紧定套上，作固定轴上零件或紧定套上的轴承用。(　　)

70. 冲击韧性是指金属材料抵抗冲击载荷作用而不被破坏的能力。用 ak 符号表示。(　　)

71. 金属材料的比重、热膨胀性、可溶性、导热性、导电性和磁性等性能叫做金属材料的化学性能。(　　)

72. 金属材料在无限多次交变载荷作用下，而不致裂的最大应力称为疲劳强度。(　　)

73. 拉伸试验是属于静载荷；冲击试验是属于冲击载荷；疲劳试验是属于交变载荷。(　　)

74. 材料在外力作用下，在内部单位面积上所产生的力叫应力。(　　)

75. 安全电压指的是对人体不会引起生命危险的电压，一般指 36 V 以下的电压。常用的安全电压有 36 V、24 V、12 V。(　　)

76. 照明开关也叫电门，要装在项线上，开关距地面的高度为 1.2～1.5 m，开关应装在使用方便的地方，可以装在门开口的反面。(　　)

77. 熔丝的额定电流，只能小于或等于熔断管的额定电流，而不能大于熔点管的额定电流。(　　)

78. 熔丝烧断后，应使用和原来同样材料，同样规格的熔丝，也可以随便加粗熔丝或用不易熔断的其他金属丝去更换。(　　)

79. 行灯变压器应经常保持干燥，绝缘良好，一、二次电压及接线端子应有明显标志，二次及外壳必须接地良好。(　　)

80. 电动机铭牌所标注的额定容量，也叫做额定功率，表示电动机做功的能力。(　　)

81. 弯管机、切管机进行操作前，首先要合闸，启动电动机，合闸后如无故障，可进入正常运行，如发现启动很慢，声音不正常时，应立即拉闸，停机进行检查。(　　)

82. 对金属进行气割时，金属的熔点应高于氧化物的熔点，在金属未熔化之前，熔渣呈液体状态从切口处被吹走，如果金属不能满足此要求，则必须采用溶剂来提高金属氧化物的熔点。(　　)

83. CO_2保护焊是利用 CO_2气体保护焊丝、熔池进行焊接的一种方法，有自动和半自动之分。(　　)

84. 液体质点作不规则的相互混杂的运行，质点运行的轨迹不与液体方向相平行。液体的这种运行状态称为层流状态，或简称层流。(　　)

85. 液体在外界压力(如水泵、油泵)作用下的流动称为液力流，机车的油、水系统管路的介质的流动就属压力流。(　　)

86. 研究液体相对静止状态时所显示的规律的科学叫做动力学。(　　)

87. 物体在液体中所受浮力的大小等于物体所排出液体的重量,也就是说浮力的大小等于被浸物体相同体积的液体重量,这就是阿基米德定理。(　　)

88. 当液体运行时,由于黏带性的作用,液体与固体壁面(如管壁)之间,特别是液体内部将会产生内摩擦力而阻碍水流的运行,这种阻碍水流运形力叫水流阻力。(　　)

89. 液体在管道内流动时与管壁的摩擦引起的损失,称为沿程损失。它与管道的长度、管径的大小、管壁粗糙程度以及液体速度的大小无关。(　　)

90. 无缝钢管强度高,是工业管道最常用的一种钢管,广泛用于压力较高的管道。例如机车车辆系统管路、热力管道、压缩空气管道、乙炔管道以及除强腐蚀介质以外的各种化工管道。(　　)

91. 不锈钢具有较高的电极电位,表面致密的氧化膜和均匀内部组织以及很高的耐蚀性能。不锈钢管能抗浓度 95%以下的硝酸,80%～100%的硫酸,10%的铬酸,70%以下的氢氧化钠介质的腐蚀。(　　)

92. 截止阀的工作原理是:阀瓣沿阀座中心线垂直移动,依靠阀杆螺纹的旋压,使阀瓣密封面紧密贴合,从而截止介质流通。机车的油、水管路多用截止阀。(　　)

93. 液压千斤顶的优点是效率高(n=0.75～0.8),工作平稳,结构紧凑,有自锁性等;其缺点是起升高度有限,起升速度大。(　　)

94. 当流量确定后,所需管子管径大,流速和阻力都大,如果选用管子的管径小,流速和阻力则都大。(　　)

95. 常用的非金属管道有水泥压力管、混凝土及钢筋混凝土排水管、玻璃管、耐酸陶瓷管、石墨管、玻璃钢管、硬聚氯乙烯管。(　　)

96. 不锈耐酸钢 1Cr18Ni9Ti,焊接性能良好,焊后不需处理,耐受温度高,用于制做管子、法兰、阀门。(　　)

97. 节流阀分为直角式和直通式。其工作原理是:以改变截面积大小调节流量和压力,通常用于压力降较大的地方。可以代替截止阀使用。(　　)

98. 止回阀的工作原理是:依靠流体本身压力的变化自动启闭的,阻止介质倒流。(　　)

99. 弹簧式安全阀的工作原理通过弹簧的弹力抵压阀瓣使之与阀座密封面密合,当介质压力高于弹簧的弹性力时,弹簧被压缩,截止自行排出;当介质的压力降到与弹簧的弹性力相等时,密封面又开始重新密合,从而防止设备或管路的超压危险,保证安全生产。(　　)

100. 压力表每年至少校验一次,检验后应加铅封。对于没有铅封或超过校验使用期限的压力表,可以照常使用。(　　)

101. 安装水表时,要严格注意水表的方向性,务需使本身所表箭头方向与水流方向一致。(　　)

102. 管道中安装节流件时,节流件的通孔应与管道同心,端面应与管道垂直,也可以有偏心、偏斜现象。(　　)

103. 离心式水泵体积小,效率高,结构简单耐磨损,噪声小,运行平稳,出水均衡,而且流量和流程可以调节。(　　)

104. 阀门密封面的研磨面的研磨质量用线痕法检验时,在密封环或闸板的受检面上用铅笔画上放射状线痕,然后放到涂色的检验平台上仔细研磨或放到闸门座上研磨,先朝一个转向研 2～3 次,然后再朝另一个转向研 1/4 转。如果密封环表面研磨较好,则所画线痕应保留。

( )

105. 常用的弯管机一般以电力拖动为主(也有采用液压)进行弯管,导向夹紧采用液压夹紧,管子夹紧采用偏心夹紧。( )

106. 弯管机的弯曲工艺方法是以装在主轴上的弯曲模作主动回转,通过夹紧模把管子固定在弯曲模的弧线凹槽内,当弯曲模回转式,管子就被缠绕在弯曲模的轴向圆弧凹槽内,得到所需的弯曲半径的弯管。( )

107. 相连接的两法兰不平行,法兰接口划伤或有异物,垫片划伤,垫片上粘有异物,垫片位置不当,垫片薄厚不均,连接螺栓松动或紧固受力不均,这些都不是法兰连接泄漏的原因。( )

108. 客、货车制动管路的泄漏试验:当客车制动管压力达到 600 kPa,货车制动管压力达 500 kPa 时保压,在主支管各接头处涂肥皂水检查,制动管系总泄漏在 1 min 内不许超过 10 kPa。( )

109. 将自动制动阀和单独制动阀手把均置于运转位,总风缸压力在 750 kPa±20 kPa～900 kPa±20 kPa,检查总风压力的泄漏每分钟的泄漏量可以超过 20 kPa。( )

110. 空气制动系统所说的三表一致,是指当自动制动阀和单独制动阀手把置于运转位置时,均衡风缸压力表、列车管(货车)压力表和工作风缸压力表所指空气压力均为 500 kPa。( )

111. 客车取暖管路组装要求各管安装需牢固,有适当坡度,排水可以滴在转向架上。( )

112. 机车燃油系统装有两个燃油送泵,既可单独工作,也可同时工作。燃油输送泵是机车燃油系统中一个非常重要的部件,如果燃油输送泵发生故障,柴油机就不能工作,而机车可以正常运行。( )

113. 机车运用中,应经常注意检查设在动力室侧壁仪表盒上的燃油精滤器前压力表显示的压力值。正常正压力为 225.6～274.7 kPa,若压力偏低,应对燃油系统的输出泵、安全阀、粗滤器及管接头等作认真的检查和维修。( )

114. 机车起动机油泵的任务是在柴油机启动前,向柴油机的各摩擦表面提供一定程度和压力的机油,保证柴油机启动有足够的润滑而不受磨损。( )

115. 内燃机车运行 7 000～8 000 km 应进行一次机油检验,在柴油机停机后,油温不低于 40 ℃时,从柴油机油底壳放油管处放出四桶油(约 40 kg),从第四桶油中取 1 kg 油样进行化验,如果经化验超过规定使用限度时,则机油必须更换。( )

116. 机油热交换器在日常运用中要注意检查机油中是否发现有水,低温水系统和膨胀水箱中是否有机油,如发现上述情况,热交换器可以不拆下修理。( )

117. 机油滤清器从机车上拆下清洗时,滤清器体要清洗干净,并用干空气吹扫。以 1.2 MPa压力进行水压试验,连续 5 min,检查各处有无冒汗现象,泄漏处可进行焊修。水压后用干燥空气吹干净。( )

118. 膨胀水箱是为冷却水提供热胀、冷缩的余地,并且起到防气和微量泄漏后补水的作用。安装于辅助间隔墙的顶部,处于冷却系统的最低位置。( )

119. 机车高温水循环系统主要是由冷却柴油机气缸套、气缸盖和涡轮增压器出气壳组成的。( )

120. 冷却水系统的维护保养中有关冷却水的加入,少量补水可在膨胀水箱露于机车外的加水口加入,注意不要让汉物进入水箱。大量加水可通过设在机车底架中部左、右两侧的管接头以压力加入,加水时当膨胀水箱的渗水管开始渗水时,还可以继续加水。( )

121. 预热锅炉点火前,应先使循环水泵工作,充满水后,在启动风机,吹扫炉膛,然后开启燃油供油阀及燃油泵,开始点火。( )

122. 预热锅炉预热过程中,可通过调整预热锅炉循环水泵前去高、低温冷却水泵出口管道上的截止阀开度,使两个冷却水系统预热速度大致保持不等。( )

123. 在预热锅炉循环水泵泵座下方,设有溢水孔,以防泄漏的水进入轴承,破坏润滑。运行中若有水从此孔流出,即示意密封不好,可以不用检修。( )

124. 机车试运中冷却水系统管路检查:检查各管路接头和各种截止阀有无泄漏,各放气阀和放水阀作用是否良好,热风机管路系统、膨胀水箱即补水管等各处有无泄漏。( )

125. 空压机试验:总风缸压力由 0 升到 900 kPa 所需时间,一个空压机工作为 4 min30 s 至 5 min30 s;两个空压机工作不超过 3 min30 s。( )

126. 机车车辆用铸铁管接头如需抽验产品质量时,可抽取交货数量的 1%～2%,不得少于 3 件。抽检时如有一件不合格,应抽取加倍数量进行交验,如仍有一件不合格则这批产品不予接受。( )

127. 客车及守车安装风表是为了观察列车制动主管空气压力而设置的。目的是便于行车人员确认列车制动主管压力空气是否贯通,以及压力是否符合规定等。与保证行车安全无关。( )

128. 客车及守车的风表每经过六个月须施行一次定期检验与检修。对没有铅封或铅封已损坏的仍可继续使用。( )

129. 为了防止因三通阀或制动管轻微泄漏,使少量压力空气进入制动缸引起自然制动,在制动缸体后壁的底部设一条漏风沟。一般漏风沟长度为 75 mm、宽 3 mm、深 1.5 mm。( )

130. MC 表示符合国际联运条件的车辆。( )

131. YZ 表示硬座车。( )

132. 机车系统管路中采用卡套式接头连接,可以不考虑管件连接部位外表面的粗糙度、划痕和椭圆度等缺陷。( )

133. 机车车辆系统管路中用法兰连接的管件,可以不考虑相连两法兰的平行度和连接螺栓螺母紧固的均匀度。( )

134. 空气制动阀在设备的气动系统中,是控制和调节压缩空气的压力、流量和方向的气动元件,其作用是保证气动执行机构(气缸或马达等)按规定的程序进行工作。( )

135. 设备气动系统中的主阀,是直接控制气动执行机构的。他把压缩空气直接送入气动执行机构,同时把用过的空气排出去,使气路进行通断或切换。( )

136. 液压弯管机或其他弯管机的液压系统在运用中发现油的阻力过大,要检查管道的内径和需要的流量是否相符或阀门的内径是否符合标准,装制适合尺寸的管道和阀门,降低功率。( )

137. 风式滤油器-装在油泵的吸油管上用以保持油泵,网孔为 0.8～1.3 mm,过滤能力为泵容量的 2 倍以上,过滤后正常颗粒为 0.13～0.4 mm,压力差一般为 500～1 000 kPa。( )

138. 内燃和电力机车的电线管内径可以小于内部所通过的电缆线的外径。(   )

139. 机车主发电机经整流柜到各牵引电动机的电缆线，是通过 $\phi 50\times 2.5$ 的无缝钢管电线管分布到各位牵引电动机的，电线管的布置和走向可以不考虑电缆线的走向而随意布置。(   )

140. 带锯切管机在启动空转检查时，在启动空转检查时，可以不检查带锯条的松紧度和作用状态，就可以进入切割工况。(   )

141. 一般弯管机的弯管靠背(压力磨具)的压力，应根据所弯曲的管件的硬度、机械性能、弯曲半径和壁厚等，适当调节其压紧压力，以减少管件在弯曲过程中的弯曲变形。(   )

142. 在弯管机上进行成批管件弯曲时，要先试弯 1～3 根，按工艺要求用样板或样杆进行检查，如有的检测点达不到设计图纸要求，就要根据实际测得的数据进行弯曲弧度的起弯点、中弯电和终弯点的调整和压力膜、夹紧模的压力调整和芯头伸出长度的调整等。待弯曲的管件全部达到设计图纸要求后，方可成批进行弯制作业。(   )

143. 液压弯管机在起动前要仔细检查油箱的油面高度，油位低的要加油，达到规定要求高度后方可启机。(   )

144. 弯管机、切管机、钻床等设备的润滑油和工作油要按机床维修保养规程要求定时的检查、过滤和互换。(   )

145. 机车空气压缩机压缩空气的出口管路安装的逆止阀，可以不考虑阀的方向，随意安装。(   )

146. 机车静液压系统设置的油水热交换器，是用低温冷却水系统中经散热器后的冷却水进行冷却工作油，使其温度保持在正常范围内。(   )

147. 机车静液压系统的安全阀组装后按其高、低腔分别进行 25 MPa 和 3 MPa 的压力试验，检查其密封状况。(   )

148. 韶山$_4$型电力机车制动及置于电空位操纵时，如发现列车管压力急剧下降，应将大闸放中立位，调速手轮回 0，机车保持制动，停车处理。(   )

149. 韶山$_4$型电力机车制动及置于空气位操纵时，因此是中立电空阀不得电，列车管有补风现象，因此，使闸后应监视速度变化情况，以防车辆自然缓解，丧失制动力，引起列车放杨或造成短钩事故。(   )

150. 机车在运用中，如发现空气压缩机一工作，低压安全阀就排气，这说明高压缸进风阀有故障，或高压风缸向低压风缸窜风，此种情况时，应暂停该空压机工作。(   )

151. 机车车辆系统管路的防寒要求，凡是裸露在机车车辆、车体外部的油、水和空气管路，可不用采取包扎防寒措施。(   )

152. 冷却水系统的流通应畅通，流向良好，避免死角或水流停滞现象，否则会引起气囊水流停滞区又另结垢。(   )

153. 柴油机的高温水系统和机车的高温水系统形成一个闭式循环系统，主要适用于冷却缸套、气缸盖和增压器用的，东风$_{4B}$型机车的正常工作水温为 65～75 ℃。(   )

五、简 答 题

1. 写出公式通径为 25 mm 的平行开通的截断塞门的标记示例。
2. 简述 $D=14$ mm 的同径双管卡的标记示例。

3. 简述机车前转向架撒砂风管验收项目。
4. 焊接工艺文件的内容主要包括哪些内方面?
5. 设备管理程序中的"三好"内容是什么?
6. 设备管理程序中的"三包"内容是什么?
7. 设备管理程序中的"三不放过"内容是什么?
8. 设备润滑者的职责是什么?
9. 企业的安全方针是什么?
10. 刃具应如何存放?
11. 量具应如何保管?
12. 什么叫真空?
13. 什么叫气化?
14. 什么叫溶解热?
15. 什么是应力?
16. 什么是管路试验压力?
17. 什么是管路工作压力?
18. 什么叫管路的固定支架?
19. 什么叫管路的活动支架?
20. 什么叫重力循环?
21. 什么是基本偏差?
22. 何为最大实体状态?
23. 什么是定位?
24. 什么叫基准?
25. 何为间隙配合?
26. 何为工艺基准?
27. 什么是碳素钢?
28. 何为钢的热处理?
29. 什么是补偿器?
30. 什么是疏水器?
31. 什么叫胀管?
32. 什么叫阻力损失?
33. 何为自然补偿?
34. 什么叫绝对压强?
35. 何为基孔制?
36. 何为填料?
37. 什么叫焊接?
38. 什么叫气割?
39. 简述螺纹标记 M24×1.5-3h-S 的含义?
40. 简述 45、T8、HT200、KTH300-06、QT42-10 表示何材料?
41. 全电流欧姆定律的表示公式?

42. 简述阀件产品幸型号由 12345-67 组成，按顺序表示其含义？
43. 简述 G3/4-2 标记字母和数字各表示什么含义？
44. 管道识图中，d、I、YI 分别表示其含义？
45. 管道中 S、M、Z、R、YQ 、YS 代号表示什么含义？
46. 何为压强？
47. 18″管钳适用于管径范围是多少？
48. 什么叫制动距离？
49. 103 阀和 104 阀有什么不同？
50. 车辆制动缸由哪些主要配件组成？
51. 车辆定期检修有哪几种修程？
52. 什么叫交叉锉法？
53. 说明试验列车制动机的制动作用手信号的显示方式？
54. 带钝边 U 形焊缝的表示符号是什么？
55. 焊缝符号为“◺”表示什么焊缝？
56. 写出公式通径 Dg 为 20 mm 的外接头的标记示例。
57. 从左至右写出 JZ-7 型制动机自动制动阀手柄七个作用位置。
58. DF_{4D} 型货运机车空气制动系统的主要部件包括哪些？
59. 按机车动力来源不同，机车可以分成哪些种类？
60. 燃油预热器的作用是什么？
61. 燃油输送泵的作用是什么？
62. 燃油系统为什么要安装安全阀？
63. 简述 DF_4 型机车机油系统的工作原理。
64. DF_4 型机车机油系统原理图中的主要部件有哪些？
65. 简述机车车辆管路的主要连接方式。
66. 管路对保温材料的一般要求有哪些？
67. 管路对接接头的一般坡口形式有哪些？
68. 作用阀的作用位置有哪些？
69. 什么是机车车辆管件的互换性？
70. F-7 型分配阀的主要组成部分包括哪些？

六、综 合 题

1. 用 $\phi 60\times 4$ 的管子制成如图 1 所示的涨力管，试计算需用多少管子(单位为 mm)。

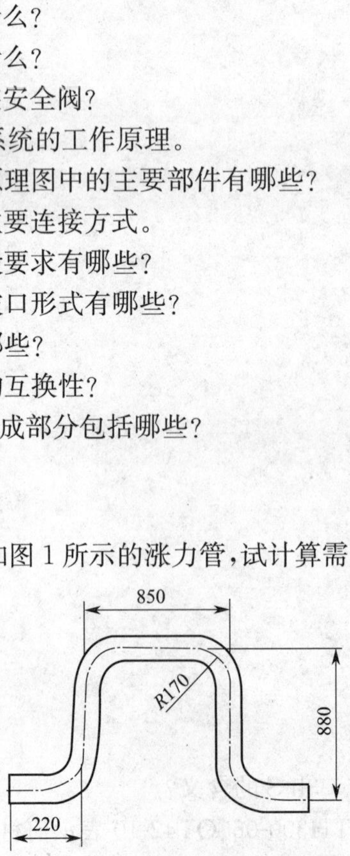

图 1

2. 某工程需用公称通径为 100 mm 的普通水煤气钢管 1 000 m，试计算用料多少吨重？(缸的容量 $Y=7.85\ T/m^3$，管子外径 114 mm，壁厚 s=4 mm)

3. 工程施工时，需临时设置一条 $D_g=100$ mm 的铸铁供水管，工程最大用水量为 36 T/h，求水的最大流速是多少？

4. 108×5 的热力管道，长 20 m，保温层厚要求为 50 mm，保温材料为一级膨胀珍珠岩，问需要多少公斤一级珍珠岩？(珍珠岩中 $Y=100\ kg/m^3$)

5. 一根 ϕ108×4 的无缝钢管，弯制成一弯曲半径为 3.5 倍管外径的 90°弯头，试问弯曲后，弯头外侧母线处管壁的减薄率为多少？(减薄率=$\{1-R/[R+(D_W/2)]\}\times100\%$)

6. 某房间的耗热量 $Q=837$ kJ/h，原装 M132 散热器(散热面积每片 0.24 m^2)需维持室内温度 $t_n=18$ ℃，若散热器进水温度 $t_1=95$℃，出水温度 $t_2=70$ ℃，传热系数 $K=6.9$ kJ/(m^2h℃)。试计算安装散热片数。

7. 已知一对标准直齿圆柱齿轮转动，其转动比 $i_{12}=3$，主动轮齿数 $z_1=21$，模数 $m=4$ mm，求从动轮齿数 z_2 为多少？中心距 a 为多少？

8. 已知管件电焊转胎差速器行星齿轮孔径为 ϕ28 mm，最大极限尺寸为 ϕ28.105 mm，最小极限尺寸为 ϕ28.060 mm，问它的上偏差、下偏差各是多少？

9. 一段管道长 150 mm，未通介质前的温度为 16 ℃，当管道内通介质后，介质温度升高到 90 ℃时，问管道的热增长量是多少？(碳钢的线膨胀系数为 1.17×10^{-5})

10. 有一根直径为 38 mm，壁厚为 3 mm 的管子，弯曲成 90°弯管后，测量中弯点处管径尺寸分别为 ϕ39 mm，和 ϕ37 mm，试问此截面处管子弯曲变形的椭圆度是多少？

11. 根据施工图编制施工方案应包括哪些内容？

12. 试述怎样在通行地沟中铺设管道。

13. 试述管道保温的目的与方法。

14. 绘图说明压缩空气站工艺流程？

15. 说明热的传播方式有几种。

16. 套丝操作的注意事项是什么？

17. 试述蒸汽管道为什么会产生温度应力，危害及消除方法是什么。

18. 管弯按形状和加工方法各分为哪几种？

19. 试述看管道施工图的基本步骤。

20. 试述水暖工程中的水压试验方法。

21. 怎样选择配合？

22. 简述游标量具的种类和优缺点。

23. 简述万能角度尺的作用和Ⅰ型万能角度尺的结构。

24. 万能角度尺使用后应如何保养？

25. 水平仪的类型和常用的有哪几种？

26. 简述螺纹样板的用途和测量方法。

27. 何为工艺规程？

28. 在机床的液压系统维护中，一个重要的方面是什么？

29. 根据立体图 2，画出三视图。

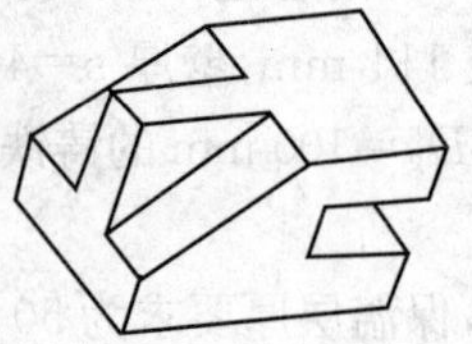

图 2

30. 根据立体图 3,画出三视图。

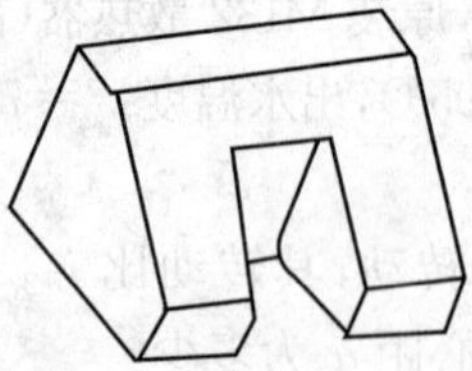

图 3

31. 看零件图 4,回答下列问题:

(1)说明丝杠左端头部的形状。

(2)丝杠右端键槽的长、宽、深尺寸各为多少?

(3)解释零件图中标注的形位公差。

(4)键槽两侧面的表面粗糙度是多少?

(5)图中标注 M18×1.5 一般表示什么结构?

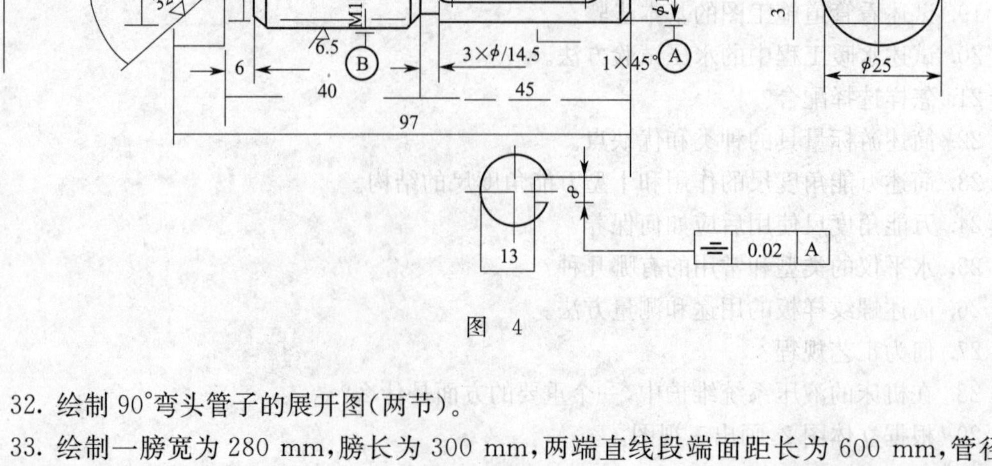

图 4

32. 绘制 90°弯头管子的展开图(两节)。

33. 绘制一膀宽为 280 mm,膀长为 300 mm,两端直线段端面距长为 600 mm,管径为

$\phi42\times2$,弯曲半径 $R=100$,弯曲角度均为 90°的涨力管。

34. 绘制一通径为 Dg20 的 TB 776-93 球面活接头图(具体尺寸可查表或参考实物)。
35. 绘制客车车底水箱式给水装置主要配件的相互关系示意图。
36. 简述 F-7 型分配阀的作用并详解其组成部分。
37. 绘制东风$_4$型内燃机车机油系统工作原理图。

机车车辆管道工(中级工)答案

一、填 空 题

1. 修配装配法	2. 精度	3. 推力	4. 旋转件
5. 进行弯制	6. 过量变形	7. O 型圈	8. 充气阀
9. 更换	10. 一级管径	11. 活动支架	12. 流量大小
13. 使用方便	14. 2.2 m	15. 填充砂子	16. 棉布
17. 强制循环	18. 测量仪表	19. 工艺性能	20. 磁性
21. 抗拉强度 σ_b	22. 断面收缩率 ϕ	23. 增高	24. 热处理性能
25. 高级优质碳素钢	26. 互换性	27. 数值	28. 20
29. 标准公差	30. 过渡配合	31. 基面上	32. 法兰
33. 0.1～0.2 MPa	34. 小	35. 45°	36. 排水
37. 亚麻铅油	38. 四氯化碳	39. 900～950 ℃	40. 400～500 ℃
41. 强度试验	42. 60°	43. 热处理工艺	44. 高韧性
45. 高速钢	46. 耐磨性	47. 工具钢	48. 青铜
49. 基准	50. 硬度和韧性	51. 接触精度	52. 折断
53. 加工工艺性	54. 切削速度	55. 倒顺开关	56. 无压释放
57. 周期性	58. 相对位置	59. MPa	60. 脱氧剂
61. 10%	62. 还原作用	63. 便捷式割管机	64. 价格低
65. 乳胶防寒管套	66. 切断	67. 闸刀拉开	68. 干电池
69. 保护接零	70. 开焊断裂	71. 机床维修保养规程	72. 双 V 形坡口
73. 1.5～3 倍	74. 计算壁厚	75. 首末两轮	76. 20°
77. 模数	78. 方向控制回路	79. 动平衡	80. 辅助装置
81. 局部放大图	82. 电流	83. 处理	84. 工作环境
85. 内周长度	86. 安装前	87. 防水帽	88. 敞开
89. 1 m	90. 0.15 m	91. 30 mm	92. 1/2
93. 变径管	94. 21 kW	95. 滤油网	96. 2 A
97. 紧急制动阀	98. 各种性能	99. 充气速度	100. 控制
101. 作用位置	102. 机车	103. 管座	104. 一次缓解
105. 转换盖板	106. 保压位	107. 平均管 27	108. 绝缘保护层
109. 弧度	110. 制动缸脂	111. 灵活	112. 检修
113. 局减制动	114. 不许泄漏	115. 8 mm	116. 5 min
117. 卡座	118. 规定压力值	119. 水压试验	120. 密封胶圈

121. 打压试验	122. 良好	123. 干燥剂	124. 表面处理
125. 稳定	126. 积油	127. 清洗	128. 混合式润滑
129. 停机	130. 670^{+20}_{0} kPa	131. 球轴承	132. 良好分散性
133. 穴蚀	134. 启动条件	135. 高效率	136. 排除故障
137. 总电门	138. 润滑油	139. 进行弯制	140. 试弯制
141. 配合协调	142. 定位变形	143. 渗漏	144. 缝隙
145. 顺利通过	146. 畅通	147. 不准装车	148. 烧伤
149. 三种	150. 转速	151. 故障设备	152. 综合性量具
153. 关键	154. 吊线法	155. 调头研磨	156. 模数
157. 标准齿轮	158. 推力轴承	159. 油雾润滑	160. 封闭环

二、单项选择题

1. C	2. C	3. C	4. B	5. D	6. B	7. A	8. B	9. A
10. D	11. A	12. C	13. B	14. D	15. C	16. B	17. A	18. A
19. B	20. D	21. C	22. C	23. B	24. D	25. A	26. C	27. A
28. D	29. C	30. C	31. A	32. D	33. A	34. D	35. C	36. A
37. C	38. B	39. B	40. A	41. A	42. C	43. C	44. A	45. C
46. C	47. A	48. B	49. A	50. D	51. C	52. D	53. D	54. B
55. B	56. C	57. B	58. A	59. C	60. A	61. B	62. D	63. C
64. C	65. D	66. C	67. A	68. C	69. A	70. B	71. A	72. C
73. B	74. D	75. C	76. A	77. B	78. C	79. D	80. C	81. A
82. B	83. C	84. A	85. B	86. B	87. D	88. A	89. B	90. C
91. A	92. D	93. C	94. D	95. B	96. A	97. C	98. C	99. B
100. B	101. A	102. D	103. A	104. B	105. D	106. A	107. D	108. C
109. A	110. C	111. D	112. C	113. A	114. B	115. C	116. D	117. B
118. C	119. A	120. C	121. A	122. B	123. C	124. B	125. D	126. C
127. A	128. C	129. B	130. C	131. B	132. D	133. C	134. A	135. B
136. C	137. A	138. B	139. D	140. B	141. C	142. D	143. A	144. C
145. B	146. A	147. C	148. D	149. C	150. A	151. B	152. C	153. D
154. A	155. B	156. D	157. C	158. A	159. B	160. C	161. C	162. D
163. A	164. B	165. C	166. C	167. B				

三、多项选择题

1. ABCD	2. ABC	3. ABCD	4. AC	5. AB	6. ABCD	7. AB
8. BCD	9. ABCD	10. ABD	11. ABCD	12. AD	13. ACD	14. BCD
15. BCD	16. ABC	17. ABCD	18. ACD	19. AD	20. ABC	21. ABCD
22. AB	23. ABCD	24. ABC	25. ABCD	26. ABC	27. AC	28. AB
29. BC	30. ABCD	31. BCD	32. CD	33. ACD	34. ABCD	35. ACD
36. ABCD	37. ABCD	38. ABCD	39. ABD	40. ABC	41. BC	42. ABCD

43. ABCD　44. ABCD　45. ABCD　46. ABCD　47. ABC　48. ABCD　49. ABC
50. BCD　51. ABCD　52. ABCD　53. ACD　54. ACD　55. ACD　56. ABC
57. ABCD　58. ABCD　59. ABCD　60. ABCD　61. ABD　62. ABC　63. ABCD
64. ABC　65. ABCD　66. ABCD　67. ABD　68. ABCD　69. ABCD　70. CD
71. AB　72. ABCD　73. ABC　74. CD　75. ABCD　76. ABCD　77. ABCD
78. ABCD　79. ABC　80. BCD　81. ABC　82. ABCD　83. ABCD　84. ABD
85. ABC　86. ABCD　87. ABD　88. BD　89. ABC　90. ABCD　91. ABCD
92. ABCD　93. ABCD　94. ABD　95. ABCD　96. ACD　97. BCD　98. AB
99. ABCD　100. AD　101. ABCD　102. ABD　103. ABC　104. ABCD　105. BD
106. ABC　107. ABCD　108. ABCD　109. ABC　110. ABCD　111. ABD　112. BCD
113. ACD　114. ABC　115. ABCD　116. ABC　117. ABCD　118. BCD　119. BD
120. ABC　121. AD　122. ABCD　123. BC　124. AC　125. ABCD　126. ABD
127. BD　128. ABC　129. ABD　130. ABC　131. ABCD　132. ABCD　133. ABCD
134. ABC　135. BCD　136. ABD　137. ABC　138. ACD　139. ABCD　140. ABCD
141. ABCD　142. ABCD　143. ABCD　144. ACD　145. ABCD　146. ABCD　147. ABC
148. ABCD　149. BD　150. ABC　151. ABCD　152. BC　153. ACD　154. BCD
155. AD　156. ABD　157. ACD　158. ABCD　159. ABCD

四、判 断 题

1. √　2. √　3. √　4. ×　5. ×　6. ×　7. √　8. √　9. √
10. ×　11. √　12. ×　13. √　14. ×　15. √　16. √　17. √　18. √
19. √　20. ×　21. √　22. ×　23. √　24. √　25. √　26. ×　27. ×
28. √　29. ×　30. ×　31. √　32. ×　33. ×　34. √　35. ×　36. ×
37. ×　38. ×　39. ×　40. √　41. ×　42. √　43. ×　44. ×　45. √
46. ×　47. √　48. √　49. ×　50. √　51. √　52. √　53. √　54. ×
55. √　56. √　57. √　58. ×　59. √　60. ×　61. ×　62. ×　63. ×
64. √　65. √　66. ×　67. √　68. √　69. ×　70. √　71. ×　72. ×
73. √　74. √　75. √　76. ×　77. √　78. ×　79. √　80. √　81. √
82. ×　83. √　84. ×　85. √　86. ×　87. √　88. √　89. √　90. √
91. √　92. √　93. ×　94. ×　95. √　96. √　97. ×　98. √　99. √
100. ×　101. √　102. ×　103. √　104. ×　105. √　106. √　107. ×　108. √
109. ×　110. √　111. ×　112. ×　113. √　114. √　115. √　116. ×　117. √
118. ×　119. √　120. ×　121. √　122. ×　123. ×　124. √　125. √　126. √
127. ×　128. ×　129. √　130. ×　131. √　132. ×　133. ×　134. √　135. √
136. √　137. √　138. ×　139. ×　140. ×　141. √　142. √　143. √　144. √
145. ×　146. √　147. √　148. √　149. √　150. √　151. ×　152. √　153. √

五、简 答 题

1. 答：标记示例为：截断塞门 ADN25TB/T 85—1999。(5 分)

2. 答:标记示例为:双管卡 14TB/T 1262—91。(5 分)

3. 答:(1)检查软管及卡子状态是否良好(2.5 分);(2)检查风管卡子是否紧固。(2.5 分)

4. 答:焊接工艺文件的内容主要包括有焊接方法、焊接规范、焊接顺序、坡口形式、装配关系和焊接质量标准。(5 分)

5. 答:设备管理中的三好指的是管好、用好、养好。(5 分)

6. 答:三包指的是:包使用、包维护、包保管。(5 分)

7. 答:三不放过指的是:事故原因分析不清不放过、责任者和群众未受到教育不放过、没有防范措施不放过。(5 分)

8. 答:认真执行设备润滑制度,执行设备润滑“五定”和“三过滤”规定。(5 分)

9. 答:安全生产(2.5 分),预防为主。(2.5 分)

10. 答:刀具要隔离存放,摆放整齐,严防锈蚀和磕碰。(5 分)

11. 答:量具定位不离盒,应有合格证(2.5 分)。盒内不准放其他物品,并按计量管理制度定期鉴定。(2.5 分)

12. 答:容器中压力小于大气压力的叫作真空。(5 分)

13. 答:水由液态转变为气态的过程。(5 分)

14. 答:使 1 公斤固体在同样湿度下变为液体所需要的热量。(5 分)

15. 答:材料在外力作用下,在内部单位面积上所产生的力。(5 分)

16. 答:指管材、管路附件或安装后的管路进行强度或严密性检查试验所规定的压力数值。(5 分)

17. 答:是指管路和它所属的设备、阀件在设计条件下的实际运行压力。(5 分)

18. 答:不允许管道移位的支架。(5 分)

19. 答:允许管道移位的支架。(5 分)

20. 答:水经加热后体积膨胀比重减小,热水通过散热片时水温降低,造成的比重差产生的循环。(5 分)

21. 答:国家标准表列的,用以确定公差带相对于零线位置的上偏差或下偏差,一般为靠近零线的那个偏差。(5 分)

22. 答:实际要素在尺寸公差范围内具有材料量最多的状态。(5 分)

23. 答:使工件在机床上或夹具中占有正确位置的过程称为定位。(5 分)

24. 答:用来确定表面位置所依据的的那些点、线、面,称为基准。(5 分)

25. 答:具有间隙(包括最小间隙等于零)的配合。(5 分)

26. 答:在工艺过程中所采用的基准为工艺基准。(5 分)

27. 答:含碳量小于 2.11%,并含有较少的 Si、Mn、S 、P 等杂质的铁碳含量。(5 分)

28. 答:将钢在固态下加热,保湿和冷却的操作未改变其内部组织,从而获得所需性能的一种工艺方法,称为钢的热处理。(5 分)

29. 答:用来补偿管道因湿度升温而发生伸缩的装置。(5 分)

30. 答:可自动排泄管道系统中不断产生的凝结水,同时又可以阻止蒸汽通过的装置。(5 分)

31. 答:把管子插入要连接的管孔中,对管子进行 冷态扩张,使管子与管孔间保持径向压力,实现两者紧密连接的冷作工艺过程。(5 分)

32. 答:流体流动时,为了克服阻力就要消耗自身所具有的机械性能,通常这部分被消耗

的能量称为阻力损失。(5 分)

33. 答:利用管道本身弯曲部件的补偿能力,对受阻膨胀所产生的伸长量进行补偿,称为自然补偿。(5 分)

34. 答:以大气压强为零点起算得压强。(5 分)

35. 答:基本偏差为一定的孔的公差带与不同的基本偏差的轴的公差带形成各种配合的一种制度,称基孔制的配合,简称基孔制。(5 分)

36. 答:为了防止阀内介质随阀杆的转动而泄漏,阀内设置加填料的空间叫填料函。(5 分)

37. 答:利用加热或加压,或者两者同时并用的方法,使两个以上焊件的原子之间产生相互结合的力而形成一个不可分离的街头,这种方法叫焊接。(5 分)

38. 答:利用气体火焰将金属预热到能在氧气中燃烧的温度,使金属产生的氧化物和少量融化了的铁组成液态熔渣(2.5 分),同时借助于高压氧气流的作用把它吹出而达到切割金属的目的的方法。(2.5 分)

39. 答:M24×1.5——表示普通细牙螺纹代号,3h——表示外螺纹中径公差代号,S——表示短的旋合长度代号。(5 分)

40. 答:45——优质碳素结构钢(1 分);T8——工具钢(1 分);HT200——灰口铸铁(1 分);KTH-300-06——可锻铸铁(1 分);QT42-10——球墨铸铁。(1 分)

41. 答:$I=E/(R+r)$。(5 分)

42. 答:1——阀门类别,2——驱动方式,3——连接方式,4——结构形式,5——密封面(衬面)材料,6——公称压力,7——阀体材料。(5 分)

43. 答:G——右旋圆柱管螺纹,3/4——公称直径,2——精度 2 级。(5 分)

44. 答:d——表示直径,I——表示坡度　YI——表示乙炔管道。(5 分)

45. 答:S——给水管,M——煤气管　Z——蒸气管　R——热水管,YQ——氧气管　YS——压缩空气管。(5 分)

46. 答:物体单位面积上所承受的压力。(5 分)

47. 答:适用于管径 5/4″~2″。(5 分)

48. 答:从大闸手把移于制动位制动管开始减压到列车停下为止,列车所运行的距离叫制动距离。(5 分)

49. 答:103 阀和 104 阀在外观上很相似,所不同的是在阀体上分别铸造有“103”和“104”的字样,以资识别(2.5 分)。同时 103 分配阀的主阀下部设有孔重车调整装置,104 阀无此装置。(2.5 分)

50. 答:制动缸由前盖、缸体、后盖、鞲鞴、鞲鞴皮碗、压板、鞲鞴杆和缓解弹簧等组成。(5 分)

51. 答:客车分为厂修、段修、辅修,货车分为厂修、段修、辅修、轴检。(5 分)

52. 答:交叉挫法就是第一遍锉削与第二遍锉削交叉 90°的方向进行,在尚未锉平的平面上,适用这一锉削方法。(5 分)

53. 答:试验制动作用时,昼间——用检查锤高举头上,夜间——用白光灯高举头上,上下移动。(5 分)

54. 答:带钝边 U 形焊缝的表示符号是“Y”。(5 分)

55. 答:表示角焊缝。(5 分)

56. 答:标记示例为:外接头 Dg20+B/T 1131-91。(5 分)

57. 答:JZ-7 型制动机自动制动阀手柄七个作用位置从左至右依次为:1——过充位;2——运转位;3——最小减压位;4——最大减压位(常用全制动位);5——过量减压位;6——手柄取出位;7——紧急制动位。(5 分)

58. 答:DF_{4D} 型货运机车空气制动系统的主要部件包括自动制动阀、单独制动阀、均衡风缸、过充风缸、中继阀、分配阀、作用阀、工作风缸、降压风缸、紧急风缸、作用风缸、变向阀、滤尘止回阀、紧急制动阀及双针压力表、管路滤尘器、各种规格塞门等。(5 分)

59. 答:机车动力来源可以分为内燃机车、电力机车、蒸汽机车、燃气轮机车、煤气机车。(5 分)

60. 答:燃油预热器是为了在冬季或寒冷地区防止油箱内的燃油脱蜡(1 分),先对系统中流回燃油箱的燃油进行加热,这部分燃油再去提供燃油箱中的油温,使燃油箱中的燃油保持一定的温度。(4 分)

61. 答:燃油输送泵的作用是供给柴油机一定压力的燃油并迫使燃油进行循环。(5 分)

62. 答:安全阀是为防止燃油输送泵过载,保护燃油输送泵不受损坏而设置的。(5 分)

63. 答:DF_4 型机车机油系统是以机油泵作为动力迫使机油循环流动,机油经过滤清和冷却后,向柴油机各零部件的摩擦表面供给一定压力和温度的洁净机油并冷却活塞。(3 分)机油带出摩擦及部分燃烧的热量,最后流回柴油机机油油底壳内。(2 分)

64. 答:DF_4 型机车机油系统原理图中的主要部件包括柴油机、主机油泵、既有热交换器、机油滤清器、机油精滤器、启动机油泵、辅助机油泵及逆止阀等。(5 分)

65. 答:机车车辆管路的连接方式主要丝扣连接、法兰连接、焊接和承插连接等方式。(5 分)

66. 答:管路对保温材料的一般要求包括:热传导系数小、空隙率大、容重轻、温度变化或机械振动时不易损坏、吸水性差、来源广、价格低。(5 分)

67. 答:管路对接接头的一般坡口形式包括:不开坡口、V 形坡口、X 形坡口、单 V 形坡口和双 V 形坡口等。(5 分)

68. 答:作用阀的作用位置有缓解位、制动位和保压位。(5 分)

69. 答:机车车辆系统管件的几何形状、相关尺寸、相互位置和形位公差等技术要求的一致性叫做管件的互换性。(5 分)

70. 答:F-7 型分配阀的主要组成部分包括主阀部、副阀部、紧急部和中间体等几部分组成。(5 分)

六、综 合 题

1. 答:涨力管的四个圆弧长度 $L_1=\pi d=3.14\times170\times2=1\,067.6$ mm (2.5 分)

$L_2=850-170\times2=510$ mm (2.5 分)

$L_3=2(880-170\times2)=1\,080$ mm $L_4=2(320-170)=300$ mm (2.5 分)

总长 $L=L_1+L_2+L_3+L_4=1\,067.6+510+1\,080+300=2\,957.6$ mm (2.5 分)

答:制做此涨力管需用 2 957.6 mm 管子。

2. 答:管外径 $d_2=114$ mm$=0.114$ 壁厚 s$=4$ mm$=0.004$ m (2.5 分)

管内径 $d_1=d_2-S\times2=0.114-0.004\times2=0.106$ m (2.5 分)

管子中径 $d=(d_1+d_2)/2=(0.106+0.114)/2=0.11$ m（2.5 分）

重量 $G=Y\cdot\pi ds\cdot L=7.85\times3.14\times0.11\times0.004\times1\,000=10.85$ T（2.5 分）

答：工程用管料 10.85 t。

3. 答：$D_g=100$ mm$=0.1$ m，$gm=36$ T/h$=36/3\,600=0.01$ T/s（3 分）

按质量流量的计算公式 $gm=[\pi(d/2)^2]v\rho$ 得 $v=4$ gm/$(\pi d^2\rho)$（4 分）

$v=4\times0.01/(3.14\times0.1^2\times1)=1.27$ m/s（3 分）

答：水的最大流速为 1.27 m/s。

4. 答：保温层断面为圆环，$d_1=100$ mm$=0.1$ m，$d_2=100+2\times50=200$ mm$=0.2$ m（2 分）

圆环面积 $S=\pi(d_2^2-d_1^2)/4=3.14(0.2^2-0.1^2)/4=0.023\,55$ m^2（2 分）

体积 $V=LS=20\times0.023\,55=0.471$ m^3（2 分）

重量 $G=rv=100\times0.471=47.1$ kg（2 分）

答：需要 47.1 kg 一级膨胀珍珠岩。

5. 答：D_W＝管子外径＝108 mm（2 分）

R——弯子的弯曲半径$=3.5\,D_W=3.5\times108=378$ mm（2 分）

管壁减薄率$=\{1-R/[R+(D_W/2)]\}\times100\%$（2 分）

$=\{1-378/[378+(108/2)]\}\times100\%=12.5\%$（2 分）

答：管壁减薄率为 12.5%。

6. 答：$t_p=(t_1+t_2)/2=(95+70)/2=82.5$ ℃，$t_n=18$ ℃（3 分）

$\Delta t_p=t_p-t_n=82.5-18=64.5$ ℃

所需散热器传热面积为：$F=Q/K\Delta t_p=837/(6.9\times64.5)=1.88$ m^2（4 分）

M132 散热器每片散热面积 $f=0.24$ m^2（3 分）

$n=F/f=1.88/0.24=7.83$ 片取 8 片

答：需安装散热片 8 片。

7. 答：因为：$i_{12}=z_2/z_1$，所以 $z_2=z_1\times i_{12}=21\times3=63$（5 分）

$a=d_1/2+d_2/2=mz_1/2+mz_2/2=(z_1+z_2)m/2=(21+63)\times4/2=168$ mm（5 分）

答：从动轮齿数 $z_2=63$，中心距 $a=168$ mm。

8. 答：上偏差＝最大极限尺寸－基本尺寸$=28.105-28=0.105$ mm（5 分）

下偏差＝最小极限尺寸－基本尺寸$=28.060-28=0.060$ mm（5 分）

答：上偏差为 0.015 mm，下偏差为 0.060 mm。

9. 答：$t_1=16$ ℃　$t_2=90$ ℃ 线膨胀系数 $a=1.17\times10^{-5}$（5 分）

$\Delta L=La(t_2-t_1)=150\times1.17\times10^{-5}(90-16)=0.13$ mm（5 分）

答：此时管道的增长量为 0.13 mm。

10. 答：椭圆的长轴 $a=39$ mm，短轴 $b=37$ mm，椭圆度$=a-b/a\times100\%=(39-37)/39\times100\%=5.1\%$（10 分）

答：管子弯曲变形的椭圆度是 5.1%。

11. 答：施工方案应包括：材料预算，机具准备，人员组织及工时估算(3 分)。施工程序：材料准备、施工测量放线、弯制管件及管路附近加工、各种阀件组装、支架预制、管工的开挖与施工、管道安装(4 分)。安装后工作：管道吹扫、管道试压、防腐和保温、调整和验收、防蔽工程记

录、清理现场。(3 分)

12. 答:管道应敷设在地沟两侧,先安装好支架(3 分)。当底沟内有多道管路时,应根据最小允许间距决定其相互间的位置,并尽量靠近墙边(3 分)。敷设管道时应从最下层最里边的一根开始,经试压合格,保温处理完后再敷设第二根,按此原则依此类推,直至管道敷设完毕。(4 分)

13. 答:管道保温的目的是为了减少管道内输送介质与外界的热传导,而达到节省动力,防止冻结,满足使用要求需要(5 分)。按施工方法不同可分为预制保温瓦、湿抹法、填充法和毡式包扎等四种方法。(5 分)

14. 答:如图 1 所示。空气通过过滤器,除去大气中的尘埃及机械杂质,进入压气机吸入口,经Ⅰ段压缩空气温度升高,通过冷却器冷却后送入Ⅱ段,再经过冷却后至Ⅲ段,直至达到使用压力(3 分)。一般机械工厂压缩空气压力不高于 0.78 MPa。为了平衡生产和用户之间的不均衡性,将最生产出的压缩空气送入储气罐储存,管道由此接出送至各用户。(5 分)

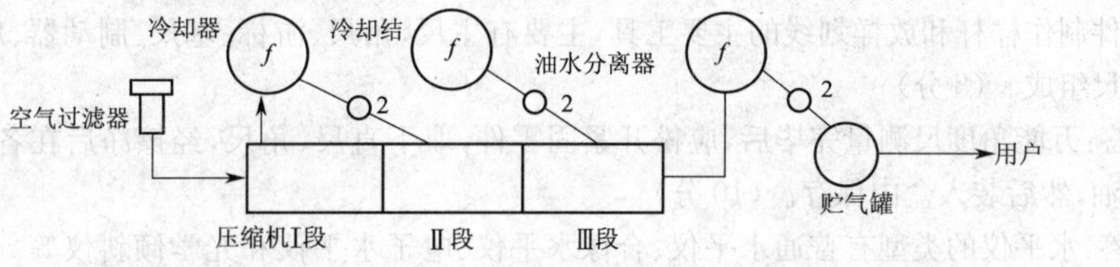

(2 分)

图 1

15. 答:热的传导方式有三种:传导:高温物体和低温物体直接接触时,或者同一物体两部分温度不等,那么高温部分就移向低温部分的传热方式(4 分)。对流:靠物体的流动把热量由流体的高温部分传递给低温部分的传热方式(3 分)。辐射:不通过任何媒介物就可把热量从热源以直线方向向四周发射的传热方式。(3 分)

16. 答:套丝时不能"以板勒"套,套 1 英寸以下的管螺纹至少二次套出,套 1 英寸以上的管螺纹至少 3 次套成,套出的丝扣要完整,不得有偏扣、乱丝,丝扣表面要光滑,丝扣松紧应适当,可用手拧入 2～3 扣,用管钳把紧是管件外露 1～2 扣。(10 分)

17. 答:蒸汽管道受热膨胀后会伸长,冷却后收缩,若这种伸长和收缩受到限制,管道材料就会产生受热时的压缩压力和冷却时的拉伸应力(5 分)。如果温度应力超过了材料的抗压、抗拉极限,管道就会产生变形或弯曲,严重时还会使管道断裂,甚至损坏设备。消除温度应力的反方法通常是装设补偿器。(5 分)

18. 答:管弯按形状可分为:钝角弯、直角弯、锐角弯、半圆弯、圆弯、灯叉弯和来回弯等。(5 分)按加工方法可分为:冲压管弯、机械冷弯管弯、机械热涨弯管、手工热涨管弯、起皱管弯和割焊管弯等。(5 分)

19. 答:首先弄明白图纸的名称、比例、图号、张数、设计部门等项目,弄清图中所标的方向,弄清视图之间的关系,阅读图纸说明、技术要求和主要材料及设备明细表,按图纸把准备装配的管线逐一划分整理,做好记录和统计,弄清每条管线的基本情况、配件的情况、管道与设备及建筑物之间的相对位置等。(10 分)

20. 答:在该系统最高点设放气阀,管道末端接加压泵,泵的出水端装止回阀、压力表(2 分)。

加压时可关闭压力表阀，加压至试验压力的一半时，对管道检查一次(2分)。随着压力提高，随时检查管道，记下渗漏处(2分)。要经常打开压力表法检查压力数值，防止超压。达到试验压力后保压10 min，再降到工作压力进行全面检查，作出记号(2分)。放水后修好渗漏处。(2分)

21. 答：配合的选择首先确定配合的类别，当要求使用的轴与孔有相对运动，或虽无相对运动，但要求较大间隙以便拆装方便时，应选择间隙配合，对于主要靠过盈保持相对静止或传递负荷的轴与瓦，应选择过盈配合，对于既要求轴、孔对准中心，又要求拆装方便的结合，应选择过度配合。(10分)

22. 答：游标量具是根据游标读数原理制成的量具，常用的有游标卡尺、深度游标卡尺、高度游标卡尺、齿厚游标卡尺和角度游标卡尺等(5分)。这类量具具有结构简单、使用方便等优点，但因其主尺与游标刻线不在一个平面上，容易造成视差，而且无测力装置，测量力难以控制，所以测量误差较大，只适用于较低温度的测量。(5分)

23. 答：万能角度尺又称角度规，是用于各种角度测量和划线的量具(2分)。Ⅰ型万能角度尺是管件制作样杆和放样划线的主要工具，主要有主尺、角尺、游标、基尺、制动器、扇形板、卡规和直尺组成。(8分)

24. 答：万能角度尺测量完毕后，应松开紧固零件，取下直尺、角尺，经擦净后在各测量面涂上防锈油，然后装入盒内保存。(10分)

25. 答：水平仪的类型有普通水平仪、合像水平仪、电子水平仪和光学倾斜仪等。而其中常用的是普通水平仪和合像水平仪。(10分)

26. 答：螺纹样板用于检测低精度螺纹的螺距和牙形角，使用时应选近似螺距的样板在螺纹零件上试卡，当二者密和时，样板上的标记尺寸就是被测螺纹的螺距值。(8分)这种检验很粗略，只能判断压形角偏差的大概情况。(2分)

27. 答：工艺规程是反映比较合理的工艺过程的技术文件。它一般包括：工件加工工艺路线及所经过的车间和工段，各工序的内容、切削用量、工时定额、所采用的机床和工艺装备，工件的检验项目和工人级别等。(10分)

28. 答：在液压系统的维护工作中，一个重要的方面是防止污物进入油中，要经常保持油液清洁，并按机床说明书中的规定定期换油(5分)。换油时，要彻底清洗系统，换入的新油必须过滤。此外，还要防止空气进入液压系统。(10分)

29. 答：三视图如图2所示。

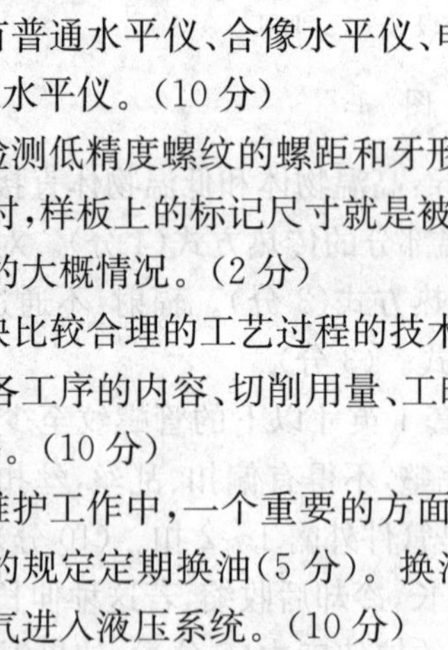

(10分)

图 2

30. 答：三视图如图3所示。

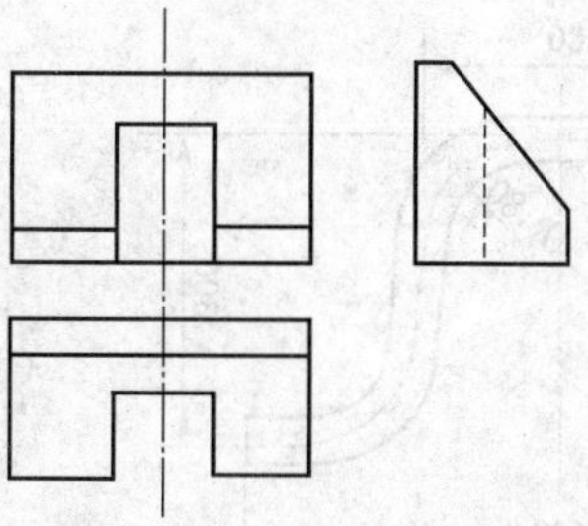

(10分)

图 3

31. 答:(1)、丝杠左端头部的基本形体为一般圆柱,在圆柱端面上以丝杠中心线为基准,上下对称加工出一 V 形槽。(2分)

(2)丝杠右端键槽的长 38 mm,宽 8 mm,深 3 mm。(2分)

(3)“⌯ | 0.02 | A”表示键槽的两个对称平面对 $\phi16$ 圆柱轴心线的对称度公差为 0.02。(2分)

“◎ | $\phi0.05$ | B”表示 $\phi16+0$ 圆柱的轴心线对 M18×1.5 轴心线公差为 $\phi0.05$。(2分)

(4)键槽两侧面的表面粗糙度是 12.5。(2分)

(5)图中标注 M18×1.5 一般表示螺纹结构。(2分)

32. 答:90°弯头管子的展开图如图 4 所示。因弯头管子两节圆管的展开法是相同的,以一节为例简述其绘制步骤:

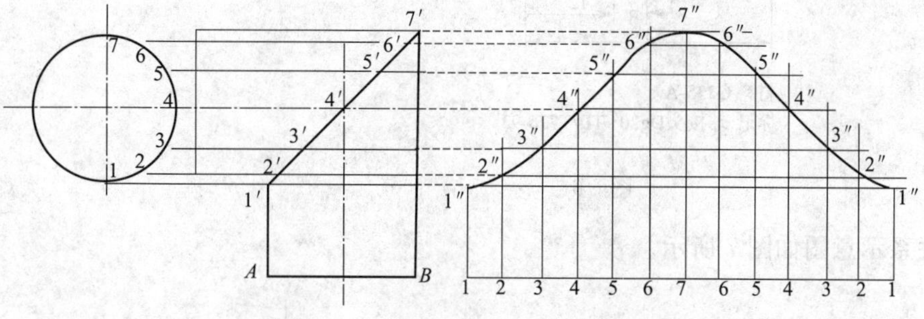

(2分)

图 4

(1)画出弯头管子的正面图。(1分)

(2)画出管子的圆周平面图。(1分)

(3)6 等分平面图的半圆周,其等分点为 1、2、3、4、5、6、7。(1分)

(4)由各等分点向右画平行线与正面图接合线相交,得交点 1′2′3′4′5′6′7′。(1分)

(5)延长 AB 线,并在 AB 的延长线上截取 1-1 线段,其长度等于平面图的圆周长。(1分)

(6)将 1-1 线段分成 12 等分,等分点为 1、2、3、4、5、6、7、6、5、4、3、2、1;(1分)

(7)由 1-1 线上各等分点向上引垂线,并与由正面图接合线上各点向右引水平线对应相交,得一系列的焦点 1″、2″、3″、4″、5″、6″、7″、6″、5″、4″、3″、2″、1″;(1分)

(8)用曲线板把这些交点连成一条光滑曲线,则此曲线即为一节弯头管子的展开图。(1分)

33. 答:涨力管如图 5 所示。

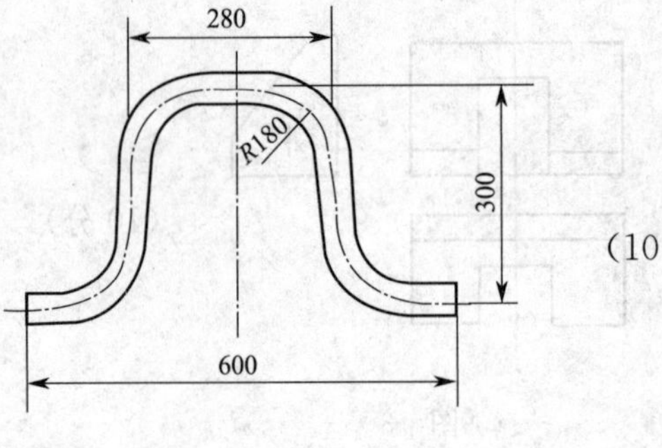

(10 分)

图 5

34. 答:球面活接头如图 6 所示。

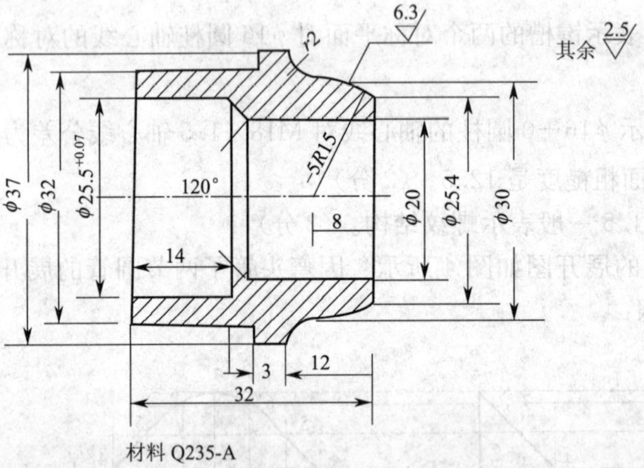

(10 分)

材料 Q235-A

标记:球接头Dg20 TB/T776-93

图 6

35. 答:关系示意图如图 7 所示。

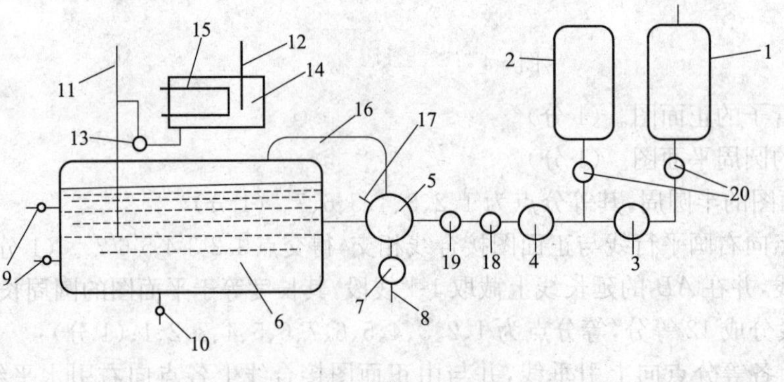

(10 分)

图 7

1—副风缸;2—给水风缸;3—给水调整阀;4—给水减压阀;5—五通塞门;
6—水箱;7—滤水器;8—注水口;9—验水阀;10—水箱排水阀;
11—供水管;12—温水管;13—止阀;14—温水箱;15—蒸汽加温管;
16—水箱上部风路;17—五通塞门排风口;8—止回阀;19、20—截门

36. 答:F-7 型分配阀是 JZF-7 型空气制动机的重要组成部分,它根据列车管的压力变化,直接控制作用阀的充气和排气,以实现机车的制动、保压或缓解(1 分)。F-7 型分配阀采用了二压力机构与三压力机构相结合的混合结构,既能阶段缓解,又能一次缓解,这样就解决了充气缓解慢的问题(1 分)。分配阀根据自动制动阀手柄位置的变化,共有六个作用位置:缓解充气位、急制动位(局部减压位)、常用制动位、阶段制动位、阶段缓解位、紧急制动位。(1 分)

F-7 型分配阀由主阀部、副阀部、紧急部和中间体(管座)这几大主要部分组成,通过中间体将主阀部、副阀部、紧急部连接成为一个整体。(1 分)

为确保各阀作用状态的稳定性和完善制动机的作用性能,另外设有四个风缸:工作风缸用来控制制动阀主阀的制动、保压、缓解;降压风缸用来控制副阀的制动、保压、缓解;紧急风缸用来控制紧急放风阀的动作;作用风缸用来控制主阀和作用阀的制动、保压、缓解。(1 分)

主阀部由主阀、常用限压阀、紧急限压阀、工作风缸充气止回阀等组成。(1 分)

副阀部由副阀、充气阀、保持阀、局减止回阀、一次缓解逆流止回阀、转换盖板等部件组成。(1 分)

紧急部即紧急放风阀。主要由膜板鞲鞴、放风阀、柱塞杆、放风阀套、复原弹簧、放风阀弹簧、充风限制堵和两个排风限制堵等组成。(1 分)

中间体又称管座。在管座的底部和背面,共计连接有通往各阀部的七根管路,包括:2—列车管;14—作用风缸管;21—紧急风缸管;22—分配阀总风管;23—工作风缸管;25—通大气;26—降压风缸管(1 分)。管座内部设有列车管局减室,其容积为 1.2 L,通过 C 面与副阀相连,在连接列车管入口处,还设有一个装有滤尘网的滤尘室,以防止、污物杂质进入各风道(1 分)。

37. 答:系统工作原理图如图 9 所示。

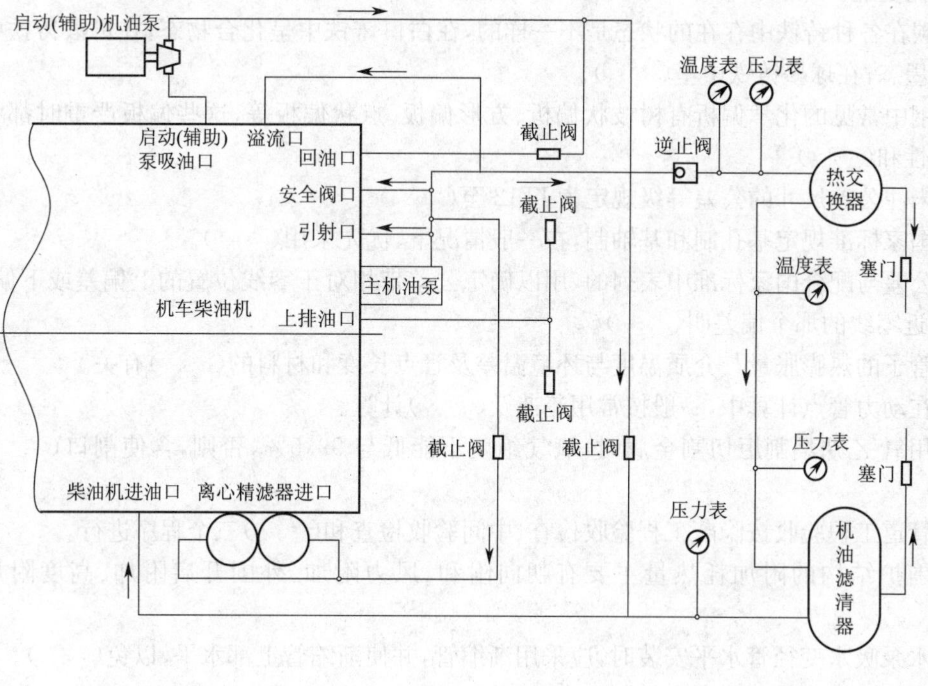

(10 分)

图 9

机车车辆管道工(高级工)习题

一、填空题

1. 目前使用的管道热补偿装置有自然补偿器、方型补偿器、套管补偿器、波形补偿器和(　　)。

2. 20 钢含碳量为 0.2%左右，煨管时加热温度应控制在 900 ℃至(　　)。

3. 为了防止乙炔爆炸破坏管道，一般乙炔压力为 6.9～147 kPa 的中压乙炔管道内径不应超过 80 mm。乙块压力为 147～2 450 kPa 的高压乙炔管道内径不应超过(　　)。

4. 管道沿程阻力损失与管道的长度和摩擦阻力系数成正比，与重力加速度和管径成反比，与(　　)成正比。

5. 疏水器安装旁通管的作用是在初运行时排放大量(　　)。

6. 滑轮组的省力系数是指被提升物重和绳索最大(　　)之比。

7. 设计室内污水横管时，管道充满度、管道自清流速和(　　)要满足最小规定值。

8. 金属的腐蚀分化学腐蚀和(　　)两大类。

9. 输送低于－40 ℃介质的管道应采用有色金属材料的管子，因为钢管在低温下会降低火(　　)而变脆。

10. 碳在各种铸铁中存在的状态是不一样的，在白口铸铁中呈化合物态，在可锻铸铁中呈团絮状石墨态，在球墨铸铁中呈(　　)。

11. 钢中常见的化学偏析有树枝状偏析、方形偏板、点状偏板等，这些偏板严重时都将降低钢的塑性和(　　)。

12. 未注公差尺寸的公差等级规定为 IT12 至(　　)。

13. 国家标准规定基孔制和基轴制，在一般情况下，优先采用(　　)。

14. 公差与配合国家标准中表列的，用以确定公差带相对于零线位置的上偏差或下偏差，一般为靠近零线的那个偏差叫(　　)。

15. 管子的热膨胀量与介质温度与环境温差及管点长度和材料的(　　)有关。

16. 在动力管点计算中，一般按常用流速及(　　)计算。

17. 用氧-乙炔焰割炬切割金属时，氧气绝度不能低与 99.5%，否则，含使割口(　　)和不齐。

18. 管道工程验收按隐蔽工程验收检查、中间验收检查和(　　)三个程序进行。

19. 围护结构的附加耗热量主要有朝向附和、风力附加、外围开启附加、高度附加和(　　)。

20. 水泵吸水变径管水平安装时，应采用渐缩管，并使渐缩管上部水平，以免(　　)。

21. 水箱的溢流管应比进水管孔径大(　　)。

22. 集气罐应安装在系统的(　　)。

23. J11T-16 阀门表示公称压力为 1.6 MPa 内螺纹(　　)。

24. 膨胀水箱的膨胀管和循环管上,不得安装(　　)。

25. 液压系统中,压力控制回路主要有调压回路、减压回路、增压回路和(　　)。

26. 因离合器是利用摩擦结合的,当传动载荷超过摩擦力所传递的力矩时,离合器的主、从动部分就会(　　),因而起到了过载保护作用。

27. 时效处理的方法有自然失效和(　　)两种。

28. 疲劳断口一般有三个区域,即疲劳源、疲劳裂纹扩展区和最后瞬时(　　)。

29. 机器和机械零件设计常用的方法有理论设计、经验设计和(　　)。

30. 对机械零件工作能力的基本要求有强度、刚度、耐磨性、振动稳定性和(　　)。

31. 常用的淬火方法有单液淬水、双液淬火、分级淬火和(　　)。

32. 按作用不同,工艺基准可分为装配基准、测量基准、定位基准和(　　)。

33. 热处理代号 T 表示(　　)。

34. 材料极限应为 σ_0 与容许应力[σ]的比值叫做材料的(　　),以"n"表示。

35. 当液体流过管道或渠道上局部边界发生突然变化的地方,或迂到局部障碍时,液体的运动方向急剧的改变了液体内部层与层,甚至分子之间的强烈摩擦和碰撞,增加了液体运动的阻力,这种阻力称为(　　)。

36. 闸门多用于对流体介质作全启或全闭操作的管路,按阀杆的形成分明杆式和暗杆式;按闸板的形状分为平行式和(　　)。

37. 压力表刻度盘上,应没有指示受压部件最高许可工作压力数位的(　　)。

38. 塞门的工作原理是阀芯体绕阀体中心线旋转,以阀芯上的通口与阀体两端通口的对应关系,来达到开启与(　　)的目的。

39. 节流式流量计是装在管道中的节流体(如孔板、喷嘴、文丘里管),使流体截面发生变化从而产生静压力变化,用差压计测得这个压力变化的大小,就能测得(　　)。

40. 选择水表时,其规格应与管道的流量相适应,以免水表因(　　)而破坏。

41. 旋翼式量水表层速度式流量计,当水以一定速度流过时,叶轮产生旋转,而叶轮的旋转和水的流速成正比,叶轮的转动通过齿轮传动带动计量机构,使顶部的指针能将通过的水量(　　)。

42. 阀面密封面的研磨面的研磨质量的色印法检查,是将阀面密封环受检查的表面放在检验平台上仔细研磨,平台表面涂上薄层樟丹,朝一个方向研 2～3 次,然后再反方研 1/4 转。如果密封球的研磨表面研的较好,则应留下密实耐均匀的(　　)。

43. 水平仪主要用于检验零件平面的平直度、机械相互位置的平行度和设备安装的相对(　　)等。

44. 法兰连接应保持同轴度,其螺栓孔中心偏差一般不超过孔径的 5%,并保证螺栓的(　　)。

45. 管道连接时,不得用强力对口,用加热管子,加偏垫或多层垫等方法业消除接口端面的空际、偏差、错口或不同心等(　　)。

46. 疏、排水的支管与主管连接时,宜按介质流向稍有倾斜。不同介质、压力的疏、排水支管不应接入(　　)。

47. 地区管道的管顶埋深,除考虑外部荷载,管材强度及管道交叉等因素外,还要考虑土壤的冰冻深度。埋设涂质的确定应距冰结涂质以下(　　)。

48. 管道铺设钢管时应从低处向高处进行,对管口时,管端应留有(　　)。

49. 铺设焊缝钢管时,相邻的纵向焊缝应错开,并使纵向焊缝向上,分支管与干管环缝的距离不得小于(　　)。

50. 一般热力管道和压缩空气管道动用水作介质进行强度及严密性试验;煤气管道和天然气管道用气体作介质进行强度及严密性试验;氢气管道、乙炔管道和输油管道先用水作介质进行强度试验,再用气体作介质进行(　　)。

51. 强度试验的试验压力,一般动力管道为工作压力的(　　)倍,不得小于工作压力加0.3 MPa。

52. 采用膨胀性填塞料接口的方法很多,填塞料的种类也较多,根据填塞料的基本现在材料来分,有应力水泥浆,氯化钙石膏水泥,石膏水泥砂浆,(　　)等。

53. 热煨弯管时,管子加热升温宜缓慢、均匀,保持管子热量,并防止过烧或渗碳。铜、铝管热变时,应用木柴、木炭或电炉加热,不宜使用氧-乙炔焰或焦炭。铝管宜用氢氧焰或(　　)。

54. 弯制有缝钢管时,其纵向焊缝应放在距中性线(　　)的地方。

55. 锅炉管是胀管器的胀珠在胀杆的作用下开始扩张,一直到与管孔壁相接时,此压力又传到孔壁上,管子与管板就发生变形。当胀管器进到一定深度,翻边珠便对管端进行扩孔翻边,从而达到(　　)的目的。

56. 半径一般规定:冷弯弯头的弯曲半径不小于管子直按4倍;热弯弯头的弯曲径不小于管子直径3.5倍;焊接钢管弯头,焊缝应放在距(　　)45°的地方。

57. 接头连接泄漏的原因是:接头锥面有划伤;球面活接头表面有划伤;接头体和球接头加工不合格;连接不同心;连接表面有异物或(　　)不合适等。

58. 密封不良的原因:管螺纹加工质量不好;附件或设备的管螺纹不标准;填料选用不当或填料密封不严;管螺纹与配件(　　)。

59. $L=33$ mm 的机车车轴用防尘堵及链的标记示例为:防尘堵及链(　　)TB/T 23—1999。

60. 公称通径为20 mm 的A型集尘器标记示例:集尘器A型DN20TB/T 781.1—1999。主要由集主盒、垫、螺栓、螺母、体及(　　)等成。

61. TB/T 26—1999 货车制动管吊板分别适用于DN20 mm、DN25 mm、DN32 mm 和(　　)的管径。

62. 客车蒸汽取暖装置全部组成后,须施行600～800 kPa 的蒸气压力试验;温水锅炉取暖装置须施行焚火及温水循环试验;各部分需作用良好(　　)。

63. 客车取暖管路的暖气主管、室内散热管节段分解者,保证一个段修期不漏;未经节段分解者保证一个不修期不漏(除胶垫外),暖气支管、厕所、洗脸室的散热管(除胶垫外)应保证在一个(　　)不漏。

64. 圆环形仪表存水弯管,在仪表存水弯管中是最常用的一种。主的水封效果很强,这是因为水触在管内(　　)一圈的缘故。

65. 弯曲圆环形仪表存水弯管时,一定要用无缝钢管,管内可以不充砂。煨曲以前,应先找个稍微小于环弯内圆的钢管作为胎具,再把胎具固定到台虎钳上。煨曲时,可用气焊枪加热,煨完环弯后,浇水冷却,再弯曲(　　)。

66. 在弯曲小型的蛇形弯管时,其胎具应设备为可转动式的。煨曲操作时,要向手工制作钢丝弹簧那样,在(　　)的作用下,将蛇形弯管弯曲出来。

67. 暖气管道中安装膨胀节,是因为管道在不同环境和介质温度下工作。温度升高,则管道长度随之伸长;温度降低,则管道长度随之缩短,这种现象称之为管道的(　　)。安装膨胀节,就是要使管道适应热胀冷缩的长度变化,防止管道破坏,影响生产。

68. 组对翼型散热器的步骤是:首先清除表面丝扣处的铁锈和污物;根据水、汽介质选择合适的密封垫;根据图纸规定的散热器进水(汽)、出水(汽)的方向,分割牢固的两端的(　　)和堵头。

69. 工件在加工时,必须先把工件放在夹具上,并固定在正确的位置,这就叫做工作的(　　)。

70. 任何工件在空间直角坐标系中,都有六个自由度,没 X、Y、Z 三个座标轴的移动和绕三个座标轴的移动。因此,要确定工件在支具中的准确位置,必须用各种定位元件的适当分布来限制工件的(　　)。

71. 凡直接与工件定位基准面接触的夹具零件,称为定位元件。定位元件的工作平面应具有较高的耐磨性和足够的刚度,以便长期保持夹具的定位精度,同时正应具有良好的工艺性,以便于制作、装配和(　　)。

72. 工件夹紧力的确定,包括对夹紧力方向、大小和(　　)的确定。

73. 夹紧装置夹紧力的作用点应尽可能对着定位元件,使其作用在几个定位元件组成的平面内,避免产生倾翻力矩和夹紧变形,以保证工件的夹紧(　　)。

74. 定位件主要作用是保证夹具中元件与元件,元件与夹具之间的定位精度,连接强度,以及整个夹具的刚度和可靠性,常见的有长、短、厚、薄的直键、T 型键、定位销、定位盘、顶尖、(　　)等。

75. 工艺守则是工艺规程的一种文件形式,也是一种工艺操作方法标准,它所规定的操作要求是某一工种所(　　)。

76. 钨、钼、铬、钒等合金元素较多的称为高速工具钢,通常俗称为锋钢或白钢,它能以较高的切削速度(　　)。

77. 金属切削时将刀具切入工件,使被加工金属发生变形而成为切削所需要的力,称为(　　)。

78. 切削热是切削过程的重要物理观察之一,它对刀具磨损、生产率、工件质量等有(　　)。

79. 切削液的作用有:冷却作用、润滑作用、清洗排屑作用及(　　)。

80. 麻花钻是由工作部分、颈部和(　　)三部分组成。

81. 麻花钻的工作部分分为切削部分和导向部分,切削部分共有一尖(钻心尖)、三刃(主切削刃、副切削刃和模刃)参与切削工作;导向部分是保证钻头在切削过程的方向和切削部分重磨后的(　　)。

82. 麻花钻的切削进给量,是指钻头每转一周沿进给方向转动的(　　),单位为 mm/r。

83. 手工锯割前,应按被锯割的材料选择合适的锯条。由于手锯以向前推进行切削,因此应使锯条齿尖(　　)。

84. 手工锯割薄壁管和经精加工的管材应夹在两块 V 形槽木垫之间，以防变形和破坏表面。锯割时，每个方向只锯到管材的内壁，然后将已锯的部分向锯条(　　)转动后再运行锯割，直到锯断为止。

85. 当丝锥切削部分磨损时，可用砂轮修理工磨后刀面，但要注意保持刀齿切削锥及长度的一致性和(　　)。

86. 当丝锥断在丝孔外时的取出方法：用凿子或冲头低在容屑槽上，用手锥顺退出和旋进方向反复轻打，真到丝锥能旋转时，在用钢丝钳旋出；在断丝锥上焊一矩六角螺钉和螺母(　　)。

87. 按液压传动的工作原理，可分为容积式和动力式液压传动两类，前者是密闭是容器的工作条件下，依靠流动的液体容积变化(流量)来传递动力，如机床液压传动；后者是利用液体运动的能量来实现动力传递的，如(　　)。

88. “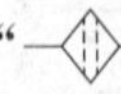”符号表示液压系统的(　　)。

89. 液压泵又称油泵，有齿轮泵、叶片泵和柱塞泵等多种；按其流量特征又可分为定量泵和(　　)。

90. 齿轮泵的工作原理，是由装在泵体内的一对齿轮组成，通过电动机带动齿轮旋转。当主动齿轮反时针旋转时，右侧吸油腔的齿逐渐脱开，工作空间逐渐增大而形成部分真空，使油箱中的油在大气压力的作用下，被吸入吸油腔，并随齿轮不断旋转而被送入压油腔，输出到(　　)中。

91. 流量控制阀用来调节或分配液体流量，实现运动部件的无级调速或同步动作。根据其不同的公用分有节、流阀、调速阀、溢流节流阀及(　　)等多种。

92. 要防止空气进入液压系统，因为空气进入液压系统后后使系统产生噪声、振动、工作不平稳以及产生爬行、使油液(　　)等。

93. 在液压系统维护工作中，应注意经常保持油箱中的正确油面高度，使系统中有足够的冷却条件。在保证机床正常工作的条件下，泵、阀的压力应调低些，以减少能量损失和发热，并应正确选择油的(　　)。

94. 机床电路图图形符号“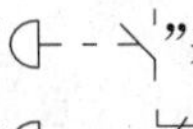”表示(　　)按钮。

95. 机床电路图图形符号“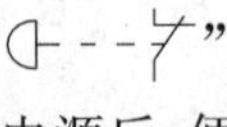”表示(　　)按钮。

96. 人体具有电阻，当接触电源后，便有电流通过。当人体接触常用的 220 V 或更高电压后，就会产生大于致命的电流。为此，我国 GB 3805—2008 标准规定，(　　)等级为 42 V、36 V、24 V、12 V、6 V。

97. 为了防止设备因绝缘损坏而引起外壳还电，造成触电事故，通常采用保护接地措施。保护地线应用一根足够粗的导线与可靠的按地体(　　)。

98. 数控机床是数控机床的简称，它是用数控装置控制的(　　)机床。

99. 数控弯管机弯制管件，要将管子弯曲的全部过程按数控装置的要求编制程序，并记载在控制介质上，然后输入到控制装置中去控制弯管机，实现管件弯曲加工过程(　　)。

100. 根据数控机床的类型，控制介质有穿孔带、穿孔卡、磁带或其他记载代码的(　　)等。

101. 机床的一级保养作法：按计划对设备的局部和重点部位进行拆卸、检查并彻底清洗，疏通油路，清洗或更换油毡、油线、滤油器，调整各部配合间隙(　　)。

102. 对润滑剂的基本要求是,摩擦系数小、纯度高、具有良好的吸附和楔入入能力,一定的黏度,抗氧化稳定性好,无研磨和腐蚀性,导热性好,(　　)。

103. 金属的腐蚀,是指金属表面与周围的介质发生化学反应或(　　)而受到损坏的现象。

104. 管材锈蚀状况的评定,以锈蚀深度为主,辅以锈蚀程度和表面状态(　　)。

105. 锈蚀深度的评定,以 μm 为单位,锈深<30 为浮锈和轻锈;锈蚀深度≥30～80 为中锈;锈蚀深度 80 为(　　)。

106. 机车机油、燃油和静液压系统管件的防腐处理程序为:脱脂、热水清洗、酸洗除锈、冷水清洗、中和处理、热水清洗、高温磷化处理、钝化处理。然后用压缩空气吹干管内积存液体和沉渣,内腔附机油,外壁涂刷防锈底漆,经干燥后(　　)。

107. 系统管件的磷化处理,就是使管件与磷化液发生化学反应,在其表面形成一层保护性(　　),以提高管件的耐腐蚀性能,确保系统的清洁度。

108. 机车的冷却,预热、取暖管路系统中输送介质为水的管件按照脱脂和酸洗除锈处理后,还需短时磷化处理,用压缩空气吹扫干净后,外表面涂刷防锈底漆,内壁喷淋(　　)。

109. 空气制动系统的管件进行脱脂、酸洗除锈后,须进行(　　)处理,经压缩空气吹干后,外表面涂防锈底漆,内部不作任何处理。

110. 制动系统管路在上牙泡装前必须采用弹气工具进行清整,并检查管路内部的清洁度。使用弹气工具时,必须按管径和使用目的选的相应规格的(　　)。

111. 使用弹气工具检查管路的清洁状况时,如通过的子弹基本不变色则视为(　　)。

112. 碳钢钢管壁厚大于 2 mm 的一般采用手工电线焊方法,焊接材料可采用 J506、J507、J422 等焊条,管壁较薄的可采用气焊方法进行焊接。对于重要受力管件应选用相应的碱性焊条,并(　　)。

113. 管线焊后要应做好质量检查,确保焊接外观及内部质量满足要求。焊缝不允许有裂纹、气孔、夹渣、未溶合、咬边、炸瘤、凹坑以及未填满等缺陷,焊缝及周围不允许存在飞溅等杂物,一旦出现须用扁铲或砂轮等清除打磨后(　　)。

114. 东风4D 客型机车机油和冷却水系统装用的双球形胶管由内胶层、尼龙帘布、外胶层、骨架、卡箍、法兰现成。它具有减振好,密封好和(　　)等优点。

115. EO 渐近式卡套接头,现已用于内燃机车和电力机车的空气制动系统,它具有安装快捷,美观可实现系统管路(　　)等优点。

116. 客车取暖装置的种类有:蒸汽取暖装置、独立温水取暖装置、电热取暖装置。电热取暖装置与空气调整装置(　　)。

117. 客车给水装置的车顶水箱式根据客车车型不同又分为各种不同形式,但共同特点是水箱安装在车厢天棚内,当用水时,靠水位的(　　)通过管路流至用水处所。

118. 705 型试验台的操纵阀有七个作用位置,各位置的作用如下:一位:快充位;二位:慢充位;三位:保压;四位:稳定试验;五位:制动灵敏度试验;六位:安定试验;七位:紧急制动(　　)试验。

119. 给水减压阀的用途,是把给水风缸或给水调整阀送来的压力空气减压到规定压力 0.15 MPa,然后向水箱供风,以免水压过高(　　)或使用不便。

120. 检查 705 型试验台制动缸及其管系的漏泄方法:关风阀 18,开风阀 12 和 8,待制动压力达 0.6 MPa 后,用肥皂水检查制动缸管系、表管和风门 18,不得有漏泄;关风门 8 和 12,打开主阀盖板制动缸塞门,排尽压力空气后,用皂水检查(　　)不得有漏泄。

121. 103 和 104 型分配阀在运用中主阀作用部容积室排气口或局减室排气口漏泄,一般是由于滑阀和节制阀漏泄而引起。若影响制动机作用时应更换(　　)。

122. 103 和 104 型分配阀不起紧急制动的原因是紧急部漏泄或紧急模板穿孔,使紧急室压力迅速流入紧急下方,故上下建立不起使向下移动的压差,从而导致不发生紧急制动作用。处理办法是分级检查,(　　)。

123. 闸瓦总压力与作用在制动缸上的总推力之比值称为(　　)。

124. 制动力是对运动着的机车或车辆施加的人为阻力,以使列车减速或(　　)。

125. 影响闸瓦与车轮间摩擦系数的因素有闸瓦的材质;列车运行速度;闸瓦压力和(　　)。

126. 黏着制动力受黏着条件的限制,即制动力≤黏着力,如果制动力超过了粘着力,也就是在制动率超过了黏着系数与摩擦系数的比值时,车轮就会滑行。黏着系数越大,制动率就可以大一些,所以制动率受(　　)的限制。

127. 机车运用中,若机油压力低于正常压力范围,如果机油滤清器压差很大,达到 0.1 MPa,必须清洗滤清器并更换(　　)。

128. 如果滤清器压差正常,而柴油机末端油压低时,可能是机油热变换器太脏或管路中有异物或柴油机定压阀调定不正确所致,必须对热交换器进行清洗或拆检管路或拆检调定(　　),直至故障排除。

129. 机车冷却水系统的作用是对些油机在高温条件下工作的零部件、机油和增压空气进行适当的冷却,使其在允许的和最佳的温度下工作,保持机油正常的工作粘度和性能,并保证柴油机发出规定的功率。提高柴油机的性能和(　　)。

130. 机车高温冷却水系统为闭式加压冷却,它与柴油机内部冷却水系统构成统一的循环系统。整个高温冷却水系统的外界空气不通,只有当系统中的水汽压力大于规定值时,安装在膨胀水箱中的压力调节阀才会开启对系统的压力给予调节,使系统中始终保持在一定压力范围内工作,保证高温冷却的(　　)。

131. 机车冷却水系统由冷却风扇、散热器、膨胀水箱、逆上阀、截止阀及管件管路所组成。冷却水系统分为高温和低温两个系统,高温系统为闭式加压冷却,低温系统为(　　)水系统。

132. 机车预热系统的作用是在外界气温很低、机车在露天环境下柴油机处于停机状态时,当柴油机机油和冷却水的温度低于启动和加载要求的温度时,能随时对柴油机机油、水进行加热,以满足柴油机随时可以启动和(　　)的要求。

133. 机车燃油箱滤器 RC-30W 型滤器,主要由滤器座、体、网片滤芯、密封圈及紧固件等组成。安装在燃油系统中的燃油箱与燃油输送泵之间,其作用是清除燃油中的杂质,保证燃油输送泵的正常工作,供给柴油机(　　)的燃油。

134. 机车燃油输送泵是由泵体、泵盖、主动齿轮轴、从动齿轮轴、轴套、密封件及紧固件组成。由直流电动机直接驱动,向柴油机供应燃油,其供油量大大超过柴油机所需,十分有利于燃油过滤和改善柴油机的(　　)。

135. 机车机油热交换器是由上盖、下盖、胴体、固定管板、活动管板、隔板、铜管、密封件及紧固件组成。它是以水为冷却介质对机油进行冷却的(　　)。

136. 机车静液压系统安全阀是保护静液压系统正常工作的，当系统中高压管路中的压力超过了安全阀的规定压力时，安全阀被推开，高压油从安全阀泄入低压管路，流回油箱，高压管路压力恢复正常后，安全阀关闭高、低压管路之间的通路，避免因系统过窄造成系统零部件的损坏，保证系统的(　　)。

137. 机车静液压系统的温度控制阀由阀体、滑阀、弹簧调整螺钉、温度控制元件及密封件、紧固件等组成。安装在冷却水箱上，其温度控制元件直接插入冷却水中，通过管路分别与高、低压管路相连接。温度控制元件随冷却水温度的变化而变化，从而控制工作油通过温度控制阀流入低压管路的数量，达到控制(　　)工作的目的。

138. 机车空气制动系统的风源系统主要由空气压缩机、风源净化装置、总风缸、止回阀、高压保安阀、空压机调压器等组成。主要任务是及时供给列车空气制动系统用足够的、符合规定压力的、高质量的压缩空气，同时也供给机车撒砂系统，控制用风系统和其他辅助装置用(　　)。

139. NT2 保安阀装于总风缸支管上，其用途是当调压器一旦发生故障，空气压缩机运转失去控制时，防止总风缸超压而发生危险。即当总风缸空气压力上升到 950±20 MPa 时，保安阀开启，并发出喷气响声，(　　)司机注意。

140. 自动制动阀主要由阀体、管座、手柄、凸轮、调整阀、放风阀、重联柱塞阀、缓解柱塞阀等组成。是一种(　　)的制动装置。

141. 双阀口式中继阀的管座上装有五根管子，即制动管 2、总风管 3、中均管 4、过充管 7、总风遮断阀管 8。作用位置有：缓解充气位；缓解后保压位；制动位和(　　)。

142. F-7 型分配阀根据制动管压力变化而产生动作，直接控制作用阀的充气和排气，以实现机车的制动、保压或缓解。它是采用二压力机构与之压力机构相结合的混合机构。即解阶段缓解，又能(　　)。

143. F-7 分配阀由紧急限压阀、常用限压阀、工作风缸充气目回阀、主阀、紧急放风阀、管座、转换盖板、一次缓解逆流止回阀、局减止回阀、副阀、保持阀和(　　)等组成。

144. 切控阀-B 安装在分配阀作用管和作用风缸之间，主要由切控阀和安装座两部分组成。上、下膜板的面积之比为 1∶1，能使装有切控阀的机车达到上闸晚、缓、少的目的，从而使列车减少(　　)。

145. 作用阀是接受分配阀或单独制动阀的控制，从而用来控制机车制动缸的充气和排气，使机车实现制动、保证(　　)。

146. 自动制阀有七个作用位置，司机操纵制动阀手柄从左自右依次为：1-过充位；2-运转位；3-最小减压位；4-最大减压位；5-过量减压位；6-手所取出位；(　　)。

147. 机车无动力装置，也叫滤尘止回阀。当柴油机不启动，空气压缩机不运转时，总风缸内没有压力空气；此时开放滤尘止回阀，能使制动管的压力空气有节制的缓慢流入总风缸，使无火机车能与车轴一样发生(　　)。

148. 紧急制动阀是机车运行的安全装置。当空气制动机一旦失灵或意外特殊情况需立即停车时，按下其手柄，制动管内压力空气迅速排入大气，使机车和列车发生(　　)。

149. 东风 4D 型号内燃机车控制用风系统的风喇叭，刮雨器以及电气部分的各电空阀等风动装置的用风，均来源于风源系统的(　　)。

150. 来自总风缸的压力空气，经 QY-15 型调压阀减压至 550 MPa 后，贮存在容量为 20 L

的控制风缸内。当电气阀的电气部分起作用时，控制风缸内的压力空气使经由空气管路和电空阀通往各（　　）。

151. 制动时，列车管经制动阀与大气相道后列车管前部的压力空气首先排入大气，压力开始降低，这一压力降低就要沿着列车长度由前向后逐次传播，这种由前而后压力降低的传播称为空气波。空气波是实现制动作用沿列车传播的（　　）。

152. 以往我国铁路货车使用的三通阀有 K_1 型、K_2 型和 GK 型三种。其中 GK 型三通阀应用最为普通。均占全部货车三通阀总数的（　　）。

153. 东风$_{4D}$ 型准高速机车对于 $\phi89$ 以上较大管径管路接头除采用了 BICTAULIC 管路连接系统，还在每条管线的可补偿空间采用了 ATRAUB 接头进行补偿，可达到管路无现场焊接，使管路达到（　　）。

154. 软管总成长度：若软管总成的接头为接头体时，以外端面计算；若接头为螺母时，以螺母内端面计算；若接头为弯头时，以外端面的（　　）计算。

155. 在弯管机上冷弯薄壁较小弯曲半径的管件时为减少管子弯曲变形，需要在心轴杆上安装心棒，心棒前端位置要调整至弯曲模的（　　）。

156. 管子在弯曲过程中，弯曲部位出现鹅头，通常是因为心棒端部位位置调整的太朝前，应根据鹅头产生的位置稍微（　　）。

157. 管子在弯管机上冷弯过程中，管子纵向出现伤痕的原因分析和措施：夹紧模滑动，适当调整加大夹紧模的夹紧力；压力模安装位置太靠里，适当向外调整；压力模开度小，加大开度；压力模凹槽边太锐利，（　　）。

158. 数控液压弯管机管子弯曲程序的完成，是由弯曲臂绕主轴的旋转运动来实现，因此对弯曲臂要加强维修保养，每周内要彻底清洗弯曲臂组件，清除原用的润滑剂和润滑油及其他异物，按要求换上干净的润滑剂以利于（　　）。

159. 质量管理的全面性是产品质量及质量管理的各项工作的综合的全面管理；全厂人员参加管理；设计、制造、销售、服务生产（　　）的管理。

160. 管路工程验收按隐蔽工程验收检查，中间验收检查和（　　）三个程序进行。

161. 为了排除管内存水，蒸汽管道上应设置（　　）。

162. 目前铁路上应用的牵引动力主要有内燃机车和（　　）。

163. 与蒸汽机车相比有许多显著的有点，而与电力机车相比则各有所长，这就是（　　）。

164. 目前，我国的机车代号中，N 表示内燃机车，D 表示电路机车，Y 表示（　　）。

165. 目前，我国干线上运行的内燃机车，一般都装有（　　）个牵引电动机。

166. 内燃机车中，最重要的部件是（　　）。

167. 机车车钩中心线距轨面高度为（　　）mm。

168. 对机车冷却风扇进行无级调速控制的是通过（　　）来实现的。

169. DF_{4D} 货运机车安装在高温水主管路上的温控阀动作温度介于（　　）℃之间。

170. ZM732 型液压马达共有（　　）个柱塞。

171. ZB732 型液压泵柱塞中心线与主轴中心线角度为（　　）。

172. 静液压系统中的安全阀最高调定压力为（　　）。

173. 燃油输送泵的作用是供给（　　）一定压力的燃油，并迫使燃油进行循环。

174. DF_{4D} 型机车燃油系统安装有（　　）套燃油泵机组。

175. DF_{4D} 型机车燃油系统安装有(　　)个逆止阀。

176. DF_{4D} 型机车燃油系统安装有(　　)个安全阀。

177. 燃油系统中,安装于燃油箱和燃油输送泵之间的是(　　)。

178. DF_{4B} 型内燃机车燃油箱容量为(　　)L。

179. 关于 DF_{4B} 型内燃机车,当柴油机转速为 1 000 r/min 时,要求机油末端压力不小于(　　)kPa。

180. DF_{4B} 型内燃机车要求增压器机油压力为(　　)kPa。

181. 低温水散热器与低温水泵前逆止阀之间的主管路上,安装的部件是(　　)。

182. DF_{4B} 型内燃机车转向架轴式为(　　)。

183. 空气制动系统最终的执行装置是(　　)装置。

184. 货运机车用 JZ-7 型制动机列车管定压为(　　)。

185. 均衡风缸加压 140 或 170 kPa 的排风时间应小于(　　)。

186. 紧急制动中列车管压力必须在(　　)内降到零。

187. 列车管定压 500 kPa,则均衡风缸和(　　)的压力也应与列车管相同。

188. 我国的韶山 $_4$ 型电力机车安装的制动机是(　　)制动机。

189. HXD_3 系列电力机车装用(　　)制动机。

190. 管件研配组焊胎具的设计与制作,要准确模拟管子的(　　)。

191. 闸瓦总压力与(　　)的比值叫制动率。

192. 机车无动力装置,也叫(　　)。

193. 燃油预热器是(　　)式换热装置。

194. 机车系统管件组焊完成后必须在(　　)后,再进行磷化防腐处理。

195. 在牵引工况下,正确的撒砂能有效的防止(　　)。

196. 手工电弧焊时,当电弧的长度超过焊条焊芯直径时称为(　　)。

197. 弯管的弯曲点分为(　　)、中弯点和终弯点。

198. 目前,机车车辆行业比较常用的弯管机有数控弯管机和(　　)等。

199. 管道压力等级确定的等强度原则,主要体现在材料的配伍和(　　)的选用上。

200. 管子弯曲是管子在(　　)作用下产生弯曲变形的结果。

二、单项选择题

1. 在机车制动运行过程中,当(　　)时,车轮踏面的圆周速度小于机车的运行速度,称之为打滑、滑走或滑行。

(A)制动力大于黏着　　(B)制动力等于黏着

(C)制动力小于黏着　　(D)前面三项都不对

2. 机车高温冷水系统的循环按方式分,属于(　　)。

(A)开式循环系统　　(B)闭式循环系统

(C)半开半闭式循环系统　　(D)全开全闭式循环系统

3. 全列车空气制动的控制机构是(　　),通过对其手柄的操纵,实现制动机的各种性能和作用。

(A)分配阀　　(B)作用阀　　(C)自动制动阀　　(D)单独制动阀

4. 自动制动阀的组成部分包括放风阀、调整阀、重连柱塞阀、缓解柱塞阀及客货转换阀等,用于控制均衡风缸的充气或排气,并通过中断阀控制列车管的压力变化,以实现机车的制动或缓解的是(　　)。

(A)放风阀　(B)调整阀　(C)重连柱塞阀　(D)缓解柱塞阀

5. 具有缓解充气位、缓解后保压位、制动位、制动后保压位四个作用位置的是(　　)。

(A)自动制动阀　(B)单独制动阀　(C)分配阀　(D)中继阀

6. F-7 型分配阀的中间体也是分配阀各管路的安装座,亦称管座。在管座的底部和背面其连接有通往各阀的七根管路,下列选项不属于这七根管路的是(　　)。

(A)2-列车管　(B)3-总风管　(C)21-紧急风缸管　(D)25-通大气

7. 接受分配阀或单独制动阀的控制,从而用来控制机车制动缸的充气或排气,使机车得到制动和缓解的是(　　)。

(A)切控阀　(B)重联阀　(C)作用阀　(D)滤尘止回阀

8. 无动力装置的阻流塞端与总风缸管连接,阻流塞的流口孔径为(　　)。

(A)ϕ0.8 mm　(B)ϕ1.2 mm　(C)ϕ2.4 mm　(D)ϕ3.2 mm

9. 重联阀的管座上,装有五根风管,下列属于这五根风管的是(　　)。

(A)3-总风管　(B)撒砂管　(C)作用风缸管　(D)紧急制动管

10. 机车运行前对没有加装机车重联装置的机车单机运行或单机牵引时,下列说法正确的是(　　)。

(A)要将操纵端和非操纵端自动制动阀手柄均置运转位

(B)要将操纵端自动制动阀手柄置运转位;非操纵端自动制动阀手柄置手柄取出位

(C)要将操纵端自动制动阀手柄置手柄取出位;非操纵端自动制动阀手柄置运转位

(D)要将操纵端和非操纵端自动制动阀手柄均置手柄取出位

11. 机车运行前,对没有加装重联装置的无动力回送机车,两端自动制动阀手柄位置的说法正确的是(　　)。

(A)要将两端自动制动阀手柄均置运转位

(B)要将一端自动制动阀手柄置运转位;另一端自动制动阀手柄置手柄取出位

(C)要将一端自动制动阀手柄置手柄取出位;另一端自动制动阀手柄置运转位

(D)要将两端自动制动阀手柄均置手柄取出位

12. 在清洗空气制动系统中的两个变向阀时,其 O 形圈上允许涂加(　　),用以润滑。

(A)航空汽油　(B)高端煤油　(C)甘油　(D)凡士林

13. 弯管机采用有心棒弯曲时,弯曲过程中管子出现鹅头,是因为(　　)。

(A)心棒调整的高正切点太朝前　(B)心棒调整的高正切点太朝后

(C)心棒尺寸不合乎所弯管规格　(D)和心棒没关系

14. 当换端操纵、机车重联牵引或无动力回送时,重联柱塞阀切断(　　)的联系。

(A)均衡风缸管与列车管　(B)均衡风缸管与总风管

(C)均衡风缸管与中均管　(D)列车管与中均管

15. 严禁把氧气管道与(　　)安装在同一地沟内。

(A)乙炔管道　(B)蒸气管道　(C)电缆　(D)下水管道

16. 铝合金管与碳钢管、不锈钢管或铜管焊接时,都应采用(　　)焊接。

(A)电焊 (B)气焊 (C)氩弧焊 (D)二氧化碳保护焊

17. 锅炉和各种容器上安装的压力表所指示的压力,实际是(　　)压力。

(A)大气 (B)相对 (C)绝对 (D)平均

18. 在建筑物附件铺设管道时,一般应距建筑物基础(　　)m 以外进行。

(A)2 (B)2.5 (C)3 (D)3.5

19. Dg100 生活污水管的最小坡度是 0.012,标准坡度是(　　)。

(A)0.2 (B)0.02 (C)0.015 (D)0.012

20. 有一台工作压力为 127.53×10^4 Pa 的锅炉,炉筒上装两个安全阀,这两个安全阀的开启压力应分别调整到工作压力的 1.02 倍和(　　)倍。

(A)1.04 (B)1.06 (C)1.08 (D)1.0

21. 在使用干式回火防止器时,发现粉末冶金片堵塞,应将它浸于(　　)中清洗。

(A)汽油 (B)热水 (C)丙酮 (D)洗涤剂

22. 表示材料塑性和韧性的指标是 δ、δ_s 和(　　)。

(A)ak (B)HV (C)4 (D)δ_6

23. 在国家标准中,$\phi25H_8$ 的下偏差为(　　)。

(A)0.001 (B)0.01 (C)0.1 (D)0

24. 对铸件进行时效时目的主要是(　　)。

(A)降低硬度 (B)提高硬度 (C)提高强度 (D)消除内应力

25. 机械零件首先应满足的基本要求是(　　)。

(A)强度 (B)刚度 (C)硬度 (D)韧性

26. 淬水钢径低温回火可烘得(　　)。

(A)回火屈化体 (B)回火索氏体 (C)回火马氏体 (D)回火珠光体

27. 金属材料代号 HT200 中,HT 表示灰口铸铁,200 表示(　　)。

(A)最低抗素强度 200 MPa (B)最低抗压强度 200 MPa

(C)最低屈服强度 200 MPa (D)最低抗拉强度 200 MPa

28. 形位公差中的框格应水平地或垂直地绘制,框格线型应采用(　　)。

(A)粗实线 (B)细实线 (C)虚线 (D)点划线

29. 氧气管道上用的锻制铜垫、铝垫等,可以不用脱油溶剂脱油,而用(　　)方法脱油。

(A)60℃热水浸泡 (B)退火处理 (C)氮气吹洗 (D)洗涤剂清洗

30. 氧气管道工作压力在 156.96×10^4～294.3×10^4 Pa 时,应采用(　　)敷设。

(A)无缝钢管 (B)水煤气管 (C)铸铁管 (D)有色金属管

31. 承插式铸铁管采用石棉水泥接口,其配合比为石棉 30%,水泥(　　)。

(A)90% (B)80% (C)70% (D)60%

32. 与酸碱接触的排水管道,一般采用(　　)接口。

(A)沥青胶 (B)铅粉水泥 (C)石膏水泥 (D)耐酸碱水泥

33. 在管道平面图中"⊙",表示弯头向上,在立面图中表示弯头(　　)。

(A)向上 (B)向下 (C)向前 (D)向后

34. 外径为 60 mm,壁厚为 3.5 mm 的钢管 1 m 长的重量为(　　)。

(A)2.5 kg (B)3.5 kg (C)5.5 kg (D)4.88 kg

35. 住宅洗涤盆水龙头的安装高度为(　　)。

(A)80 mm　(B)1 000 mm　(C)1 100 mm　(D)1 300 mm

36. 0.2 MPa 的采暖管道水压试验的压力为工作压力的(　　)。

(A)1 倍　(B)1.5 倍　(C)2 倍　(D)3 倍

37. 散热器内表面与墙面的距离允许偏差是(　　)。

(A)2 mm　(B)3 mm　(C)5 mm　(D)6 mm

38. 生活给水管的经济流量是(　　)。

(A)1 m/s　(B)1.8 m/s　(C)2.5 m/s　(D)3 m/s

39. 室外热水采暖管网中，管首的阻力损失应在(　　)。

(A)3 mm～8 mm 水柱/s　(B)8 mm～12 mm 水柱/s

(C)15 mm 水柱/s　(D)18 mm 水柱/s

40. 弯管机的液压油箱的吸油管，在油箱中的安装位置应(　　)。

(A)深入油面以下一定深度　(B)刚刚插入油面

(C)管口在油面以上　(D)管口深到油箱底部

41. 管路的活接头螺母连接，球头于接头体的密封结合面应是(　　)。

(A)宽密封面　(B)很窄密封面　(C)挤压密封面　(D)全部接合面

42. 管件研配组焊胎具的设计与制做，要准确模拟管子的(　　)。

(A)空间座标尺寸　(B)长度尺寸　(C)模向尺寸　(D)高度尺寸

43. 因为管材在弯制过程中，具有回弹力，所以管子在弯曲时，弯曲角度应和图纸设计角度(　　)。

(A)略小一些　(B)相等　(C)略大一些　(D)过大一些

44. 管路系统采用活接头螺母连接时，活接头螺母与接头体螺纹的紧固力矩应是(　　)。

(A)较小力矩　(B)较大力矩　(C)越大越好　(D)合适力矩

45. 管路系统在安装过程中，个别用气焊枪烤焊面积较大的管件的防腐清洁度处理应是(　　)。

(A)用风吹扫　(B)敲打去氧化皮　(C)不做处理　(D)二次防腐处理

46. 在安装给水干管时，应根据使用要求和检修条件装设阀门。配置在环状管网上的阀门，要能负责关闭半环管道和长度不超过(　　)的管段。

(A)50 m　(B)80 m　(C)100 m　(D)120 m

47. 阀门研磨通常的研磨剂有人造刚玉粉、金刚砂、碳化硼、铁丹粉、氧化铬、滑石粉、硅藻土粉、玻璃粉、金刚石粉、研磨膏等，而常用的是(　　)。

(A)金刚砂　(B)氧化铬　(C)玻璃粉　(D)滑石粉

48. 阀门研磨工具的硬度应比工件软一些，以便于能嵌入磨料，同时又要有一定的耐磨性。最好的研具材料是(　　)。

(A)铝　(B)生铁　(C)低碳钢　(D)粉末冶金

49. 铸铁上水管按随压力分低压、中压、高压三种。其中压铸铁上水管一般的工作压力为(　　)。

(A)0.45 MPa　(B)0.55 MPa　(C)0.75 MPa　(D)0.95 MPa

50. 铝及铝合金管道，适用于输送硫酸、硫化物及硫酸盐等腐蚀性介质的管道，但在

(　　)耐腐蚀不理想。

(A)盐酸中　(B)硝酸中　(C)草酸中　(D)氢氟酸中

51. 管道中的压力表应垂直或向前倾斜安装，若倾斜安装其倾斜角度不应超过(　　)。

(A)10°　(B)20°　(C)45°　(D)30°

52. 管道中安装节流件时应严格注节流体的方向，并需装在较长的直管段上，节流体前面的直管长度应不小于10～60倍管内径，其后面直管长度应不小于(　　)。

(A)3倍管内径　(B)5倍管内径　(C)6倍管内径　(D)10倍管内径

53. 离心式水泵的螺旋泵壳将叶轮滑出的液体平稳地引向压水管路，并逐渐减小液体的流速以达到化动能为(　　)的目的。

(A)压力　(B)压强　(C)压头　(D)流体

54. 用螺比试连接的管子，在安装前要仔细检查螺纹的状态，不许有主刺、乱丝、断扣、缺口尺寸不得大于扣长的(　　)。

(A)5%　(B)8%　(C)10%　(D)12%

55. 中、低压管道采用法兰连接时，两法兰面要平行，孔径要同心，法兰连接应使用同一规格螺栓，安装方向一致。坚固螺栓应对称均匀，松紧适度，把紧后外露长度应不小于(　　)。

(A)一扣　(B)两扣　(C)一倍螺距　(D)两倍螺距

56. 管道的埋设深度：非冰冻地区管道的埋深，主要由外部荷载、管材强度及管道交叉等因素决定。一般不小于0.7 m。冰冻地区的管顶埋深除决定上述因素外，还要考虑土壤的冰冻深度，埋没深度应距冰冻深度以下(　　)。

(A)0.2 m　(B)0.3 m　(C)0.4 m　(D)0.5 m

57. 有色金属管道采用机械冷度，质量好，速度快。紫铜醇制前应先退火，将管子灌入细砂，用来锤打头，划出弯制弧长度，将这一段入在木炭上加热到(　　)，立即取出，先用水浇，使火骤冷，使铜管在高温下发生的氧化皮松变软，冷却后即可冷弯。

(A)500 ℃　(B)520 ℃　(C)540 ℃　(D)560 ℃

58. 客车制动管系检修规定：除净主、支管外部锈垢及内部油垢，外部涂江丹防锈漆；主管两端的短管长度应为250～300 mm；主支管组装后须有一扣的充整扣；除圆柱螺纹的扣部分外；主支管腐蚀深度不得超过(　　)。

(A)0.5 mm　(B)1 mm　(C)1.5 mm　(D)1.8 mm

59. 将自动制动阀手柄置立转位，单独制动阀手柄从运转位移至全制动位，制动缸压力从零升至300 kPa后保压，看制动缸管路漏泄量，每分钟不许超过(　　)。

(A)20 kPa　(B)25 kPa　(C)10 kPa　(D)15 kPa

60. 将自动制动阀手柄量最小减压位，减压量为40～60 kPa；制动缸压力在80～100 kPa范围内，列车管的泄漏量每2 min不超过(　　)。

(A)10 kPa　(B)15 kPa　(C)20 kPa　(D)25 kPa

61. 热隔射是物体以电磁波的武功上面八方直线发射能量的一种热能(　　)现象。

(A)传导　(B)传递　(C)传播　(D)传送

62. 弹性模量E代表材料在受到拉伸或压缩作用时，对(　　)的抵抗能力。

(A)拉伸变形　(B)压缩变形　(C)塑性变形　(D)弹性变形

63. 材料的安全系数N是一个大于1的数，它反映人们给予材料强度的(　　)，也是反映材料在工作中安全可靠的程度。

(A)信者存量　(B)信者备量　(C)存贮量　(D)积存量

64. 当管道内通往介质，法兰随着内压力和介质温度的作用，称为法兰的(　　)。

(A)操作　(B)工作状态　(C)压力状态　(D)拉紧状态

65. 构件或机械在正常工作情况下，其组构件一般都随一定的力，如房屋中的承受板的全量，机器土的螺钉拧紧后要受力，这些重量和力统称为加在构件上的(　　)。

(A)重量　(B)重力　(C)载荷　(D)压力

66. 在液压传动系统中，油泵和油马达都起着能量转换的作用。油泵是将原动机输入的机械转换成液压能的装置，它属于动力原件；油马达则是将输入的液压能转换成回转运动的机械能的装置，它属于(　　)。

(A)操纵原件　(B)执行原件　(C)压力原件　(D)工作原件

67. 向油缸活塞两侧交替地供给压力油，以实现活塞的往复强制运动，属于(　　)油缸构造形式。

(A)双作用式　(B)单作用式　(C)往复式　(D)摆动式

68. 数控、矢量弯管机的液压泵系统是由往复活塞、齿轮或链轮、齿轮或链条构成的组合油缸。它属于组合式齿条或链条传动型(　　)。

(A)双作用式油缸　(B)差动连接式油缸

(C)往复油缸　(D)回转油缸

69. 用来控制调节液压系统压力的高低的溢流阀、减压阀、顺序阀和压力继电器等属于(　　)。

(A)流量控制阀　(B)程序控制阀　(C)压力控制阀　(D)速度控制阀

70. 用以控制液体流动方向，按其工作职能不同，分单向阀、换向阀和以换向阀为主体的组合阀。称为(　　)。

(A)方向控制阀　(B)变向控制阀　(C)定向控制阀　(D)单向控制阀

71. 用来控制液动机的流量以实现工作机构速度调节的液压元件。常用的有节流阀、调建阀、分流阀以及这些阀与单向阀、行程阀组合的流量阀，称为(　　)。

(A)速度控制阀　(B)流量控制阀　(C)分流控制阀　(D)节流控制阀

72. 相同流量的给水管道，管径大流速小，管径阻力就小，运用费用就低；反之，管径小流速大，管阻力就大，虽然管材费用低，但运行费用高。管材属于投资费用的一部分，为了使投资费用和运行费用都低，就必须选择给水管道(　　)，这就是给水管道的经济流速。

(A)合适流速　(B)平均流速　(C)最佳流速　(D)最低流速

73. 建筑物的耗热量直接影响采暖方案的选择、管径大小的选择、设备系少的选择。因此，这是采暖设计中(　　)。

(A)一般依据　(B)重要依据　(C)参考依据　(D)最基本的依据

74. 我们把 100 ℃以上的水称为过热水，过热水是在提高锅炉(　　)的条件下对水进行加热得到的。

(A)温度　(B)压力　(C)容量　(D)热量

75. 管道阻力损失分为局部阻力损失和沿程阻力损失。局部阻力损失是流体流经管体阀件等部件时受于的阻力；沿阻力损失是流体流经(　　)时所受到的阻力。

(A)直管段 (B)弯管段 (C)缩径管段 (D)支管段

76. 机械循环式室内热水采暖管网如图示系统,系统内各散热器都并联在供水立管和回水立管上,通过每组散热器的循环水直接通过回水管返回锅炉,不再经过其他散热器。这种布置形式称为( )。

(A)双管上行下给同程系统 (B)不带跨越管的水平单管串联系统

(C)带跨越管的水平管串联系统 (D)双管上行下给导程系统

77. 热水系统中的热水在加热过程中体积膨胀,温度降低时体积缩小。膨胀水箱除能达到控制热水采暖系统常在点的作用外,还能调节热水采暖系统中水冷热胀的( )。

(A)容积变化 (B)压力变化 (C)体积变化 (D)温度变化

78. 在锅炉事故中,发生最多的事故和引起的锅炉炸的主要原因者是由于( ),因此,必须引起高度重视和严格加以防止。

(A)锅炉缺水 (B)锅炉压力高 (C)锅炉温度太高 (D)锅炉满水

79. 管道( )的编制应包括下列内容:工程概况、主要实物工程量、施工管理、施工部署及施工组织措施,主体工程质量保证体系,主要施工机具、工具需用计划、工程进度网络计划、工程物资进场计划、劳动力配备计划、施工安全措施、主要施工技术方案、技术经济比较、施工总平面图。

(A)施工工程设计 (B)施工工艺设计 (C)施工组织设计 (D)施工方案设计

80. 有个别管子的形状尺寸要求极为复杂,很难用图纸把其空间位置准确表达出来,这时就要根据现场实际空间位置制做样杆,用以指导管子的弯制,现场制做样杆要真实准确的反应管子的( )。

(A)空间尺寸 (B)空间坐标尺寸 (C)管子的长度尺寸 (D)管子平面尺寸

81. 具有拆装方便迅速,管子可长可短;发生温差变化、中心偏差,倾斜等问题时,在一定范围内能自动补偿,保证密封效果良好,以不同材料的密封圈,定用于水、油、气等为介质的输送管道的管接头称为( )。

(A)自动补偿管接头 (B)可伸缩管接头

(C)可调管接头 (D)自封伸缩管接头

82. 自封伸缩管接头,选用合理锥面并匹配优质橡胶密封圈和压紧钢环或压差,通过拧紧螺母压迫橡胶密封圈,起到密封作用。橡胶圈密封不但能克服管子的固有公差,而且所连接两极管子中心线偏差 2~5 mm,倾斜度在 3°以内,仍有良好的密封效果。当温度变化时,管子能在接头中间自由地伸缩,确保密封无泄漏,从而达到( )之目的。

(A)自动补偿 (B)自动调节 (C)自动伸缩 (D)自动活动

83. GB 4032 型带锯床,是电动液压锯床。通过液压控制的机件,将带锯条在带轮上的弧线运动转变成切割处的锯条进行( )切割。带锯盘的升降、锯条的切割较光滑、平整。

(A)直线运动 (B)往复运动 (C)垂直运动 (D)弧线运动

84. 弯曲后的管件的切割,是在特制的非标弓锯床上进行,锯条的升降和进刀量由液压缸自动调节控制,工作的支架是用风动夹等。为适应弯管难以夹紧的特点,设计有( )的夹紧的盘机扬,准确切割弯管两端直线端处的多余部分。

(A)可移动 (B)可升降 (C)可转动 (D)可翻转

85. 由于我国现用的货车阀均属于二压力系统,同时在坡逆行驶时,制动机损耗问题已基本解决，为使 120 阀于现有的其他货车阀获得更好的(　　)性能，所以也采用二压力机扬。

(A)编组　(B)变列　(C)运用　(D)混编

86. 120 阀设计成二级控制，当紧急制动，即列车主管紧急排风减压时，在紧急阀中先打开一个尺寸较少的先导阀，消除大尺寸的紧急放风阀背压，紧接着再顶开放风阀，这一连串动作在一瞬间完成，消除了 103 阀在紧急活塞杆顶到放风阀时所停留的时间，这样就缩短了列车主管热电厂风过程，大大提高了紧急制动(　　)。

(A)波速　(B)作用　(C)效果　(D)功能

87. 120 型货车空气制动机由副风缸、加速缓解风缸、制动缸、截断塞门集尘器、列车主管、比例阀、称重阀、容量风缸和(　　)等组成。

(A)103 阀　(B)104 阀　(C)120 阀　(D)GK 阀

88. 踩动 DF_4 型内燃机车撒砂开关，应有(　　)个砂箱撒砂。

(A)2　(B)4　(C)6　(D)8

89. 120 货车空气控制阀主阀的紧急二段阀，是由紧急二段阀杆、紧急二段阀弹簧、紧急二段阀套等零件组成。位于主阀安装，是为了减轻量大货物列车在紧急制动时的(　　)而设置的，其结构与 103 阀基本相同。

(A)横向冲动　(B)局部冲动　(C)阶段冲动　(D)纵向冲动

90. 120 货车空气控制阀主阀的作用部，是利用列车管与(　　)的空气压力差来产生充气、局检、制动、保压、缓解等作用。

(A)缓解风缸　(B)制动缸　(C)容量风缸　(D)副风缸

91. 货物列车，特别是重载列车编组较长，为了协调列车前后部车辆充气作用一致，在控制阀的主阀中没有减速部，以区分列车后部车辆充气作用与列车前部车辆的(　　)作用。

(A)减速充气　(B)加速充气　(C)加快充气　(D)减慢充气

92. 120 货车空气控制阀的紧急阀由紧急活塞、安定弹簧、放风阀部、先导阀部以及阀、阀盖等组成。其作用是在紧急制动时加快列车的排气，使紧急制动作用可靠，提高紧急制动(　　)和紧急制动波速。

(A)准确度　(B)灵敏度　(C)灵活性　(D)速度

93. 处于稳定状态的制动机，当列车管缓慢减压时，制动机不发生制动作用的性能，叫(　　)。

(A)制动机的稳定性　(B)制动机的可靠性

(C)制动机的准确性　(D)制动机的安全性

94. 车辆制动机所用橡胶件装入新阀后，应能保证控制阀在±50℃的环境温度条件下有良好的密封性能和动作灵敏性能。特别是在－45℃的温度条件下保持(　　)，控制阀应有正常的制动、保压和缓解作用。

(A)38 h　(B)42 h　(C)48 h　(D)50 h

95. 104、103 型分配阀的制动机在常用制动减压时，不起紧急制动作用的性能，叫做制动机的(　　)。

(A)稳定性　(B)可靠性　(C)准确性　(D)安定性

96. 104、103 型分配阀均衡部保压作用的形成，是在容积室停止增压后，上侧的制动缸压力上升至其下侧的容积室压力相当时，则因均衡阀弹簧的弹力作用，使均衡阀压着均衡一起下称,关闭阀口,切断(　　)与制动缸的通路,停止向制动缸充气,形成均衡部的保压作用。

(A)降压风缸　(B)副风缸　(C)容积风缸　(D)工作风缸

97. 104 型空气制动机是以我国自行设计制造的 104 型客车分配而命名,其特点是以 104 型分配阀代替旧型制动机中的三通阀,设有容积为本 11 L 的工作风缸、容积为本 120 L 或 80 L的副风缸、制动缸排风塞门,无附加风缸,其它配件与(　　)制动机相同。

(A)LN 型　(B)KC 型　(C)KD 型　(D)GK 型

98. 104、103 型分配阀在保压位如果制动缸漏泄,则均往上侧的压力降低,均衡两侧便产生推动上移的压力差,使其上移,重新顶开均衡阀,副风缸的压力空气又充入制动缸,直至均衡两侧的压力恢复平衡为止,所以当副风缸压力高于制动缸压力时制动缸压力不会(　　)。

(A)降低　(B)减少　(C)衰减　(D)减弱

99. 单车试验器是对单独一辆车的制动机进行漏泄和作用性能试验的设备,分客车用和货车用两种。两种单车试验器除回转阀内部通路孔径大小(　　)外,其他都完全相同。

(A)货车用的孔径较大　(B)客货用的孔径一样大

(C)客车用的孔径较大　(D)以上答案都不对

100. 701 型试验台的客车阀和货车阀各有八个作用位置,一位:快充气,将储风缸压力空气急速充入制动管。二位:慢充气,将储风缸压力空气缓慢充入制动管。三位:保压。四位~八位:减压,将制动管压力空气向大气排去。排气孔径按(　　)而增大。

(A)操作顺序　(B)位置顺序　(C)排列顺序　(D)先后顺序

101. 104 型、103 型分配阀的主阀在 705 型试验台上的缓解灵敏度试验,将手把置二位起到作用部排气口开始排气的时间,洗检及修理品和新造品要求都不准起过(　　)。

(A)10 s　(B)15 s　(C)20 s　(D)25 s

102. 104 型、103 型分配阀的紧急阀在 705 试验台上的常用制动安定性试验:待紧急空气充至定压后,手把置六位,减压 0.2 MPa 再移至三位。要求紧急时压力尾随制动管压力(　　),不发生紧急排气作用。

(A)徐徐下降　(B)慢慢下降　(C)缓慢下降　(D)快速下降

103. 103 及 104 型分配阀制动缸二段跃升压力定为 0.13~0.15 MPa。二段跃升不准确的原因是由于紧急二段弹簧过强或过弱,紧急二段阀导向杆密封圈漏泄或(　　)、二段阀限制孔过大或堵塞等原因造成。

(A)阻力过大　(B)抗力过大　(C)摩擦力过大　(D)阻抗过大

104. 在设计车辆基础制动时,货车的制动倍率一般以 6~9,客车以(　　)为主。

(A)5~8　(B)6~9　(C)7~10　(D)8~11

105. 闸瓦总压力与车辆重量之比值叫(　　),通常是以百分数表示。

(A)制动倍率　(B)制动率　(C)制动力　(D)制动量

106. 闸瓦与车轮踏面的摩擦力,对于整个车辆来说,它是一种内力,不能阻止车轮的运动,只有把这种能力转化为外力,才能达到制动的目的,其转化的条件就是依靠车轮和钢轨的(　　)。

(A)摩擦力　(B)阻力　(C)制动力　(D)黏着力

107. LN 型制动机具有阶段缓解作用,其缓解次数可达四次以上。因此列车在高速状态下制动时,可一次实施较大减压量,然后随着列车速度的降低,再施行阶段缓解,逐步减小制动缸的压力，以得到(　　)停车。这一性能在长大下坡道上更有利用列车的操纵。

(A)平稳地　(B)缓慢地　(C)快速地　(D)准确地

108. JKG型空气干燥器是由于燥塔、进气阀、排气阀、出气止回阀、电控器、电空阀等主要部件组成，是一种无热再生双塔式可连续工作的压缩空气(　　)。

(A)除湿装置　(B)除水装置　(C)去污装置　(D)除尘装置

109. 自动制动阀的制动区是对运行中的列车放行常用制动或调节运动速度所用的位置，其最小减压量是使制动管内空气压力降低 40～60 kPa；最大减压量是使制动管空气压力降低(　　)。

(A)80～100 kPa　(B)100～120 kPa　(C)120～140 kPa　(D)140～160 kPa

110. 当自动制动阀手柄置运转位置时中继阀呈缓解充气位，总风管 3 向制动管 2 充风至定压，当手柄置于过充位时，中继阀能使制动管得到比规定的压力高 30～40 kPa，加快制动管的充气速度，自动制动阀手柄回到运转位时，制动管 2 的过充压力(　　)，不会引起机车车辆的自然制动。

(A)慢慢消除　(B)慢速消除　(C)缓慢消除　(D)快速消除

111. F-7 型分配阀的主阀用于机车的制动、缓解与保压。主要由大膜板、小膜板、空心阀杆、供气阀及气弹簧等组成。它是三压力机扬，即主阀的动作受制动管、作用风缸和工作风缸三个压力差的控制。大、小膜板的有效面积比为(　　)。

(A)2.7∶1　(B)2.5∶1　(C)2∶1　(D)1.5∶1

112. 常用限压阀用于当制动管定压为 500 kPa 时，将常用制动时的机车制动缸压力限制在 340～360 kPa，当制动管压力为 600 kPa 时，将常用全制动时的机车制动缸压力限制在 420～450 kPa之间。常用限压阀属于 F-7 型分配阀的(　　)。

(A)副阀部　(B)主阀部　(C)紧急部　(D)主阀

113. 工作风缸充气止回阀用于缓解充气位时，制动管的压力空气经此阀向工作风缸充气，而在制动减压时，防止工作风缸的压力空气向制动管逆流，以避免产生不制动或制动管减压量与制动缸空气压力(　　)的紊乱现象。

(A)不相协调　(B)不相匹配　(C)不成比例　(D)成比例

114. F-7 型分配阀副阀部的作用之一，能使制动管起局部减压作用，为使制动管加速减压，副阀部能在制动管实施小减压量时使其起局部减压作用，使机车后部车辆(　　)起制动作用。

(A)制动管　(B)制动缸　(C)副风缸　(D)制动机

115. 切控阀在常用制动工况下，制动缸的压力随切控阀的膜板比例变化即列车制动管减压量和制动缸升压之间的比值为 1∶1，并且机车制动缸初升压时间要比未加装切控阀时(　　)1～2 s；在紧急制动工况下，机车制动缸的压力值及升压时间不变。

(A)滞后　(B)提前　(C)延缓　(D)减慢

116. 作用阀由供气阀、空心阀杆、作用、膜板、缓解弹簧、阀杆、管座等组成，管座有 3 根管子，3-总风缸、12-制动缸管、14-作用管。作用阀作用的下方通(　　)，上方是制动缸压力。

(A)工作风缸　(B)作用风缸　(C)紧急风缸　(D)降压风缸

117. 不论自动制动阀放行常用制动或紧急制动后，都可以使机车制动缸单缓到零。常用制动后单缓，制动缸压力自 360 kPa 单缓到 35 kPa 的时间为 3～6 s。紧急制动后单缓，必须将单独制动阀手柄推向单独缓解位后，经 9～15 s 左右，制动缸才开始缓解。紧急制动后单缓到 35 kPa 的时间为(　　)。

(A)15～20 s　(B)15～25 s　(C)20～28 s　(D)28～32 s

118. 机车无动力装置，也叫滤尘止回阀。当柴油机不启动，空气压缩机不运转时，总风缸内及有压力空气此时开放滤尘止回阀，能使制动管的压力空气有节制地缓慢流入总风缸使(　　)能与车辆一样发生制动作用。

(A)无火机车　(B)重联机车　(C)编组机车　(D)返修机车

119. 为确保行车安全，减少列车冲突和追尾事故的发生机车加装自动停车装备。ZOF 型电动放风阀是自动停车装置的重要组成部分，是在周期性音响报警无效的情况下，实现强迫紧急停车的(　　)。

(A)执行机构　(B)驱动机构　(C)操纵机构　(D)制动机构

120. 当双机或系机重联牵引时，本务机车操纵端的自动制动阀手柄和单独制动阀手柄均置于定转位，非操纵端的自动制动阀手柄置手柄取出位，单独制动阀手柄置于定转位；重联阀转换按钮置于本务机车位。重联补机的自动制动阀手柄置于(　　)，单独制动阀手柄置于运转位，重联阀转换按钮置于重联机车位。

(A)定转位　(B)手柄取出位　(C)最小减压位　(D)过充位

121. 设置空气制动-动力制动联锁装置的目的在于对装有电阻制动的机车施行电阻制动并对列车施行空气制动时，自动降低机车缸空气压力或完全切除空气制动对机车的作用，以避免由于制动力过大而抱死轮对以致产生滑行。设装置彩动力制动电磁阀“DMB”式联锁，电磁阀为(　　)电磁阀。

(A)二位四通　(B)三位四通　(C)二位三通　(D)三位五通

122. 燃油输送泵的供油量约为柴油机全功率工作时所需油量的(　　)这样多的燃油不断循环，形成一种剩余压力，对改善柴油机喷油泵的工作状况，防止燃油中形成气泡，增加燃油过滤机会，而且当外界气温较低需加热燃油时，对提高加热速度，均有很大好处。

(A)5 倍左右　(B)3 倍左右　(C)4 倍左右　(D)6 倍左右

123. 燃油箱洗油筒在燃油油箱左侧中部伸进燃油箱底部，吸油筒内安装着吸油管和回油管。吸油管为一渐扩喇叭口，回油管与吸油管平行装在吸油筒内，伸放油箱底部，回油管端部弯成丁形，回油口正对吸油喇叭口安装。因为回油有(　　)，有利于吸油。

(A)剩余压力　(B)过剩压力　(C)喷流压力　(D)喷射压力

124. 燃油预热器是为了预热燃油，由前盖、后盖、体和管等组成。管内流水，管外流油，为(　　)换热装置。

(A)排管式　(B)集流管式　(C)密排光管式　(D)直管式

125. 实施电阻制动时，自动制动阀失去对机车本身的控制，单独制动阀照常使用但应限制制动缸压力不超过(　　)。

(A)150 kPa　(B)180 kPa　(C)240 kPa　(D)260 kPa

126. 控制风缸的压力调整和漏泄检查：在总风缸压力 900±20 kPa 时，调定控制风缸压力为 550±30 kPa，调定后，关闭去控制风缸的进风塞门，检查漏泄量，每分钟不超过(　　)。

(A)5 kPa　(B)10 kPa　(C)15 kPa　(D)20 kPa

127. 撒砂及撒砂控制试验：用脚踏行程开关和压力开关分别控制前后撒砂电气阀送风吹

砂,管路应畅通,撒砂方向与机车运行方向一致。为确保喷砂位置合适,喷嘴至轮缘的位置为10～30 mm,喷嘴至轨面的距高为(　　)。

(A)10～20 mm　(B)20～30 mm　(C)30～50 mm　(D)50～60 mm

128. 数控弯管机和矢量弯管机弯曲臂的摆动速度是由液压油往液压缸流进的流量来控制的。液压油的流量是由电-液伺服阀根据(　　)和实际速率的反馈来控制。

(A)速度指令　(B)实际速度　(C)要求速度　(D)速率指令

129. 数控弯管机和矢量弯管机弯曲臂驱动链条要每月进行张紧调整一次,再次张紧链条时,要将张紧轮上的背紧螺母松开,调整张紧螺栓约需转动六圈,再按顺时针方向约松开三圈。然后往张紧轮螺栓上喷刷一些 WD40 润滑油,并交替的拧紧,每次约转(　　),直于按要求扭矩把紧为止,打紧背帽。

(A)1/4 圈　(B)1/2 圈　(C)1 圈　(D)1.5 圈

130. 数控率管机和矢量弯管机固定臂的维修:每一个月中,要对固定臂组件进行一次清理,要除掉弯曲润滑剂和来自压力润滑系统的过剩润滑油。检查活塞杆上是否有刻痕和划痕,以免损坏(　　)。

(A)活塞杆　(B)密封件　(C)连接件　(D)固定件

131. 数控弯管机和矢量弯管机的驱动链松紧调整;驱动链仅有一处调整位置,即在前部的张紧链条轮处。松开两个锁紧螺栓后,顺时针转动方头螺栓则增紧链条,反之放松链条,当链条上部拉平及张紧刻度批示在(　　)时为合定,拧紧两个锁紧螺栓。

(A)3 kg　(B)4 kg　(C)536 kg　(D)5 kg

132. 弯曲横、尖紧模和压力模的高度调整,按所要弯曲的管子外径,选择与其相匹配的弯曲模、夹紧模和压力模,并分别安装好。从弯管机的前方插入所安弯制的管子,将设管插入弯曲模的凹槽中,然后微调夹等模和压力模的高度,三者的凹槽中心必须在(　　)内。

(A)不同平面　(B)同一垂直面　(C)同一平面　(D)同一水平面

133. 数控机床的数控装置包括有输入部分、寄存器、运算器、控制器和输出部分等,它的作用是接受输入信号,控制机床的运动。在控制进程中,由输入部分充电阅读信号,并把数码和文字码的代码信号分别送到控制器、寄存器和运算器。寄存是信号的"中转仓库",起(　　)的作用。

(A)暂时寄存　(B)瞬间寄存　(C)短时寄存　(D)长期寄存

134. 控制器是数控装置的指挥中心,按照输入信息控制读带机、输入部分、寄存器、运算器和输出部分有秩序地工作。输出部分根据控制器和命令接受运算器输出的脉冲,并经过(　　),驱动伺服系统,使机床按规定要求运动。

(A)能量放大　(B)功率放大　(C)功能放大　(D)功力放大

135. 数控机床的程序段格式是指一个程序段中各字的排列顺序及其表达形式。程序段是指为了完成某一动作所要求的功能"字"的(　　),"字"表示某一功能的一组代码符号。

(A)结构　(B)组成　(C)构造　(D)组合

136. 数控机床常用的标准纸带,有五单位:五列孔,宽 17.5 mm;和八单位:八列孔,宽25.4 mm 两种。利用纸带上每行孔位的有孔或无孔的排列组合,表示 0～9 数字和一些(　　)。

(A)说明符号　(B)标注符号　(C)字母符号　(D)加工符号

137. 数控机床的数量装置由检测元件、测量线路和显示器组成。它是对(　　)进行自动测量和数字显示的装置,可使传统的手动测量变为自动测量,以保证加工质量,提高生产效率。

(A)机械位数　(B)工作尺寸　(C)工作位数　(D)机械轨迹

138. 机床在使用过程中,要经查检查主轴、轴承等运动部位的温升,要发现温度过高或有异常音响或不正常现象时,应立即(　　)。

(A)运转检查　(B)停机检查　(C)运转观摩　(D)停机维修

139. 润滑剂有润滑油,润滑脂和固定润滑剂等,其中润滑油又包括矿物油、植物油、动物油和合成润滑油。合成润滑油价格高,仅用在极高或极低(　　)等特殊条件下。

(A)压力　(B)转速　(C)环境　(D)温度

140. 对润滑剂的基本要求是,摩擦系数小、纯度高、具有良好的吸附和楔入能力,一定的黏度,抗氧化稳定性好,无研磨和腐蚀性,导热性好,(　　)。

(A)温容差大　(B)高温不稀释　(C)低温黏度小　(D)热容差大

141. 根据设备润滑"五定"规范要求,对数控弯管机的水平滑动导轨表面和主轴的全直转动表面,规定定期加油时间,连续动作每班加油工次,问题运动每班加油1次,抹净加油。规定定质油类为(　　)。

(A)30号或40号机械油　(B)40号机床精密导轨油

(C)2号或4号主轴油　(D)9号导轨油

142. 环氧树脂黏接修复工艺的主要特点是机械性能好,黏合力强,可进行机械加工,且电绝缘性能高,耐蚀性好,操作简便。适用于修复机床溜板、导轨、尾座、底板、楔铁等(　　)。

(A)摩擦表面　(B)磨损表面　(C)滑动表面　(D)破损表面

143. 生产现场质量管理的严格工艺纪律管理,是使每个人都严格遵守工厂的各项法规、加强各方面的管理,切实有效地控制影响产品质量的五大因素:人、机、料、法,掌握影响产品质量的各种原因,及时消除不良影响,(　　)生产出合格品和优质品。

(A)长期地　(B)定期地　(C)稳定地　(D)批量地

144. 建立工序质量管理点,凡需要重点控制的质量特性、关键部位或薄弱环节,为保证质量起见,都要进行强化管理,建立工序质量控制点,以使工序处于良好的(　　)。

(A)变控制状态　(B)生产状态　(C)质量状态　(D)管理状态

145. 加强质量检验工作,就是充分发挥检验人员的把关作用。从原料进厂到产品出厂的全过程,都应有完整的原始检验记录,同时应把其结果告之工人、技术人员,为改进设计、提高质量、加强管理提供(　　)。

(A)必要的数据　(B)必要的材料　(C)必要的参考　(D)必要的信息

146. 机车系统管件磷化防腐自理的工艺要求:溶液温度:96～98 ℃;总酸度:30～33点;游高酸度:3.5～4.5点;总酸度与游高酸度之比;7～8∶1;磷化时间因钢材种类而异,但停止冒氢气后(　　)即可取出管件。

(A)10～15 min　(B)15～20 min　(C)20～25 min　(D)25～30 min

147. 机车系统管件的磷化防腐处理,由于磷化腊防腐层含有隙,在潮湿的环境下易被氧化而锈蚀,因此管件现焊成成品后,必须在(　　),再进行磷化防腐处理。

(A)水压试验前　(B)水压试验后　(C)存放后　(D)检查后

148. 704调压器高压限压值的调整:先拧松锁紧螺钉需要提高总风缸压力时,则按顺时针方向旋转调整系统，当需要降低总风缸的压力时则按逆时针方向旋转调整手轮，直到获得总风缸的最高限压值时，再拧紧锁紧螺钉。总风缸的最高限压值为(　　)。

(A)0.75 MPa　(B)0.8 MPa　(C)0.9 MPa　(D)0.95 MPa

149. 在空气压缩机与第一总风缸之间的管路上，装有油水分离器，它主要由上体、下体、导向器滤网、芯栓、挡罩、弹簧以及排污塞门等组成。由空气压缩机输出的压力空气，首先进入油水分离器，以便将空气中所含油、水、杂质分离出来，以提高(　　)，减少制动系统和其他风动机物的故障。

(A)空气清洁度　(B)空气干燥度　(C)空气质量　(D)油水分离度

150. 自动制动阀的手柄通过设在制动阀上盖上的"手把取出位的缺口，套在手柄转轴上，轴自上而下，分别装有调整凸轮。手柄与凸轮是自动制动阀的(　　)。

(A)操纵机扬　(B)控制机扬　(C)传动机扬　(D)驱动机扬

151. JZ-7 型空气制动机试验台由操纵部、压力表、安装部、控制阀、排钢控制阀、排钢阀、风缸、风动风门、调压阀、漏泄指示器、台架及附属装置等部分组成。规定总风缸的压力为(　　)。

(A)750～800 kPa　(B)750～850 kPa　(C)750～900 kPa　(D)750～950 kPa

152. 重联装置的作用是当机车双机或多机重联牵引时，使重联补机的制动、缓解作用得到与本务机车完全协调一致的效果。并在本务机车与重联补机发生断钩分离时，重联装置能使重联补机的制动缸接受所在机车的(　　)控制，并使本务机车与重联机车均处于制动状态，起到断钩分离后的保护作用。

(A)分配阀或单独制动阀　(B)分配阀或自动制动阀

(C)自动制动阀或单独制动阀　(D)重配阀或或单独制动阀

153. 机车的撒砂系统是根据机车运行的需要，根据钢轨与车轮的表面状态，实施撒砂，来改变轮轨接触面的状态，提高黏着牵引力，在牵引工地下，正确动用撒砂，能有效的防止(　　)。

(A)车轮打滑　(B)车轮空转　(C)车辆滑行　(D)机车不能运行

154. 机车制动机单机试验，检查各压力表指示压力，自动制动阀和单独制动阀手柄均置运转位，总风压力 750±20 kPa～900±20 kPa；为补充所有用风处的漏泄，允许总风缸压力略有下降，但 1 min 内漏泄量不超过 20 kPa；均衡风缸、列车管、工作风缸的空气压力均为 500 kPa，三指示压力相差不超过(　　)；制动缸压力为°。

(A)5 kPa　(B)10 kPa　(C)20 kPa　(D)25 kPa

155. 制动机单机试验，自动制动阀手柄置最小减压位，减压差为 40～60 kPa；制动缸压力在 80～150 kPa 范围内，就造机车列车管的漏泄量，每 2 min 不超过(　　)。

(A)10 kPa　(B)15 kPa　(C)20 kPa　(D)25 kPa

156. 制动单机试验，自动制动阀手柄由运转位直接移至紧急制劝位，列车管的空气压力应在 3 s 内降至零；制动缸压力由零升至 420～450 kPa 的时间不应超过(　　)，撒砂管应排气。

(A)5 s　(B)7 s　(C)10 s　(D)15 s

157. 温度控制阀的感温元件内装有经严格分馏选择并具有所需熔点范围的石蜡和 800 目以上的紫铜粉的混合物，并按一定的比例精制而成。铜粉的主要作用是加速石蜡的热传导。

感温元件是应用石蜡从固态到液态(   )的特点制造的,元件的外壳是铜的,具有良好的导热性。

(A)体积发生变化 (B)体积发生变形 (C)体积发生流动 (D)体积发生膨胀

158. 静液压油水热交换器是一种水管式的油水热交换器,冷却水在热交换器铜管内流动,液压油在管外流动,通过管壁进行热交换,达到冷却热压油和加热液压油的目的,使液压油控制在(   )范围内工作。

(A)15～65 ℃ (B)15～75 ℃ (C)15～85 ℃ (D)5～65 ℃

159. 燃油安全阀是为了防止燃油输送泵过载,保证燃油泵不受损坏而设置的。当系统中各种原因造成燃油输送泵出口管路燃油压力过高,当压力超过安全阀弹簧调定压力时,阀开启,将油进入回油管中进行减压,保护油泵不致过载。调定压力为(   )。

(A)150 kPa (B)250 kPa (C)200 kPa (D)300 kPa

160. 东风内燃机车机油系统是以机油泵作为动力迫使机油循环流动,机油经过滤清和冷却后同柴油机各部件摩擦表面供给一定压力和温度的洁净机油并冷却活塞。机油带出摩擦及部分(   ),最后流回柴油机油底壳内。

(A)杂质 (B)金属粉末 (C)燃油的热量 (D)燃烧杂质

161. 价值工程又叫价值分析,是综合动用技术、经济、管理三位一体的手段,以求用最低的成本获得必要功能的一种(   )的技术经济方法。

(A)科学的 (B)先进的 (C)综合的 (D)廉价的

162. 价值工程要素中的成本的范畴为寿命周期成本。产品从研制、设计、生产到使用,直到产品报废为止的全过程,称为寿命周期。在寿命周期内发生的各项费用之和叫做寿命周期成本,即制造成本和(   )之和。

(A)维修成本 (B)安装成本 (C)检测成本 (D)使用成本

163. 价值工程中的价值是一个抽象的概念,会因人、因时、因地而异,这个价值指的是功能和成本的比值,它是评价成品好坏的(   )。

(A)一种依据 (B)一种根据 (C)一种参考 (D)一种标准

164. 管网初步设计的任务,主要是为满足生产工艺要求编织全厂管网设计的原则性方案,确定管道平面、系统布置和敷设方式等原则,以及管网所采用的材料、管道连接方式等作为上级领导机关进行审批,确定建设投资的主要依据之一;同时也是工厂基建部门订购主要设备和材料的(   )。

(A)重要依据 (B)参考资料 (C)依据材料 (D)重要资料

165. 煤气的毒性,煤气中含有一些对人体健康有很大影响的成分,如一氧化碳、硫化氢、二氧化碳和烃等气体,这些气体成分称为(   )。

(A)有味气体 (B)有毒气体 (C)有害气体 (D)无毒气体

166. 锅炉的汽、水压力系统及其附属装置组装完毕后,应进行水压试验,用以检查胀口和焊口质量。水压试验包括锅炉上的一切(   )和附属装置。

(A)部件 (B)焊接部件 (C)密封部件 (D)受内压部件

167. 蒸汽管道的安装,应具有 0.002 的坡度,坡向与蒸汽流动方向相同,在蒸汽管道的最高点应安装排气阀,以便管道系统进行水压试验时,排除系统中的空气;在蒸汽管道的最低点处,应安装疏水阀,用来排除(   )。

(A)管道中聚积的汽化水 (B)管道中聚积的凝结水
(C)管道中的积存水 (D)管道中的液化水

168. 有一种传热方式,它不同于导热和对流,即不靠物体直接接触,也不靠流体的流动,而是靠物表面向外发射电磁波来传递热量,它就是(　　)。
(A)热辐射 (B)热扩散 (C)热反射 (D)热放射

169. 灌铅时,熔化铅从表面看呈现(　　)为宜。
(A)紫红色 (B)红色 (C)蓝紫色 (D)白色

170. 氢气管道的符号为(　　)。
(A)QY (B)QG (C)YQ (D)YG

171. 气焊是利用可燃气体和氧气混合燃烧为热源,溶化焊件和焊丝而进行焊接的一种方法,常用的混合气体是(　　)。
(A)氧气与乙炔 (B)氧气与一氧化碳
(C)氧气与甲烷 (D)氧气与甲醛

172. 弯管时如果弯曲模速度小于靠背模的送进速度,则经常会发生(　　)缺陷。
(A)凹陷 (B)折皱 (C)划伤 (D)椭圆度超差

173. 弯曲变形在能满足技术要求的前提下,弯曲半径应尽量选得(　　)。
(A)不确定 (B)随便选 (C)大一些 (D)小一些

174. 试验压力是为了对管子和管路的附件进行(　　)而规定的一种压力,试验压力一般都小于公称压力或工作压力。
(A)强度试验 (B)严密性试验
(C)强度试验和严密性试验 (D)前面说法都不对

175. 管子弯曲是管子在外加力矩作用下产生弯曲变形的结果。在弯曲变形进程中,下列说法不正确的是(　　)。
(A)管子外侧管壁受拉应力作用
(B)内侧管壁受压应力作用
(C)中性层既不受拉应力作用也不受压应力作用
(D)中性层既受拉应力作用也受压应力作用

176. 管路试验所用的压力表的精度等级不应低于(　　)。
(A)5级以下 (B)1～5级 (C)0.5～1级 (D)0.5级以上

177. 流体在运动过程中传递热量的方式叫(　　)。
(A)传导 (B)对流 (C)辐射 (D)传递

178. 为满足系统的不同整定压力并保证稳定的供给而设置(　　)。
(A)调整阀 (B)调压阀 (C)限压阀 (D)安全阀

179. DK-1型制动机紧急阀有三个作用位置,(　　)、常用制动位和紧急制动位。
(A)充气位 (B)充气缓解位 (C)保压位 (D)制动位

180. DK-1型制动机所配的分配阀型号为(　　)。
(A)F-7型 (B)14-KR型 (C)109型 (D)104型

181. 机车预热系统的油水工作回路有水循环回路、燃油循环回路和(　　)。
(A)空气循环回路 (B)液压油回路 (C)机油循环回路 (D)以上三项都是

182. 16V240ZJB 型柴油机燃油系统限压阀整定压力为(　　)。

(A)118±10 kPa　(B)200±10 kPa　(C)245±10 kPa　(D)274±10 kPa

183. 东风$_4$型内燃机车柴油机燃油精滤器安装在自由端,由(　　)组并联工作的滤芯及下体组成。

(A)1　(B)2　(C)3　(D)4

184. 关于东风 4 型内燃机车燃油预热器的说法不正确的是(　　)。

(A)采用水-油换热的管式结构　(B)管内通以低温水,水在管内为单向流动

(C)燃油在管外通过　(D)共有 144 根外径为 10 mm 的紫铜管

185. 东风$_4$型内燃机车在东北冬季运行中,不工作的系统是(　　)。

(A)高温水系统　(B)低温水系统　(C)热风机取暖系统　(D)预热系统

186. NT2 型保安阀开启压力为(　　)。

(A)950 kPa　(B)750 kPa　(C)600 kPa　(D)500 kPa

187. 在下列 JZ-7 型制动机的主要部件中,能够直接控制作用阀动作的是(　　)。

(A)自动制动阀　(B)单独制动阀　(C)重联阀　(D)切控阀

188. JZ-7 型制动机单独制动性能中,全制动位制动缸最高压力为(　　) kPa。

(A)280　(B)300　(C)360　(D)450

189. 东风$_4$型内燃机车空气制动系统装有(　　)个风缸。

(A)5　(B)7　(C)9　(D)11

190. F-7 型分配阀紧急放风阀有三个限制堵,其中第一排风限制堵孔径为(　　)mm。

(A)1.5　(B)1.2　(C)0.9　(D)0.5

三、多项选择题

1. 109 型机车分配阀主阀的常用制动位中,随主鞲鞴两侧压差不同可分为(　　)。

(A)初制动位　(B)制动位　(C)紧急制动位　(D)全制动位

2. 对于制动机的重联要求,根据有关国标和铁标规定,需要具备的重联性能有(　　)。

(A)设置指示该机车运行使用位置的重联阀

(B)本务机车应能控制重联机车的撒砂动作

(C)重联装置应能使本务机车与重联机车制动缸压力基本一致

(D)重联机车制动机的制动与缓解作用应与本务机车制动机协调一致

3. 机车冷却水系统内部要求密封可靠,避免空气和燃气串入,如果串入的话将会造成(　　)。

(A)冷却水流动堵塞　(B)爆炸

(C)系统内产生穴蚀　(D)柴油机不工作

4. 传热的基本方式有(　　)三种。

(A)传导　(B)对流　(C)辐射　(D)光传

5. 关于弯管时的管子特征,正确的是(　　)。

(A)弯部里侧的金属被压缩,管壁变厚　(B)弯部里侧的金属被拉伸,管壁变薄

(C)弯曲部位的外侧被压缩,管壁变厚　(D)弯曲部位的外侧被拉伸,管壁变薄

6. 管子弯曲时壁厚的减薄率变形,应满足(　　)等技术要求。

(A)高压管不超过10%　　(B)中压管不超过15%
(C)低压管不超过15%　　(D)不小于设计壁厚

7. 管子弯曲时椭圆度变形的要求是(　　)。
(A)高压管不超过5%
(B)一般管不超过8%
(C)管壁上不应有横向裂纹、隆起和凸凹不平的地方,防止折皱变形
(D)管壁上不应有纵向裂纹、隆起和凸凹不平的地方,防止折皱变形

8. 弯曲半径直接影响管子的弯曲变形,关于弯曲半径的说法正确的是(　　)。
(A)弯曲半径的尺寸从减少弯管有害变形方面看,选得越大越好
(B)从弯管的制做安装方面看,希望选得越小越好
(C)合理的弯曲半径应该是:弯曲变形在能满足技术要求的前提下,弯曲半径应选得尽量大一些
(D)合理的弯曲半径应该是:弯曲变形在能满足技术要求的前提下,弯曲半径应选得尽量小一些

9. 试验压力是为了对管子和管路的附件进行强度试验和严密性试验而规定的一种压力,关于试验压力正确说法是(　　)。
(A)试验压力一般都小于公称压力或工作压力
(B)试验压力一般都不小于公称压力或工作压力
(C)试验压力一般都等于公称压力或工作压力
(D)试验压力一般都大于公称压力或工作压力

10. 管子弯曲是管子在外加力矩作用下产生弯曲变形的结果,在弯曲变形进程中(　　)。
(A)管子外侧管壁受拉应力作用
(B)内侧管壁受压应力作用
(C)中性层既不受拉应力,也不受压应力作用
(D)中性层既受拉应力,也受压应力作用

11. 管子弯曲半径选择的一般原则是(　　)。
(A)管径较大的管子,应采用较小弯曲半径
(B)管壁较薄的管子,应采用较小的弯曲半径
(C)管径较小管子,应采用较大弯曲半径
(D)管壁较厚的管子,应采用较大的弯曲半径

12. 管道喷涂油漆时,应根据管道安装的环境条件,接触腐蚀性介质的(　　),选择适用的油漆。
(A)酸碱度　　(B)浓度　　(C)温度　　(D)种类

13. 管道工程中,底漆直接涂在金属表面打底用,以使整个油漆膜与金属牢固地结合在一起,面漆是在底漆基础上再喷涂膜,这样可(　　)。
(A)用以抵抗不同性质的外界介质对管道的腐蚀
(B)延长管道使用寿命
(C)提高工程的经济效益
(D)降低工程成本

14. 热力学第一定律主要内容有(　　)。

(A)能量不会创造,也不会消失

(B)但在一定条件下可以从一种形式转换成另一种形式

(C)从一个物体转移到另一个物体

(D)转换或转移过程中的总能量是不变的

15. 管道压力等级确定的等强度原则,就是指用于管道中各个元件具有对介质(　　),它就要体现在材料的配伍和应用标准的选用上。

(A)相同的适应性　(B)相同的强度　(C)相同的造价　(D)相同的寿命

16. 关于弯曲环弯的一些叙述,正确的是(　　)。

(A)应该从中间开始,一次将环弯弯成

(B)为防止弯曲完的弯弹性弹回,应将环弯多弯10°～20°

(C)两端伸出的两个端不应同时弯曲,要弯曲完一端再弯曲另一端

(D)椭圆度略大一些是允许的,但两端不处于一个中心线是不可以的

17. 电动机启动时熔断丝熔断的主要原因有(　　)。

(A)定子线圈一相反接　(B)定子线圈短路或接地

(C)轴承损坏　(D)启动时误操作

18. 关于电力机车的工作原理的叙述,正确的是(　　)。

(A)受电弓将线路电网的交流电,经车顶母线,传至车内各电器电路

(B)车内各电器电路把交流电转变成直流电供给各轮轴上的牵引电动机

(C)牵引电动机驱动轮对转动

(D)工作原理是将电能转变成机械能

19. 关于SS4G型电力机车转向架的说法正确的有(　　)。

(A)每节机车有2台转向架,两节有4台转向架

(B)轴式为2(Bo-Bo)

(C)每台转向架有二组次轮对,单独驱动

(D)两节机车重联牵引

20. 翻开机车的历史,我们可以看到,按传动方式不同可以分为(　　)。

(A)蒸汽机车　(B)内燃机车　(C)液力传动机车　(D)电力机车

21. 机车经过整备作业,乘务人员按规定人数,燃油及砂装载量为满载,冷却水、机油、液压传动工作油及其他润滑剂的装载量均为正常位,并包括全套的机车重量,称为机车的整备重量包括,机车的整备重量包括(　　)。

(A)机车本身与规定人数乘务人员重量

(B)燃油和砂满载重量

(C)正常位的冷却水、机油、液压油及其他润滑油重量

(D)全套随车工具和信号用具重量

22. 在机车制动运行过程中,当制动力大于黏着时,车轮踏面的圆周速度小于机车的运行速度,称之为(　　)。

(A)打滑　(B)轮滑　(C)滑走　(D)滑行

23. 关于静液压系统的工作原理的叙述,正确的是(　　)。

(A)柴油机曲轴自由端方向轴带动静液压变速箱,带动静液压泵

(B)静液压泵从油箱把油吸入后，通过压力管路将油送至液压马达

(C)液压马达在液压油的作用下进行旋转带动冷却风扇工作

(D)温度控制阀的自动控制使冷却风扇转速实现了无级变速，从而使柴油机的机油和冷却水达到了自动恒温控制

24. 单独制动阀手柄在制动区时调整阀盖排风口漏泄，当手柄回运转位时漏泄停止的原因可能是(　　)。

(A)排气阀阀口被污物垫住　　(B)排气阀阀口有伤痕

(C)排气阀弹簧太软　　(D)排气阀弹簧被卡住

25. 机车冷却水系统的任务是(　　)。

(A)保证柴油机主要零部件在适宜的温度下工作

(B)使各运动部件之间保持合适的配合间隙

(C)保持较高的充气系数和一定的机油黏度及品质

(D)保证柴油机高效持久地工作

26. 关于机车高、低温水循环系统的叙述，正确的是(　　)。

(A)高温水系统是开式循环系统　　(B)低温水系统是开式循环系统

(C)高温水系统是闭式循环系统　　(D)低温水系统是闭式循环系统

27. 120 型阀的中间体是用来安装主阀的紧急阀，并用 4 个 M20 的螺栓和螺母将整个阀吊装在车辆底架上。还起连通(　　)的各个气路的作用。

(A)列车主管　　(B)副风缸

(C)制动缸　　(D)加速缓解风缸与主阀、紧急阀

28. 120 型货车空气控制阀的主阀控制着(　　)等作用是控制阀组成中最主要的部分。

(A)充气　　(B)缓解　　(C)制动　　(D)保压

29. 半自动缓解的功用是(　　)。

(A)手动排出制动缸的压力空气　　(B)使制动机缓解

(C)使副风缸压力空气全部排出　　(D)使加速缓解风缸的压力空气全部排出

30. 机车空气制动系统装有二台 NPT5 型空气压缩机，容积流量 2.4 m^3/min。所产生的压缩空气充入两个容量为 2×625L=1 250 L 的总风缸，以各供(　　)等用风。

(A)机车车辆制动系统　　(B)机车撒砂系统

(C)电空控制机构　　(D)其他各种风动装置

31. 机车空气制动系统主要由(　　)等组成。

(A)制动阀　　(B)中继阀　　(C)分配阀　　(D)管路及其附件

32. 自动制动阀是全列车空气制动的控制机构，通过对其手柄的操纵，实现制动机的各种性能和作用，其组成部分包括(　　)。

(A)紧急阀　　(B)重联栓塞阀　　(C)放风阀　　(D)货车转换阀

33. 关于 JZ-7 型制动机控制关系的表述，正确的是(　　)。

(A)自动制动阀只控制均衡风缸　　(B)作用阀只控制机车制动缸

(C)机车分配阀只控制作用阀　　(D)列车管压力变化只控制机车分配阀

34. 关于自动制动阀手柄 7 个作用位置的说法正确的是(　　)。

(A)1 过充位　　(B)7 紧急制动位　　(C)2 手柄取出位　　(D)6 运转位

35. F-7 型分配阀的中间体亦称管座，在管座的底部和背面其连接有通往各阀的七根管路，这七根管路对应正确的是(　　)。

(A)2-列车管　　(B)12-制动缸管　　(C)22-分配阀紧急管(D)25-通大气

36. 重联阀由(　　)三个部分组成。

(A)转换阀部　　(B)重联阀部　　(C)重联柱塞阀　　(D)制动缸遮断阀部

37. 在重联阀的管座上，装有五根风管，它们由(　　)等组成。

(A)平均管 27　　(B)作用管 14a　　(C)作用管 14b　　(D)制动缸管 12

38. 机车运行前对有加装机车重联装置的机车单机运行或单机牵引时，要将两端单独制动阀手柄均置(　　)。

(A)非操纵端自动制动阀手柄置运转位

(B)操纵端自动制动阀手柄置运转位

(C)操纵端自动制动阀手柄置手柄取出位，并取出手柄

(D)非操纵端自动制动阀手柄置手柄取出位，并取出手柄

39. 机车运行前，对没有加装重联装置的无动力回送机车，(　　)，连接两端列车管，并开放折角塞门。

(A)两端自动制动阀手柄要置于手柄取出位，并取出手柄

(B)两端单独制动阀手柄均置运转位

(C)开放无动力装置塞门

(D)分配阀的常用限压阀的限制压力调整到 250 kPa

40. 机车空气制动系统中各阀橡胶件的维护：所有的橡胶膜板、O 形密封圈、止阀胶垫等均都有严格的尺寸和技术要求，这些橡胶件均不能沾(　　)。

(A)柴油　　(B)汽油　　(C)凡士林　　(D)其他油类

41. 空气制动机的故障及原因分析：当向总风缸管充风，作用阀排风口大量排风，其原因是作用阀供气阀卡在制动位面空心阀杆高开供气阀，因而总风经(　　)排向大气。

(A)供气阀口　　(B)空心阀杆　　(C)排气弯头　　(D)管座

42. 应用数控弯管机弯管时，管子本身会因弯曲而产生一定的拉伸量，关于送进小车送进速度与拉伸量、褶皱的关系，说法正确的是(　　)。

(A)送进速度大于弯曲模转速易产生褶皱

(B)送进速度小于弯曲模转速易产生拉伸量增大

(C)送进速度大于弯曲模转速易产生拉伸量增大

(D)送进速度小于弯曲模转速易产生褶皱

43. 数控弯管机的弯曲臂加转运动不灵活或回转位置不准确时的原因可能是(　　)等。

(A)液压系统中有空气进入　　(B)传动链条松紧不适合

(C)伺服阀零件调整不准　　(D)伺服阀太脏

44. 数控弯管机采用有心棒弯曲时，管子不能重复成型的原因有(　　)等。

(A)夹紧模滑动，在管子夹持点上有滑痕　(B)材料的变形及管壁太薄

(C)弯曲模具严重磨损　　(D)心棒端部调整高正切点太后

45. 弯管机的压力模(亦称靠背)在弯制过程中造成管子损伤的原因是(　　)。

(A)压力模调整的位置太靠里　　(B)压力模调整压力太高

(C)弯曲模转速太快　　　　　　(D)压力模凹槽凌边太锐利

46. 控弯管机在弯制管子过程中,采用无心棒和有心棒弯曲的原则是(　　)。

(A)管壁越薄,弯曲半径越小,应选择无心棒弯曲

(B)管壁越薄,弯曲半径越小,应选择有心棒弯曲

(C)管壁越厚,弯曲半径越大,应选择无心棒弯曲

(D)管壁越厚,弯曲半径越大,应选择有心棒弯曲

47. 目前使用的管道热补偿装置有(　　)等。

(A)自然补偿器　　(B)方形补偿器　　(C)套管补偿器　　(D)波形补偿器

48. 关于管道沿程阻力损失关联性的说法正确的是(　　)。

(A)与管道的长度和摩擦阻力系数成正比

(B)与重力加速度和流体流速成反比

(C)与流体流速成正比,与重力加速度成反比

(D)与管道的长度成正比,与摩擦阻力系数成反比

49. 设计室内污水模管时,(　　)要满足最小规定值。

(A)管道充满度　　(B)管道自清减速　　(C)管道长度　　(D)坡度

50. 金属的腐蚀分为(　　)。

(A)物理腐蚀　　(B)化学腐蚀　　(C)光磁腐蚀　　(D)电化学腐蚀

51. 碳在各种铸铁中存在的状态是不一样的,(　　)。

(A)在白口铸铁中呈化合物态　　(B)在灰口铸铁中呈游离态

(C)在可锻铸铁中呈团絮状石墨态　　(D)在球墨铸铁中呈球状石墨

52. 钢中常见的化学偏析有树枝状偏析、方形偏析、点状析等,这些仿析严重时都将降低钢的(　　)。

(A)塑性　　(B)强度　　(C)硬度　　(D)韧性

53. 管子的热膨胀量与(　　)有关。

(A)介质温度　　(B)环境温差　　(C)管点长度　　(D)材料的线膨胀系数

54. 围护结构的附加耗热量主要有(　　)等。

(A)朝向附加　　(B)风力附加　　(C)外围开启附加　　(D)高度附加

55. 液压系统中,压力控制回路主要有(　　)。

(A)调压回路　　(B)减压回路　　(C)增压回路　　(D)卸荷回路

56. 疲劳断口一般有(　　)等区域。

(A)疲劳源　　(B)疲劳裂纹扩展区　(C)最后瞬时断裂区　(D)疲劳开裂瞬时点

57. 机器和机械零件设计常用的方法有(　　)。

(A)理论设计　　(B)经验设计　　(C)模拟设计　　(D)模型实验设计

58. 对机械零件工作能力的基本要求有(　　)等。

(A)强度　　(B)刚度　　(C)耐磨性　　(D)振动稳定性和可靠性

59. 按作用不同,工艺基准可分为(　　)。

(A)装配基准　　(B)测量基准　　(C)定位基准　　(D)工序基准

60. 闸门多用于对流体介质作全启或全闭操作的管路。按阀杆的形成分为(　　)。

(A)明杆式　　(B)暗杆式　　(C)平行式　　(D)楔式

61. 闸门多用于对流体介质作全启或全闭操作的管路。按闸板的形状分为(　　)。

(A)明杆式　(B)暗杆式　(C)平行式　(D)楔式

62. 水平仪主要用于检验(　　)等。

(A)零件平面的平直度　(B)机械相互位置的平行度

(C)设备安装的相对水平位置　(D)零件平面的光洁度

63. 管道连接时,不得用强力对口,用加热管子,加偏垫或多层垫等方法消除接口端面的(　　)等缺陷。

(A)空隙　(B)偏差　(C)错口　(D)不同心

64. 疏、排水的支管与主管连接时,宜按介质流向稍有倾斜,(　　)不应接入同一主管。

(A)不同介质、压力的疏水支管　(B)不同介质、压力的排水支管

(C)不同介质的疏、排水支管　(D)不同压力的疏、排水支管

65. 关于各种用途的管道的强度试验和密封性试验说法正确的是(　　)。

(A)压缩空气管道用水作介质进行强度及密封性试验

(B)煤气管道和天然气管道用气体作介质进行强度及密封性试验

(C)氢气管道、乙炔管道和输油管道先用水作介质进行强度试验,再用气体作介质进行密封性试验

(D)机车水系统管道用水作介质进行强度及密封性试验

66. 对于试验压力的要求正确的是(　　)。

(A)一般动力管道为工作压力的 1.25 倍　(B)不得小于工作压力加 300 kPa。

(C)机车管道为工作压力的 5～10 倍　(D)试验压力越大越好

67. 各种材质的管子热煨时,要求正确的是(　　)。

(A)管子加热升温宜缓慢、均匀

(B)保持管子热量,并防止过烧或渗碳

(C)铝管宜用氢氧焰或蒸汽加热

(D)铜、铝管热变时,应用木柴、木炭或电炉加热,不宜使用氧-乙炔焰或焦炭

68. 接头连接泄漏的原因可能是(　　)。

(A)接头锥面或球面活接头表面有划伤　(B)接头体和球接头加工不合格

(C)连接不同心　(D)连接表面有异物或紧固度不合适

69. 螺纹连接密封不良的原因有(　　)等。

(A)管螺纹加工质量不好　(B)附件或设备的管螺纹不标准

(C)填料选用不当或填料密封不严　(D)管螺纹与配件紧固程度不合适

70. 工件在空间直角坐标系中,都有六个自由度,包括(　　)因此,要确定工件在夹具中的准确位置,必须用各种定位元件的适当分布来限制工件的六个自由度。

(A)沿 X 轴的移动和绕 X 轴的转动　(B)沿 Y 轴的移动和绕 Y 轴的转动

(C)沿 Z 轴的移动和绕 Z 轴的转动　(D)极坐标系没有自由度

71. 与工件定位基准面接触的夹具零件,称为定位元件。定位元件的工作平面应具有(　　),以便长期保持夹具的定位精度,同时正应具有良好的工艺性,以便于制作、装配和修理。

(A)较好的韧性　(B)较高的耐磨性　(C)较好的塑性　(D)足够的刚度

72. 夹紧力的确定,包括对其(　　)的确定。

(A)性质 (B)方向 (C)大小 (D)作用点

73. 常见的夹具有长、短、厚、薄的直键、T 形键、定位销、定位盘、顶尖、支座等。主要作用是保证(　　),以及整个夹具的刚度和可靠性。

(A)元件与元件之间的定位精度 (B)元件与夹具之间的定位精度

(C)元件与元件之间的连接强度 (D)元件与夹具之间的连接强度

74. 高速工具钢通常俗称锋钢或白钢,它含有较多的(　　)等合金元素。

(A)钨 (B)钼 (C)铬 (D)钒

75. 切削热是切削过程的重要物理观察之一,它对(　　)等有直接影响。

(A)刀具磨损 (B)车床寿命 (C)生产率 (D)工件质量

76. 切削液的作用有(　　)。

(A)冷却作用 (B)润滑作用 (C)清洗排屑作用 (D)防锈作用

77. 麻花钻的工作部分分为切削部分和导向部分,切削部分共有一尖、三刃参与切削工作,一尖指钻心尖,三刃指的是(　　),导向部分是保证钻头在切削过程的方向和切削部分重磨后的后背部分。

(A)主切削刃 (B)副切削刃 (C)模刃 (D)背刃

78. 按液压传动的工作原理,可分(　　)。

(A)容积式 (B)驱动式 (C)封闭式 (D)动力式

79. 液压泵又称油泵,它可以分为(　　)等多种。

(A)齿轮泵 (B)叶片泵 (C)柱塞泵 (D)偏心泵

80. 液压泵又称油泵,它可以按流量特征分为(　　)。

(A)定量泵 (B)变量泵 (C)柱塞泵 (D)齿轮泵

81. 流量控制阀用来调节或分配液体流量,实现运动部件的无级调速或同步动作。根据其不同的用途分为(　　)等多种。

(A)节流阀 (B)分流阀 (C)调速阀 (D)溢流节流阀

82. 空气进入液压系统后会使系统产生(　　)等。

(A)噪声 (B)振动

(C)使油液变质 (D)工作不平稳以及产生爬行

83. 人体具有电阻,当接触电源后,便有电流通过。当人体接触常用的 220 V 或更高电压后,就会产生大于致命的电流。为此,我国 GB 3805—2008 标准规定,下列属于安全电压等级的是(　　)。

(A)42 V (B)36 V (C)24 V (D)12 V

84. 根据数控机床的类型,控制介质有(　　)等。

(A)穿孔带 (B)穿孔卡 (C)磁带 (D)其他记载代码的载体

85. 机床的一级保养作法包括(　　)。

(A)按计划对设备的局部和重点部位进行拆卸、检查并彻底清洗

(B)疏通油路

(C)清洗或更换油毡、油线、滤油器

(D)调整各部配合间隙紧固各部位

86. 对润滑剂的基本要求是(　　)。

(A)摩擦系数小、纯度高、具有良好的吸附和楔入能力

(B)一定的黏度,抗氧化稳定性好

(C)无研磨和腐蚀性

(D)导热性好,热容量大

87. 金属的腐蚀,是指金属表面与周围的介质发生(　　)而受到损坏的现象。

(A)物理反应　(B)化学反应　(C)电化学反应　(D)磁化反应

88. 管材锈蚀状况的评定标准包括(　　)。

(A)以锈蚀深度为主,辅以锈蚀程度综合评定

(B)以锈蚀程度为主,辅以锈蚀深度综合评定

(C)以锈蚀深度为主,辅以表面状态综合评定

(D)以锈蚀程度为主,辅以表面状态综合评定

89. 关于锈蚀深度的评定,下列说法正确的是(　　)。

(A)锈蚀深度<30 μm 为浮锈和轻锈　(B)30 μm≤锈蚀深度≤80 μm 为中锈

(C)锈蚀深度>80 μm 为重锈　(D)锈蚀深度>100 μm 为重锈

90. 机车机油、燃油和静液压系统管件的防腐处理程序中需要用热水清洗,用热水清洗的程序在(　　)。

(A)酸洗除锈程序前　(B)酸洗除锈程序后

(C)高温磷化处理程序前　(D)高温磷化处理程序后

91. 系统管件磷化处理的目的是(　　)。

(A)提高管件的强度　(B)提高管件的耐腐蚀性能

(C)确保系统的清洁度　(D)确保油漆的附着度

92. 碳钢钢管壁厚大于 2 mm 的一般采用手工电弧焊方法,焊接材料可采用(　　)等焊条,管壁较薄的可采用气焊方法进行焊接。对于重要受力管件应选用相应的碱性焊条、直流弧焊机焊接。

(A)J422　(B)J423　(C)J506　(D)J507

93. 常见管线焊缝的缺陷有(　　)等。

(A)裂纹　(B)气孔　(C)夹渣　(D)未溶合

94. 东风D客型机车机油和冷却水系统装用的双球形胶管由内胶层、尼龙帘布、外胶层、骨架、卡箍、法兰组成,双球胶管的优点是(　　)。

(A)减振好　(B)密封好　(C)安装方便　(D)容差性好

95. EO 渐近式卡套接头,用于内燃机车和电力机车的空气制动系统,它的优点是(　　)。

(A)安装快捷　(B)美观　(C)无火安装　(D)密封性好

96. 客车取暖装置的种类有(　　)等。

(A)蒸汽取暖装置　(B)电热取暖装置

(C)空气调整装置　(D)独立温水取暖装置

97. 705 型试验台的操纵阀有七个作用位置,下列各位置的作用对应正确的是(　　)。

(A)一位:慢充位　(B)四位:稳定试验

(C)五位:制动灵敏度试验　(D)七位:紧急制动灵敏度试验

98. 103 和 104 型分配阀不起紧急制动的原因是(　　)。

(A)紧急部漏泄　(B)中间体漏泄　(C)主阀列车管漏泄　(D)紧急膜板穿孔

99. 影响闸瓦与车轮间摩擦系数的因素有(   )。

(A)闸瓦材质 (B)闸瓦压力 (C)闸瓦温度 (D)列车运行速度

100. 关于粘着制动力与黏着条件的的叙述中正确的是(   )。

(A)黏着制动力受黏着条件的限制,即制动力≤黏黏着力

(B)制动力>黏着力,车轮就会滑行

(C)黏着系数越大,制动率就可以小一些

(D)制动率受黏着系数的限制

101. 机车冷却水系统分为(   )。

(A)预热水系统 (B)高温水系统 (C)低温水系统 (D)取暖水系统

102. 机车冷却水系统组成包括(   )等。

(A)散热器 (B)膨胀水箱 (C)逆止阀与安全阀 (D)管路管件

103. 机车预热系统的作用是在外界气温很低、机车在露天环境下柴油机处于停机状态时,能随时对(   ),以满足柴油机随时可以启动和加载的要求。

(A)柴油机机油 (B)柴油机水 (C)燃油 (D)静液压油

104. 机车燃油箱滤器RC-30W型滤器,主要由滤器座、体、网片滤蕊、密封圈及紧固件等组成。安装在燃油系统中的燃油箱与燃油输送泵之间,其作用是(   ),供给柴油机比较清洁的燃油。

(A)过滤燃油中多余的水 (B)缓解燃油输送泵压力

(C)清除燃油中的杂质 (D)保证燃油输送泵的正常工作

105. 机车静液压系统安全阀是保护静液压系统正常工作的,当安全阀正常工作时,下列说法正确的是(   )。

(A)当系统低压管路中的压力超过了安全阀的规定压力时,安全阀被推开,高压油从安全阀泄入高压管路,流回油箱

(B)当系统高压管路中的压力超过了安全阀的规定压力时,安全阀被推开,高压油从安全阀泄入低压管路,流回油箱

(C)低压管路压力恢复正常后,安全阀关闭高、低压管路之间的通路

(D)高压管路压力恢复正常后,安全阀关闭高、低压管路之间的通路

106. 机车静液压系统的温度控制阀由阀体、滑阀、弹簧调整螺钉、温度控制元件及密封件、紧固件等组成,安装位置可以是(   )。

(A)低温水主管路 (B)冷却水箱 (C)高温水主管路 (D)高温水箱

107. 机车空气制动系统的风源系统主要由空气压缩机、风源净化装置、总风缸、止回阀、高压保安阀、空压机调压器等组成,主要任务是供给(   )等用风。

(A)列车空气制动系统 (B)撒砂、弹簧停车、轮缘润滑系统

(C)电气部分各电空阀 (D)喇叭、后视镜、刮雨器等辅助装置

108. 双阀口式中继阀的管座上装有五根管子,即制动管2、总风管3、中均管4、过充管7、总风遮断阀管8。作用位置有(   )。

(A)缓解充气位 (B)缓解后保压位 (C)制动位 (D)制动后保压位

109. F-7型分配阀根据制动管压力变化而产生动作,直接控制作用阀的充气和排气,以实现机车的制动、保压或缓解。它是采用二压力机构与之压力机构相结合的混合机构,能够实现(   )。

(A)一次缓解 (B)二次缓解 (C)三次缓解 (D)阶段缓解

110. F-7 分配阀组成部分中的限压阀有(　　)。

(A)主限压阀　(B)副限压阀　(C)常用限压阀　(D)紧急限压阀

111. 作用阀接受(　　)的直接控制。

(A)自动制动阀　(B)单独制动阀　(C)分配阀　(D)切控阀

112. 自动制阀有七个作用位置,司机操纵制动阀手柄从左自右依次为 1、2、3、4、5、6、7,下列对应正确的是(　　)。

(A)1-运转位　(B)3-最小减压位　(C)5-最大减压位　(D)7-紧急制动位

113. 机车无动力装置,也叫滤尘止回阀,使用无动力装置的前提条件是(　　)。

(A)空气压缩机不运转　(B)柴油机不启动

(C)总风缸内没有压力空气　(D)空压机故障

114. 紧急制动阀是机车运行的安全装置,当空气制动机一旦失灵或意外特殊情况需立即停车时,按下其手柄,制动管内压力空气迅速排入大气,此时(　　)。

(A)机车发生紧急制动　(B)机车不发生紧急制动

(C)列车发生紧急制动　(D)列车不发生紧急制动

115. 在机车生产中,管路管件的生产作业伴随伴随机车装配的整个过程,其间需经历酸洗磷化工序,对于管子的酸洗磷化工序位置正确的是(　　)。

(A)管件在弯制前需酸洗磷化

(B)管件在预制前需酸洗磷化

(C)管件在预制后需酸洗磷化

(D)部分管件在装车现场研配后需酸洗磷化

116. 管子在弯管机上冷弯过程中,管子纵向出现伤痕的原因可能是(　　)。

(A)夹紧模滑动　(B)压力模安装位置太靠里

(C)压力模凹槽边太锐利　(D)压力模开度小

117. 管子在弯管机上冷弯过程中,管子纵向出现伤痕的原因是多种多样的,对此采取的措施可以是(　　)。

(A)适当调整加大夹紧模的夹紧力　(B)适当向外调整压力模

(C)修整压力模凹槽锐边　(D)适当调大压力模开度

118. 下列选项中属于工装的是(　　)。

(A)刀具　(B)量具　(C)夹具　(D)管工工具

119. 手工电弧焊用的电机分为(　　)。

(A)直流弧焊机　(B)交流弧焊机　(C)焊接整流器　(D)CO_2气体保护焊机

120. 焊前零件开坡口的目的是(　　)。

(A)保证电弧能深入焊缝根部,使根部焊透　(B)便于清除熔渣

(C)获得较好的焊缝成型　(D)调节基本金属和填充金属的比例

121. 关于弓锯床的特点描述,正确的是(　　)。

(A)锯条固定在锯弓上,作往复运动进行切割

(B)所切管口较规整光滑,割口也比较窄

(C)可进行与管子中心成倍增长 45°角的切割

(D)由于锯片的空行程不切割,生产效率较低

122. 克服水流阻力以维持液体的运行时，单位重量的液体所损失有能量称为水头损失。可分为(　　)。

(A)沿程水头损失　(B)主管水头损失　(C)支管水头损失　(D)局部水头损失

123. 截止阀(球阀)主要用来切断介质通路，也可调节流量。它可分为(　　)。

(A)直通式　(B)直角式　(C)直流式　(D)全通式

124. 安全阀超过工作压力不开启的故障原因可能是(　　)。

(A)杠杆被卡住或销子生锈　(B)杠杆式的重锤被移动

(C)弹簧式的弹簧受热变形或失效　(D)阀芯和阀座粘住

125. 安装管道前，应根据设计要求和工艺规定，根据不同情况对金属管材做材质试验。常见的试验包括(　　)等。

(A)拉伸试验　(B)硬度试验　(C)管子弯曲试验　(D)水压试验

126. 矢量弯管机组成部分通常包括(　　)等。

(A)机体　(B)夹紧导向机构　(C)尾架　(D)电源操纵箱

127. 机车车辆管路安装要求包括(　　)。

(A)横平竖直，排列整齐美观

(B)管与附件不许超出规定界限

(C)管与管、管零件之间要有一定间隔，不许接磨

(D)按要求距离位置固定管卡，按规定扭矩紧因各自接头，不许漏泄，各阀安装位置应便于操作

128. 一般建筑管道的连接方法因管材不同而不同，有关一般建筑管道的连接方法，下列说法正确的是(　　)。

(A)铸铁承接管采用承接填料接口

(B)钢管宜用于法兰和焊接的方法，小口径钢管宜采用螺纹接口

(C)无缝钢管、铜管、铝管均采用焊接及法兰接口

(D)塑料管可采用焊接及粘接，承插式自应力(或预应力)钢筋混凝土管一般采用橡胶圈柔性接头

129. 管道安装完毕应对管道系统进行压力试验。按试验的目的可分为(　　)。

(A)强度试验　(B)严密性试验　(C)水压试验　(D)气压试验

130. 管道安装完毕应对管道系统进行压力试验。按试验时使用的介质可分为(　　)。

(A)强度试验　(B)严密性试验　(C)水压试验　(D)气压试验

131. 胀管器的种类包括(　　)。

(A)自进式串联翻边胀管器　(B)不带翻边紧固胀管器

(C)自进式带止推环的错列式胀管器　(D)FVF-1 型终胀胀管器

132. 对客车制动管系检修规定包括(　　)。

(A)除净主、支管外部锈垢及内部油垢，外部涂红丹防锈漆

(B)主管两端的短管长度应为 250～300 mm

(C)主、支管组装后须一扣以上的完整扣

(D)主、支管腐蚀深度不得超过 1 mm

133. 弯管机的种类包括顶弯式弯管机、拉弯式弯管机、小型机动弯管机、电动弯管机、矢

量弯管机、(　　)等。

(A)手动弯管机　(B)数控弯管机　(C)液压弯管机　(D)中频感应电热弯管机

134. 机械加工中常用的游标量具有(　　)和齿厚游标卡尺。

(A)游标卡尺　(B)电子数显游标卡尺

(C)深度游标卡尺　(D)高度游标卡尺

135. 万能角度规分型有(　　)。

(A)Ⅰ型　(B)Ⅱ型　(C)Ⅲ型　(D)Ⅳ型

136. 塞尺的使用注意事项有(　　)等。

(A)不能用力硬塞　(B)使用前要认真清除灰尘

(C)使用后要在塞尺片上涂防锈油　(D)使用后可以不用折回保护板内

137. 工艺规程是反映比较合理的工艺过程的技术文件。一般包括:(　　)等。

(A)工件加工工艺路线及所经过的车间和工段

(B)工序的内容、切削用量、工时定额

(C)所采用的机床和工艺装备

(D)工件的检验项目和工人级别

138. 加工精度是评定机械零件加工质量的重要指标之一,所谓加工精度是指零件加工之后的几何系数与理想几何系数的符合程度,即加工误差的大小。符合的程度愈高加工误差愈小,加工精度就愈高。加工精度用加工误差大小来表示。其中的几何系数包括(　　)。

(A)尺寸　(B)形状　(C)位置　(D)配合

139. 夹紧装置的结构是否可靠、合理,将直接影响工件的加工精度和生产效率,因此对夹紧装置的一般要求是(　　)等。

(A)夹紧时不能破坏工件的定位　(B)结构简单紧凑,并有足够的刚性

(C)夹紧力能调整　(D)操作方便、省力、安全、生产效率高

140. V形块适用于外圆柱面定位方式,如轴点、管件、阀门及套类等零件的定位。V形块两工作平面间夹角有(　　)。

(A)45°　(B)60°　(C)90°　(D)120°

141. 一般数控机床主要由(　　)几个部分组成。

(A)控制介质　(B)数控装置　(C)伺服机构　(D)机床

142. 关于蒸汽管道的温度应力的说法,正确的是(　　)。

(A)受热后膨胀伸长,冷却后收缩

(B)受热时为压缩应力,冷却时为拉伸应力

(C)如果超过了材料的抗拉或抗压强度极限,管道就会变形

(D)消除温度应力的方法通常是装补偿器

143. 施工草图一般包括的内容有(　　)。

(A)管道、零件、部件的材质、规格、型号、数量

(B)管道及设备在空间的位置,包括相互之间的位置以及建筑物的位置关系

(C)支吊架的形式、数量及安装位置

(D)设备的规格、型号和数量

144. 关于有色金属管弯制的正确说法是(　　)。

(A)黄铜管热煨时，先往管内填入细砂，打实后在木碳上加热至 400～500 ℃立即取出，进行煨制，煨制时不允许浇水，以免产生裂缝，加热要均匀

(B)紫铜管煨制时，先要进火，将管内填入细砂打实，加热至 540 ℃立即取出，先用水浇，使其冷却，这样可以使紫铜管在高热下产生的氧化皮松脱变松、变软，冷却后即可冷弯

(C)铅管煨弯有冷弯和热煨两种，热煨时加热温度为 300～400 ℃，管内填入细砂，煨制时可用冷水洗

(D)有色金属管一般宜采用冷弯，其特点是质量好，速度快

145. 常用减压阀的种类有(　　)等。

(A)活塞式　　(B)薄膜式　　(C)静重式　　(D)柱塞式

146. 常用减压阀安装时应注意事项有(　　)。

(A)阀体箭头指向介流动方向，切勿装反

(B)应直立安装在水平管道上，使阀盖与水平管道垂直

(C)减压阀的高、低压管道上应装压力表，以便于运行调节

(D)减压阀两用侧应装置控制阀门，减压后的管径应放大一个规格，并装上旁通管，以便检修

147. 工艺卡片是根据工艺规程所规定的内容，用(　　)等形式表达出来，作为具体安排和指导生产技术的依据。

(A)简明文字　　(B)表格　　(C)工作图　　(D)任何形式都可以

148. 选择水泵的依据有(　　)等。

(A)流量、扬程及其变化规律

(B)应满足最大工况时要求，即满足供水对象所需要的最大流量和最高水压要求

(C)满足最大工况的条件下，选用性能相同或不同的数名水泵，以满足供水变化的要求，以节约能源

(D)在选择水泵时还应考虑泵房的构造及水泵生产的因素和安全因素

149. 关于管道的适宜管径的叙述，正确的是(　　)。

(A)能满足用户需要的流量

(B)能在经济流速范围内流动的管道管径

(C)先计算出设管道的流量，再根据常用给水管道的经济流速表，选定经济流速

(D)计算出管道的适宜管径(内径)公式为

$$D_n = 18.8\sqrt{\frac{Q}{W}}\ (\text{mm})$$

Q—管段的流量(m^3/h)

W—管道的经济流速(m/s)

150. 制做弯管样杆的依据是图纸所给的(　　)等数据。

(A)弯管的形状　　(B)弯曲半径　　(C)弯曲角度　　(D)管径

151. F-7 型分配阀设有的风缸有(　　)。

(A)工作风缸　　(B)降压风缸　　(C)紧急风缸　　(D)作用风缸

152. F-7 型分配阀设有的风缸用途叙述正确的是(　　)。

(A)工作风缸控制主阀的制动、保压、缓解

(B)降压风缸控制副阀的制动、保压、缓解

(C)紧急风缸控制紧急放风阀的制动、保压、缓解
(D)作用风缸控制主阀和作用阀和制动、保压、缓解
153. 关于管子的相对壁厚，下列说法正确的是(　　)。
(A)弯管的变形与相对壁厚有关
(B)弯管的变形与相对壁厚无关
(C)相对壁厚＝壁厚/直径
(D)相对壁厚是用来选择一般弯管弯曲半径的依据
154. 120 型货车空气制动机组成的主要部件包括(　　)等。
(A)120 阀　(B)副风缸　(C)比例阀　(D)加速缓解风缸
155. 燃油系统安全阀开启的主要原因有(　　)。
(A)燃油输送泵过载　(B)燃油滤清器阻力过大
(C)限压阀失灵　(D)燃油系统逆止阀堵塞
156. 机车运用中应注意观察燃油精滤器前压力表值，正常压力为 225.6～274.7 kPa，若压力偏低，则原因有可能是(　　)。
(A)安全阀开启压力偏低　(B)仪表问题
(C)粗滤器太脏　(D)燃油泵齿轮与泵体间间隙过大
157. 连接在低温水系统上的油水热交换器有(　　)。
(A)燃油热交换器　(B)机油热交换器
(C)静液压油热交换器　(D)低温水散热器
158. 机车各管路系统漏泄检查项目包括(　　)。
(A)各系统管路　(B)各系统截止阀、放气阀
(C)各系统主要部件　(D)各系统传感器、压力表及表管
159. 关于机车发热状态检查的描述正确的是(　　)。
(A)各电机轴承温升不大于 55 ℃
(B)启动变速箱和液压变速箱箱体温度不大于 80 ℃
(C)机车轴箱温度不大于 70 ℃
(D)硅整流元件最高温度不大于 150 ℃
160. 关于机车正常的机油系统仪表要求的说法正确的是(　　)。
(A)主机油泵出口压力 550 kPa＋140 kPa
(B)机油粗滤器前后压差 150 kPa
(C)增压器机油压力 250～300 kPa
(D)柴油机 1 000 r/min 时，末端压力不大于 250 kPa
161. 造成机车重新水阻的原因包括(　　)等。
(A)更换制动缸　(B)更换增压器　(C)更换启动变速箱　(D)更换高压燃油泵
162. 造成机车重新试运的原因包括(　　)。
(A)机车功率不好　(B)更换牵引电动机　(C)更换励磁机　(D)更换制动阀
163. 对于 704 调压器作用的说法正确的是(　　)。
(A)总风缸压力降到 750 kPa±20 kPa，空压机开始打风
(B)总风缸压力升到 900 kPa，空压机停止打风

(C)压力调整范围 200～1 200 kPa

(D)压差调整范围 750～900 kPa

164. 机车按动Ⅰ端撒砂按钮时(　　)。

(A)一轮应撒砂　(B)三轮应撒砂　(C)四轮应撒砂　(D)六轮应撒砂

165. 机车按动Ⅱ端撒砂按钮时(　　)。

(A)一轮应撒砂　(B)三轮应撒砂　(C)四轮应撒砂　(D)六轮应撒砂

166. 关于机车风笛的说法正确的是(　　)。

(A)按动Ⅰ端风笛按钮时,Ⅰ端风笛响　(B)按动Ⅰ端风笛按钮时,Ⅱ端风笛响

(C)按动Ⅱ端风笛按钮时,Ⅰ端风笛响　(D)按动Ⅱ端风笛按钮时,Ⅱ端风笛响

167. 关于东风$_{4B}$型机车,说法正确的是(　　)。

(A)燃油箱容积 9 000 L　(B)机车机油储备约 1 200 kg

(C)机车水系统总容水量约 1 200 kg　(D)机车共 8 个砂箱,每个砂箱装砂约 100 kg

168. 关于东风$_{4D}$型货运机车冷却风扇控制温度的说法正确的是(　　)。

(A)低温水温度上升到 56～64 ℃,低温冷却风扇应开始转动

(B)高温水温度上升到 84～92 ℃,高温冷却风扇应开始转动

(C)低温水温度低于 56～64 ℃,低温冷却风扇应慢慢停止转动

(D)高温水温度低于 84～92 ℃,高温冷却风扇应慢慢停止转动

169. DF$_{4D}$型机车冷却液一律采用去离子水,它包括(　　)。

(A)去离子交换水　(B)电渗法预处理水,再经离子交换的水

(C)蒸馏水　(D)矿泉水

170. 有关柴油机运用中的温度的说法正确的有(　　)。

(A)柴油机启动时油、水温度不得低于 20 ℃

(B)柴油机加载时油、水温度不得低于 40 ℃

(C)运转中柴油机油、水温度宜在 65～75 ℃

(D)运转中柴油机最高允许油、水温度 88 ℃

171. 有关柴油机运用中的压力的说法正确的有(　　)。

(A)主机油泵出口压力不得高于 676 kPa

(B)柴油机主机油道末端油压不小于 294 kPa

(C)燃油显示压力应在 147～245 kPa

(D)差示压力计显示曲轴箱压力不大于 588 kPa

172. 有关柴油机运用中的油、水位的说法正确的有(　　)。

(A)柴油机油底壳油位应在油标尺上下刻线之间

(B)膨胀水箱水位应保持在水表 2/3 处

(C)联合调节器工作油油位静态时应在油位表中线附近

(D)联合调节器工作油油位在柴油机运转时应在油位表中线上下约 5 mm 范围内

173. 初次运用或长期停放的柴油机启动前需要排放(　　)的存油。

(A)油底壳油池　(B)机油滤清器　(C)燃油污油箱　(D)增压器

174. 柴油机在运转中如觉察有金属撞击声或有其它可能造成事故的现象时,应立即迅速采取各种有效措施,包括(　　)等,使柴油机停车,进行检查与处理,避免事故的扩大。

(A)按紧急停车按钮　(B)关断燃油泵开关
(C)关断燃油管路上的截止阀　(D)关闭燃油精滤器的放气阀

175. 关于给机车加水要求及正确做法是(　　)。
(A)所加水水质要符合规定
(B)水温应在 40～60 ℃,加水完毕如果水温低于 20 ℃,需使用余热锅炉加温
(C)上水前应将有关放气阀开启,当放气阀出水后再关闭,并注意水位
(D)正常运用中需加入少量水时,可以从机车顶部的水箱加入口加水

176. 关于给机车放水要求及正确做法是(　　)。
(A)柴油机水温降到 50 ℃以下时才准放水
(B)当气温低于 50 ℃时,水温应降到 35 ℃以下方能放水
(C)冬季放水时应将各阀、堵打开,以免存水结冰,损坏柴油机
(D)如水温高于 50 ℃而又急于放水时,可通过温控阀使冷却风扇工作,进行强迫冷却

177. 柴油机启动时曲轴转动但不发火,燃油压力显示不足的原因可能是(　　)。
(A)燃油系统逆止阀位置不对　(B)燃油输送泵不转
(C)燃油油位低　(D)燃油系统内有空气

178. 机油压力低的原因可能是(　　)。
(A)机油稀释
(B)机油粗滤器太脏造成堵塞现象
(C)机油油压表显示错误或油压继电器本身误动作
(D)轴瓦大面积剥离或磨损过大

179. 机车冷却水温度过高的原因可能是(　　)。
(A)膨胀水箱水位过低
(B)冷却元件过脏或堵塞太多
(C)冷却水泵或阀门故障,造成冷却水不能很好的在系统内循环
(D)温控阀恒温元件作用不良,使冷却风扇不转或转动太慢

180. 一般所说的制动装置包括(　　)。
(A)制动机　(B)基础制动装置　(C)手制动装置　(D)制动显示装置

181. 制动机按操作方法和动力来源不同,一般可分为(　　)等。
(A)空气制动机　(B)电控制动机　(C)自动制动机　(D)真空制动机

182. 三通阀或分配阀按其性能的不同,可分为(　　)等基本形式。
(A)二压力机构　(B)三压力机构
(C)四压力机构　(D)二、三压力相结合机构

183. 下列分配阀中,具有充风缓解位、常用制动位、保压位和紧急制动位四个作用位置的有(　　)。
(A)F-7 型分配阀　(B)103 型分配阀　(C)104 型分配阀　(D)109 型分配阀

184. F-7 型分配阀设有四个风缸,这四个风缸和管号对应正确的是(　　)。
(A)工作风缸管 22　(B)降压风缸管 26　(C)紧急风缸管 21　(D)作用风缸管 11

185. F-7 型分配阀设有四个风缸,风缸容积对应正确的是(　　)。
(A)工作风缸 23 L　(B)降压风缸 8 L　(C)紧急风缸 5 L　(D)作用风缸 2 L

186. 关于JZ-7型制动机自动制动性能的描述正确的是(　　)。

(A)紧急制动后,制动缸最高压力420～450 kPa

(B)紧急制动后,制动缸上升到最高压力时间小于7 s

(C)紧急制动时,在3 s内列车管压力降到零

(D)常用全制动位制动缸压力330～3 603 kPa

187. 管座是制动阀的安装座,同时也是连接各管路的连接座,管座上装有的管子分别是1-均衡风缸管、4-中均管、6-撒砂管、7-过充管、8-总风遮断阀管、10-单独缓解管、11-单独作用管、(　　)。

(A)2-列车管　(B)3-总风管　(C)12-制动缸管　(D)23-工作风缸管

188. 重联柱塞阀的主要用途的叙述正确的是(　　)。

(A)换端操纵、机车重联牵引或无动力回送时,切断均衡风缸管与中均管的联系

(B)换端操纵、机车重联牵引或无动力回送时,沟通列车管与中均管的通路,使中继阀自锁

(C)控制总风遮断阀管8与8a的通断

(D)紧急制动时,使撒砂管接通总风管以达到自动撒砂的目的

189. 单独制动阀上的通路有(　　)。

(A)列车管2　(B)总风管3　(C)单独缓解管10　(D)单独作用管11

190. JZ-7型制动机单独制动阀通过单独作用管直接向作用阀充气口或将作用阀鞲鞴下方的压力空气排向大气,使机车产生制动或缓解,它不需要像(　　)那样需要通过分配阀的作用来起作用。

(A)JZ-7型制动机自动制动阀　(B)EL-14型制动机的单独制动阀

(C)S-6单独制动阀　(D)ET-6制动机的单独制动阀

191. 单独制动阀的作用位置包括(　　)。

(A)缓解位　(B)运转位　(C)制动区　(D)单独缓解位

192. F-7型分配阀主阀的缓解位包括(　　)。

(A)一次缓解位　(B)二次缓解位　(C)三次缓解位　(D)阶段缓解位

193. F-7型分配阀副阀部的充气阀的主要用途是(　　)。

(A)在完全缓解状态下,列车管压力空气经充气阀柱塞凹槽向工作风缸和降压风缸充风

(B)如自动制动阀手柄在过充位时,它与副阀一起使工作风缸和降压风缸一起得到过充,并能经充气阀消除工作风缸与降压风缸的过充压力

(C)在初减压时,能将列车管的部分压力空气经充气阀柱塞端部排向大气以便使副阀部起局部减压作用

(D)在阶段缓解时,防止工作风缸和降压风缸向列车管逆流

194. F-7型分配阀紧急部紧急放风阀的三个限制堵孔径为(　　)。

(A)充风限制堵孔径1.5 mm　(B)第一限制堵孔径1.2 mm

(C)第二限制堵孔径0.9 mm　(D)三个限制堵孔径均为1.2 mm

195. F-7型分配的作用位置有充气缓解位、局部减压位、常用制动位、(　　)。

(A)阶段制动位　(B)急制动位　(C)阶段缓解位　(D)紧急制动位

196. 重联阀的作用位置有(　　)。

(A)本务机车位　(B)重联机车位　(C)双机重联位　(D)多机重联位

197. ZDF 型电动放风阀三个组成部分包括(　　)。

(A)TFK 型电磁阀　(B)紧急制动阀　(C)延迟风缸　(D)紧急放风阀

四、判 断 题

1. 管路工程验收按隐蔽工程验收检查,中间验收检查和峻工验收三个程序进行。(　　)
2. 镀锌水煤气管最高适用温度是 250 ℃。(　　)
3. 压缩空气管道支管应从干管侧面引出。(　　)
4. 灌铅时,熔化铅从表面看呈现紫红色为宜。(　　)
5. 传热的基本方式有电传、水传和光传三种。(　　)
6. 蒸汽管道上应设置排水装置,以便排除管内存水。(　　)
7. 用于液体介质的安全阀,一般都排放密闭系统。(　　)
8. 室内采暖管遇过墙,常用两个 45°弯头绕过。(　　)
9. 为防止管孔因冷却收缩而不够角度,弯管时角度应比要求角度小弯曲 3°~4°。(　　)
10. 东风型机车机油系统中,法兰连接的密封垫是普通石棉板。(　　)
11. 安装热水管道补偿器对应预压一定的补偿量。(　　)
12. 蒸汽管道的坡向一般和蒸汽的流向相同。(　　)
13. 低温系统热媒温度低下 150 ℃。(　　)
14. 氢气管道的符号为 YQ。(　　)
15. 地下阀门应采用明杆阀门。(　　)
16. 地下敷设的氧气管道禁止采用通行地沟敷设。(　　)
17. 组对 60 型散热器时,每组片数不应超过 8 片,以免对丝断裂。(　　)
18. 弯管时,弯部里侧的金属被压缩,管壁变薄,弯曲部位的外侧被拉伸,管壁变厚。(　　)
19. 可锻铸铁塑性、韧性非常好,可以锻造,所以叫可锻铸铁。(　　)
20. 平均运动黏度为 10 mm^2/s 的轻柴油,规定为 10 号轻柴油。(　　)
21. 在保证配合性质和使用要求的前提下,应优先选用基轴制。(　　)
22. 在生产实际中,如发现工艺规程中有不合适的地方,生产工人可以不经请示,擅自修改。(　　)
23. 正火热处理是加温到临界温度以上,保温一定时间然后再在空气中冷却。(　　)
24. 蓄电池在充电时,电解液的比重增高。(　　)
25. 国际规定的形位公差中,同轴度的表示符号为○。(　　)
26. 用已加工表面为定位基准称为精基准。(　　)
27. 回火是钢质零件淬火后的一种热处理方法,可分为低温回火;中温回火和高温回火。他们的目的各不相同,高温回火的目的是消除淬火所产生的内应力,保持其最大硬度。(　　)
28. 在质量管理中,影响产品质量的因素主要有机具设备、原材料、工作方法或技术工艺、工作环境四个方面。(　　)
29. 气焊是利用可燃气体和氧气混合燃烧为热源,溶化焊件和焊丝而进行焊接的一种方法。(　　)
30. 管子弯曲时壁厚的减薄率变形,应满足以下技术要求:高压管不超过 10%,中低压管不超过 15%,且不小于设计壁厚。(　　)

31. 管子弯曲时椭圆度变形，高压管不超过5%，一般管不超过8%，还要求管壁上不应有横向或纵向裂纹、隆起和凸凹不平的地方，防止折皱变形。（ ）

32. 合理的弯曲半径可明显地减少管子的有害弯曲变形，提高弯管的质量。弯曲半径的尺寸从减少弯管有害变形方面看，选得越大越好；从弯管的制做安装方面看，希望选得越小越好。合理的弯曲半径应该是：弯曲变形在能满足技术要求的前提下，弯曲半径应选得尽理小一些。（ ）

33. 试验压力是为了对管子和管路的附件进行强度试验和严密性试验而规定的一种压力，试验压力一般都小于公称压力或工作压力。（ ）

34. 工作压力是指某一段管道和它的附属设备、阀件在设计条件下的实际运行压力。在介质温度为常温时，最大允许工作压力等于工称压力。在介质温度较高时，最大允许工作压力大于公称压力。（ ）

35. 焊接弯管，俗称虾米腰，可用于公称压力2～5 MPa以下、介质温度低到300 ℃管线，弯曲半径一般为1～5 DN。（ ）

36. 90°焊接弯头是由两个端节和若干中间节焊接而成。其中中间节两端带斜截面、端节一端带斜截面，中间节的节数不能少于2节。（ ）

37. 管子弯曲是管子在外加力矩作用下产生弯曲变形的结果。在弯曲变形进程中，管子外侧管壁受拉应力作用，而内侧管壁受压应力作用，接近中心的地方有一层管壁即不受拉应力作用也不受压应力作用，这一层管壁称为中性层。（ ）

38. 子弯曲半径选择的一般原则是：管径较大或管壁较薄的管子，应采用较小的弯曲半径；管径较小或管壁较厚的管子应采用较大的弯曲半径。（ ）

39. 由于管子有一定的弹性，当弯曲时施加的外力撤除后，弯曲的管子会弹回一定的角度。一般情况下能弹回潮3°～5°，因此，在弯曲时，不应考虑增加弹回的角度。（ ）

40. 用手动弯管器弯管时，把要弯曲的管子放在支管外径相符合的定胎轮和动胎轮之间，一端固定在管子夹持器内，然后推动手柄，绕定胎轮施转，直到弯成需要的角度。（ ）

41. 管道试压前，试压系统应装有两只经校验合格的压力表，并应具有铅封。压力表的满刻度应为被测压里最大值的1.5～2倍，压力表的精度等级不应低于1～5级，并安装于易观察的位置。（ ）

42. 气压实验是用气体介质进行压力实验的一种方法。气压实验的介质一般为空气，也可以用氮气或其他气体。用于实验氧气管道的气体，可以是有油脂的。（ ）

43. 管道喷涂油漆时，应根据管道安装的环境条件，接触腐蚀性介质的种类、浓度和温度，选择适用的油漆。（ ）

44. 在管道工程中，底漆直接涂在金属表面打底用，以使整个油漆膜与金属牢固地结合在一起，面漆是在底漆基础上再喷涂膜，用以抵抗不同性质的外界介质对管道的基础，延长管道使用寿命，提高工程的经济效益。（ ）

45. 流体的惯性是物体维持原有状态的性质。运动状态的任何改变，都必须克服惯性力的作用，表征惯性的物理量是质量。质量愈大，惯性愈小，运动状态愈难改变。（ ）

46. 物体受地球引力的特性称为重力特性，常用重度来表示。对于均质流体，作用于单位体积流体的重力称为重度，用 r 表示，$r=\dfrac{G}{V}$。（ ）

47. 凡是用来将热能转变为机械能或用来传递热能的媒介物质，统称为工质。工程上常用的工质有各种气体、蒸汽及液体。(　　)

48. 流是指流体在运动过程中传递热量的一种现象。在工程上常常遇到的是运动的流体与固定壁面接触时的热量交换问题。把这种热量传递的过程为热传导。(　)

49. 锅炉由汽锅和炉子两个基本部分组成，燃料在炉子里燃烧放出热量，通过汽锅壁的受热面与锅内的水生发热交换，将水架成热水或蒸汽。(　　)

50. 能量守恒及转换定律提出：能量不会创造，也不会消失，但在一定条件下可以从一种形式转换成另一种形式，从一种物体转移到另一种物体，转换或转移过程中的总能量是不变的，这个定律称为热力学第一定律。(　　)

51. 摄式温标，又称为百分温标，它规定在一个标准大气压即 101.325 kPa 下冰融化时的温度为 0 ℃，水沸腾时的温度为 100 ℃，将 0～100 ℃之间等分成 100 个刻度，每刻度就是摄氏温度 1 度，单位是℃，用符号 T 表示。(　　)

52. 经济性是指压力管道一次性投资费用和操作维护费用的综合指数高。(　　)

53. 管道压力等级确定的等强度原则，就是指用一管道中各个元件具有对介质相同的适应性、相同的强度和相同的寿命，它就要体现在材料的配伍和应用标准的选用上。(　　)

54. 在弯曲蛇形弯管时，所选用的内胎具大小，应考虑管子与胎具之间可能产生的间隙。由于弯管弹性的作用。含使蛇形弯管真径略有增加。所以内胎具直径应做成略大于蛇形管内径的直径。(　　)

55. 在圆形膨胀节里，较常用的是弯曲半径相同的膨胀节，这种膨胀节吸收热胀冷缩能力较强。(　　)

56. 客车取暖管系组装，室内散热管两端与隔板或端板的距离应至 200 mm 以上；各管安装需牢固。有适当坡度，排水可以滴在转向架上。(　　)

57. 客车取暖管系保温材料包扎，车下暖气管保温材料内须有 3 mm 厚的保温层，缠紧后总厚度应在 35 mm 以上；暖气管包扎保温材料后与电线管的距离应至 5 mm 以上；车内汽表管外部绝热层包扎须平整，并涂油漆。(　　)

58. 客车取暖管系的暖气主管，室内散热管经节、段分解者，保证一个段修期不漏；未经节段他解者，保证一个厂修期不漏，保证一个段修期内暖气支管、厕所、洗脸室的散热管不漏；包括各种情况使用的像胶垫。(　　)

59. 客车车蒸汽取暖装置全部组成后，须施行 600～800 kPa 的蒸汽压力试验；温水锅炉取暖装置必须衽焚火及温水循环试验；各部分须作用良好，可以泄漏。(　　)

60. 弯曲环弯时，应该从中间开始，一次将环弯弯成。为防止弯曲完的弯弹性弹回，应将环弯多弯 10°～20°。两端伸出的两个端不应同时弯曲，要弯曲完一端再弯曲另一个弯。弯的椭圆度略大一些是允许的，但两端不处于一个中心线是不可以的。(　　)

61. 管道的水压试验，在气温低于 0 ℃，可在采取特殊防冻的措施后，用 50 ℃左右的热水进行试验。试验完结应立即将管道内存水放净。氧气管道和乙炔管道必须用有油的压缩空气或氧气吹干。(　　)

62. 中、低压管道安装，管子对口时应酬检查平直度，在距接口中心 200 mm 处测量，允许偏差为 1 mm/m，但全长允许偏差最大不超过 10 mm。对口管可不用热量牢固，避免焊接或热处理后而产生变形。(　　)

63. 中、低管道安装，对工作温度小于 200 ℃的管道，其螺纹接头密封材料宜用聚四氟乙烯带或密封膏，拧紧螺纹时，可以将密封材料挤入管内。(　　)

64. 电动机启动时熔断丝熔断的主要原因有：定子线圈一相反按；定子线圈短路或按地；轴承损坏；被带机械卡住；传动皮带太紧；启动时误操作。(　　)

65. 电动机容量较大或超过供电变压器 25%时，应设降压起动器起动，TKW 以上的电动机要用磁力起动器起动。电动机外壳要接零。需安反正转的电动机要设倒顺开关或可递式磁力起动器，不得用普通开关代用。电动机的附属设备要固定在支架上端正牢固，所用电线要穿管保护。(　　)

66. 金属的腐蚀，是指金属表面与周围的介质，即液体或气体发生化学反应或电化学反应而损坏的现象。金属在大气中的腐蚀称为锈蚀。金属零件的腐蚀与金属材料本身的化学稳定性、金属表面的状况以及工作的环境的温度、湿度和空气污染程度等有关。(　　)

67. 碳油中的主要元素是碳以渗碳体的形式存在于油中。碳钢的性能同油中渗碳体的数差、大小、形状和分布无密切关系。(　　)

68. 单位时间内，通过元溶或总流中任一过流断面的流体体积。称为质量流差。其为 m^3/s 或 L/s。(　　)

69. 物体受到外力作用而产生变形时，由于内部各质点间的相对位置改变而引起的相互作用称为内力。不受外力作用时，物体内部各质点也存在着相互作用力，在外力作用下则会引起原有相互作用力的改变。材料力当中的内力，就是指这种因外力而引起的物体内部各部分相互作用力的改变差。(　　)

70. 电力机车的工作原理是由受电弓将线路电网的交流电，经车顶母线，传至车内各电器电路，转变成直流电供给各轮轴上的牵引电动机。驱动轮对转动。其工作原理是将电能转变成机械能。(　　)

71. 内燃机车的传动原理，是柴油机由轴带动主发电机转动，发出交流电，经边内电器设备，转变为直流电供给各轮轴的牵引电动机带动轮对转动。它是将机械能转换成电能。(　　)

72. 电力机车每节机车有 2 台转向架，两节有 4 台转向架，轴式为 2(Bo-Bo)。它表示转向架式机车，有 2 台两轴转向架，每台转向架有二组次轮对，单独驱动，两节机车重联牵引。(　　)

73. 东风4B 型结构特点表达式为 Co-Co，表示转向架式机车，有二台三轴转向架，每台转向架有三组动轮对、电力传动。转向架轮对成组驱动。(　　)

74. 在柴油机与机车轮对之间，没有一个液力环节，即液力传动装置，柴油机的动力，除经过必要的机械部件外，还安全通过这一液力环节，即液力变矩器或液力锅合器来传递传递这种机车称为液力传动内燃机车。(　　)

75. 因为柴油机或其他发动机的性能不符合机车牵引特性的要求，不能由柴油机直接驱动机车轮动，所以在柴油机和动轮之间设有电力、液力或机械主传动装置，将柴油机的机械能传给走行部的轮对，使柴油机的功率得到充分发挥，使机车获得良好的牵引性能。(　　)

76. 机车经过整备作业，乘务人员按规定人数，燃油及砂装载量为满载，冷却水、机油、液压传动工作油及其他润滑剂的装载量均为正常位，并包括全套随车工具和信号用具的机车重量，称为机车的整备重量。(　　)

77. 内燃机车的黏着重量，当机车全部为动轴时，通常就是内燃机车的计算重量；当机车即有动轴、也有随动轴随动轴时，则其黏着重量为机车计算重量时的动轴轴重乘以动轴数，即为各轴轴重的总和。(　)

78. 机车牵引力的最大值，在任何时候都不大于机车各动轮与钢球间黏着力最大值的总和，叫粘着牵引力。(　)

79. 在机车制动运行过程中，当制动力大于黏着力时，车轮踏面的圆周速度小于机车的运行速度，称之为打滑、滑走或滑行。(　)

80. 对内燃机车进行全面检查修理，恢复机车的基本性能。1993 年 7 月 1 日起大修期：干线内燃机车延长为 80±10 km；调小内燃机车延长为 8～10 年。大修为段修修程。(　)

81. 内燃机车柴油机承受过载的能力很强，并且柴油机的功率与转速基本成正比，只有在额定转速情况下，才有可能发出额定功率。(　)

82."机破"，全称为"机车破损事故"。内燃机车在运行中发生机截破损，造成列车晚点或需要更换机车的事故。如燃轴、动轮擦伤及其他机械破损事故。(　)

83. 静液压系统的工作原理：当柴油机运转时，柴油机曲轴自由端万问轴带动静液压复建箱，带动静液压泵，静液压泵从油箱把油吸入后，通过压力管路将油送至液压马达，液压马达在液压油的作用下进行旋转还动冷却风扇工作，通过湿度控制阀的自动控制，使冷却风扇转速实现了无级变速，从而使柴油机的机油和冷却水达到了自动恒温控制。(　)

84. 安装在机车机油和冷却水系统管路中的感温元件、随着油水温度的升高达到石蜡熔化的温度时，石蜡开始从固态逐步熔化变成液态，体积显著膨胀，感温元件的伸缩推杆推动温度控制阀骨的滑阀，逐步关小或堵死阀口的管道，使由静液压泵来的工作油流向回油管的油量至渐减少，流向液压以达的流量逐步增加，使将冷却风扇逐步加速运转。反之作用过程相反，实现对油路的开关和调节控制。(　)

85. 由于感温元件对温度咸应有一定的滞后现象，因此不必要过早采用手动调整螺钉，只有在机油和冷却水温度超过正常范围一段时间，在及有确实判断感湿元件失灵就进行手动调整。(　)

86. 机车燃油输送泵为齿轮泵，组装后，以 10 号或 20 号轻柴油进行磨合、性能及密封性试验。当油温在 10～35 ℃范围内，转速为 1 350 r/min，吸入真空度≥13.34 kPa 时，其出口压力为 343.35 kPa，供油量小于 27 L/min。当转速为 1 450 r/min，出口压力为 490 kPa，吸入真空度≥13.34 时，除主动轴端允许有不多于每分钟 4 滴泄漏外，其余部位不应有泄漏。(　)

87. 燃油箱滤器安装在燃油箱与燃油输送泵之间，其作用是清除燃油中的杂质，保护燃油输送泵的正常工作，供给柴油机比较清洁的燃油，现采用的是 RC-30W 型滤器。(　)

88. 机油热交换器由前盖、后盖、铜体、活动管板、固定管板、大隔板、小隔板、铜管及密封件、紧固件等组成。铜体两端的侧面焊有进、出水管的法兰，两端盖焊有进、出由管的法兰。组焊后的铜体及前后盖均经 0.98 MPa 的水压实验，以检查焊接质量。(　)

89. 机车在运行中，应注意观察动力间仪表盒中机油在滤清器前、后的压力表反应的压力变化，当压差大于 49.05 kPa 时，应按机油滤清器盖上指示的方向转动芯轴。使外滤芯及时得到清洗。当此处理压差仍不下降时，必须将滤芯组拆下进行解体检查。(　)

90. 机油热交换器经过清洗后，按其工作时的油、水侧通道分别进行 1.2 MPa 和 0.9 MPa 水压试验，保压 10 min，检查铜管组漏泄情况。在漏泄的管端孔内，轻轻大进与管端锥度基本

相同的长度等于管板厚度的铜棒,沿铜棒周围进行铜焊。每个热交换器堵管数不得超过20根,也可以根据情况随意堵焊。( )

91. 机车冷却水系统的任务是保证柴油机主要另部件在适易的温度下工作,使各运动部件之间保持合适的配合间隙,并保持较高的充气系数和一定的机油粘度及品质,以保证柴油机高效持久地工作。机车柴油机采用强制循环水系统,以水泵为动力迫使冷却水循环流动,经过散热器冷却后进入柴油机对汽缸和增压器空气进行非循环冷却。( )

92. 机车高、低温水循环系统共有一个膨胀水箱,分别有两根水管从膨胀水箱直接接到两个冷却水泵进口处,对系统的微量漏泄进行补充。在高温冷却水管路的最高点应接有支管直通膨胀水箱,以便及时排除系统内的气体。( )

93. 东风型内燃机车上采用铜管筋片或散热器,每组散热器由联接箱、扁管、冷却片、管板等组成。散热器每个冷却单节有68根铜扁管,980片铜散热片,片间距为2.33 mm,热水在扁管中流过,将热量传导至管壁及散热片,风扇所抽入的冷空气,横向流过散热器单节把热量带走。该散热器为冷却效率较高的强化散热器。( )

94. 机车预热系统是保证在外界温度较低情况下,柴油机能在规定的油、水温度下起动以及当柴油机从工作状态进入停机状态,或停机时间较长又需保持一定的油水温度情况下来加热机油、燃油和冷却水,达到所要求的温度。( )

95. 在预热锅炉工作时,以预热锅循环水泵为动力,分别从机车高、低水温水系统抽进冷水,经锅炉加热后再进入高、低温冷却水系统,并分别通过机油热交换器、燃油预热器加热机油、燃油及柴油机,这样往往循环,使机油、燃油、水泥度不断提高,达到柴油机起动温度或停机要求温度。若柴油机起动后预热对炉仍需继续工作。( )

96. 东风$_4$内燃机线路试运各系及管路动用状态检查验收:仔细检查各系及管路、阀门、连接胶管及系统部件等有无漏泄;各系统的压力和温度表指示压力和温度是否正常;各系统部件作用是否正常。如有不符合要求的不正常现象,应及时进行检修和做好现象以待回厂检查。( )

97. 机车的冷却水系统是由高温冷却水系统和低温冷却水系统各部件按一定的次序由管路和管件连接起来,组成的二个循环回路。( )

98. 柴油机启动后,启动机油泵停止打油,柴油机上的主机油泵开始工作,其循环顺序为:主机油泵从油底壳内吸油加压后,经热交换器、滤清器、冷布净化后,进入柴油机润滑系统润滑各零部件的润滑表面及冷却活塞后流回油底壳。此循环为开式循环。( )

99. 机车高温冷水系统的循环路线是:冷却柴油机各部位热水经出支管,进行左、右出水总管,经三能会合至柴油机高温出水总管,进入高温水散热器冷却后经逆止阀进入高温水泵,经加压后注入柴油机左、右进入总管,再通过各个进水支管进入相应的各气缸套,进入气缸盖,经过出水去管进入出水气管另有一路由左、右进水管分别通过管路进入前、后增压器出气壳,冷却后返回出水气管,以此进行循环。( )

100. 由120型货车空气制动阀1与副用缸2、加速了缓解风缸3、制动缸4、截断塞六集尘器组合装置5、列车尘管6、比例阀7、传感阀或称重阀8、客量风缸9等组成新型空气制动机。它是属于机车制动机。( )

101. 120型阀的中间体是用来安装主阀的紧急阀,并用4个M20的螺栓和螺母将整个阀吊装在车辆底架上。还起连通列车主管、副风缸、制动缸、加速缓解风缸与主阀、紧急阀各个气

路的作用。(　　)

102. 120 型货车空气控制阀的主阀控制着充气、缓解、制动、保压等作用是控制阀组成中最主要的部分。它用作用部、减建部、局减阀、加速缓解阀和紧急二段阀等五个部分组成。(　　)

103. 货物列车、特别是重载列车的编组较长,为了协调列车前后部车辆充气作用一致,在控制阀的主阀中设有减建部,以区分列车后部车辆充气作用与列车前部车辆的减建充气作用。减建部设在作用部上面。(　　)

104. 120 分配阀主阀部的紧急二段阀,位于主阀安装面旁,其结构与 103 阀基本相同,由紧急二段阀杆、紧急二段阀弹簧、紧急二段阀套等零件组成。它是为了减长大货物列车在紧急制动时的横向冲动而设置的。(　　)

105. 半自动缓解阀的功用是手动排出制动缸的压力空气,使制动机缓解,也可以使副风缸、加速缓解风缸等的压力空气全部排出。(　　)

106. 对 102 型空气控制阀稳定性标准规定为:单车试验时,当列车管压力达到定压后,在列车管每分钟减压 40 kPa 速度下,制动机不应发生制动作用。一般在试验台上要求更高一些。稳定性能压力大小,可通过稳定弹簧来调整。(　　)

107. 120 型空气控制阀紧急制动时主阀的作用:紧急制动时,主阀各部分的作用,除紧急二端阀外,均与常用制动一样,即主活塞上移,先后发生第一、第二两个阶段的高减作用以及副风缸压力空气充入制动缸,产生制动作用,只是动作更迅速,且制动缸的获得与副风缸压力不相平衡的最高压力。(　　)

108. 组装和检修后的 120 阀应按试验要求,在 705 型试验台上逐个进行各项性能试验,合格后方可装车投入运用。(　　)

109. 120 型空气控制阀的主阀的初充气和充气位漏泄试验的质量要求:副风缸压力由零充至 580 kPa 的时间为 240～310 s,当副风缸压力达 580 kPa 时,工作风缸压力不得低于 560 kPa;各接合部不得漏泄;用漏泄指示器测定作用部排气口的漏泄,水面由第二格升至第三格的时间不得少于 5 s。(　　)

110. 705 型试验台的机能正确与否,是关系到 120 型控制阀技术性能是否可靠的关键。因此必须保持台机能处于经常性良好状况。特制定 705 试验台机能检查项目:试验方法及质量标准;操纵阀机能检查;验收规则;705 型试验台机能检查准备注意的事项和 705 试验台检修期限等规定。(　　)

111. 103、104 型分配阀是利用工作风缸与制动管的压力差,使分配阀产生不同的动作来控制工作风缸向容积室充气或容积室排气,利用容积室的充气及排气,来相应地控制副风缸向制动缸充气或制动缸排气而起制动或缓解作用,故称为直接作用方式。(　　)

112. 104 型分配阀在紧急制动时,由于制动主管紧急放风,压力急剧下降,则增压阀杆上侧的制动管压力空气迅速被排至大气,而增压阀杆下侧容积室压力迅速上升,当容积室压力升至足以克服增压阀弹簧的弹力及制动管剩余风压之和时,增压阀杆压缩弹簧向上移动,打开副风缸与容积室的道路,而使两者风压达到平衡,这时容积室的压力正常用制动时的最大压力的 10%～15%。由于容积室的压力增大,制动缸压力随之减小。(　　)

113. 机车空气制动系统装有二台 NPT5 型空气压缩机,容积流量 2.4 m^3/min。所产生的压缩空气充入两个容量为 2×625 L=1 250 L 的总风缸,以各供机车车辆制动系统用风外,

还供给机车撒砂系统及其他各种风动装置和电空控制机构的用风。(　　)

114. 机车空气制动系统主要由自动制动阀、均衡风缸、中维阀、过充风缸、单独制动阀、分配阀、作用阀、工作风缸、降压风缸、紧急风缸、作用风缸变向阀、滤尘止回阀、紧急制动阀和双针压力表、管道滤尘器、各种塞门和管路组成。(　　)

115. 自动制动阀是全列车空气制动的控制机构,通过对其手柄的操纵,实现制动机的各种性能和作用它是阀体与管座、手柄与凸轮、调整阀、放风阀、重联栓塞阀、缓解栓塞阀及客、货车转换阀等七个主要部分组成。自动制动阀不具有自动保压性能。(　　)

116. 自动制动阀的调整阀由调整系统、高速弹簧、高速阀模板、调整阀座、排气阀、供气阀、调整阀栓塞等主要部件组成。调整阀用于控制均衡风缸的充气或排气,并通过中断阀控制列车管的压力变化,以实现机车的制动或缓解。(　　)

117. JE-T 型空气制动机各主要阀的控制关系如图 1 所示。(　　)

自动制动阀→均衡风缸

→中继风→列车管压力变化 →车辆制动机

→机车分配阀→作用阀→机车能动缸→作用阀→机车制动缸

图　1

118. 自动制动阀的重联柱塞阀的主要用途有两点。其中,当换端操纵、机车重联牵引或无动力回送时,切断均衡风缸管 1 与中均管 4 的联系,并沟通列车管 2 与中均管 4 的通路,使中继阀呈自锁状态,使该制动阀失去对列车管的控制作用,此时自动制动阀手柄在定转位。(　　)

119. 单独制动阀由手柄、调整阀、单缓柱塞阀、定位柱塞等组成。接有 3 根管子:总钢管子、单独缓解管 10 和单独作用管 11。单独制动阀在全制动位时,制动缸压力规定为 500 kPa。(　　)

120. 双阀口式中继阀主要用于列车管的充气和排气。由鞲鞴、膜板、顶杆、供气阀及弹簧、排气阀及其弹簧、阀体、阀盖、过充柱塞等主要零件组成。作用位置有缓解充气位、缓解后保压位、制动位、制动后保压位四个作用位置。(　　)

121. 总风遮断阀接受自动制动阀的客、货车转换阀的控制,主要用来接通或切断总风径双阀口式中维阀道往列车管的通路。它与双阀口式中维阀的管座上设有五根管子的连接孔,即列车管工、总风管子、中均管 4、过充管 7,总风遮断阀管 8。(　　)

122. F-7 型分配阀的主阀用于机车的制动、缓解与保压。它主要由大膜板鞲鞴、小膜板鞲鞴、空心阀杆、供气阀及其弹簧、缓解弹簧、顶杆、中间盖等组成。主阀的动作受到列车管的压力、作用风缸压力、工作风缸压力三个压力并的控制,主阀是二压力机构。(　　)

123. F-7 型分配阀的紧急部,即紧急放风阀。用于当机车或列车用于紧急制动时,将列车管的压力空气通过放风阀迅速排向大气,以达到紧急制动的目的。有充气缓解位、常用制动位、紧急制动位三个作用位置。紧急放风阀受列车管和作用风缸的空气压力在短时间内的压差未控制其动作。(　　)

124. F-7 型分配阀的中间体也是分配阀各管路的安装座,亦称管座。在管座的底部和背面其连接有通往各阀的七根管路:2-列车管;14-作用风缸管;21-紧急风缸管;22-分配阀紧急管;23-工作风缸管;25-通大气;26-降压风缸管。在管座内设有列车管向减重,容积为 1.2 L,

通过C面与副阀相连,在连接列车管的入口处设有一个装有滤尘网的滤尘室,以防止污物杂质进入各网道。(　　)

125. JF-7 型制动的作用阀,是接受分配阀或单独制动阀的控制,从而用来控制机车制动缸的充气或排气,使机车得到制动机车缓解作用。(　　)

126. JF-7 型空气制动机试验台是专供 JE-7 型空气制动机的自动制动阀、单独制动阀、总风遮断阀、中继阀、主阀、副阀、紧急放风阀、紧急限压阀及作用性能测试的试验设备。它是根据 JE-7 型制动机的综合作用原理和模拟机车空气制动系统各管路的连接和容量而设备的。试验台对各制动阀的试验性能,可作为机车空气制为机检查验收的依据。(　　)

127. 为使无动力回送机车能发生制动作用,而在列车管与总风缸管之间所增设的装置,称为无功力装置,也叫滤尘止回阀。它是由止回阀和塞门两部分组成。在机车牵引或单机运行时,塞门应处于开启状态。(　　)

128. 无动力装置的阻流塞端与总风缸管连接,阻流塞的流口孔径为 ϕ3.2 mm,为使开放本装置对列车管的压力空气有节制地缓慢流入总风缸,以免由于总风缸容积压大所造成的列车管急建降压而引起制动。(　　)

129. 机车无动力装置止回阀的上方装有弹簧的,弹簧的张长为 140 kPa,当列车管的空气压力为 500 kPa 时,进入总风缸的空气压力为 360 kPa 时,止回阀上、下压力处于平衡状态,止回阀靠其向重落下,阀口关闭。当总风缸内的空气压力降低时,止回阀又自动开启补充,使总风缸经常保护一定的压力。确保自动制动置在常用全制动位时,制动缸能得到最高为360 kPa 的压力。(　　)

130. 机车的两个紧急制动阀分别安装在两个司机室的左侧墙上、主要由手柄、信偏心轮、阀体、阀、阀座等组成。平时手柄朝上,偏心轮迫使阀杆带动阀紧口压在阀座上,使阀口关闭。当拉动手柄时,偏心轮带动阀杆及阀高开阀座,下部列车管的压力空气通过阀体上的一圈小孔排向大气,使机车或列车发生紧急制动作用。此阀可以随时开动。(　　)

131. 机车的重联装置由重联阀、重联管路即平均管和总风缸管、止回阀等主要部分组成,是用于机车双机或多机牵引时使用,也可用于机车无动力回送时编现在列车中使用。(　　)

132. 重联阀由转换阀部、重联阀部、制动缸遮断阀部三个部分组成。在重联阀的管座上,装有五根风管,它们是:总风符号管 3;作用管 14a;作用管 14b;制动缸管 12 以及平均管 27 组成。(　　)

133. 重联阀部包括重联阀、重联阀弹簧、重联阀杆、重联阀套、止回阀、止回阀弹簧等。重联阀部是重联阀的主要控制部分。(　　)

134. 重联阀的制动缸遮断阀部包括上回阀弹簧、止回阀、遮断阀弹簧、遮断阀等。机车在正常运行时,不管转达换按钮在“本位”还是在“补机位”,遮断阀的止回阀总是处于常开状态。只有当机车一旦断钢分离时,止回阀才关闭,重联补机动缸的压力空气排往大气的通路,从而保证机车的安全。(　　)

135. 重联阀的转换部包括转换按钮,弹簧、二位阀柱塞等。当机车用作本务机车时,转换按钮置重联机车位,即补机位;当机车用作重联补机时,转换按钮置本务车位,即本位。(　　)

136. ZDF 型电动放风阀由 TFK 型电磁阀、紧急放风阀和延迟风缸三部分组成。电磁阀的输入端与总风缸管相连接,输出端通往紧急放风阀膜板下侧。在紧急放风阀上有与列车管相连接的风管及通往大气的排风口。电动放风阀受机车自动停车装置的控制。在自动停车装置接受符号并完成报警 TS 后，如司机仍不采取有效制动措施，则电动放风阀在内部各部件的作用下，将列车管的压力空气经排气阀口从放风阀排气口排向大气，列车产生紧急制动作用。( )

137. 电动放风阀延迟风缸的作用，是在于电磁阀线圈生电以后，还能使放风阀继续开启45～60 s的时间，以防止紧急制动后，由于设备故障致使电磁阀失电而出现的中途制动。( )

138. 机车设置空气制动-动力制动联锁装置的目的，在于对装有电阻制动的机车放行电阻制动并对列车施行空气制动时，自动降低机车制动缸空气压力或完全切除空气制动对机车的作用，以避免由于制动力过大而抱死轮对以致产生滑行。在机车上加装电磁阀或联锁DBM，它是常开式两位两通电磁阀。( )

139. 机车运行前对及有加装机车重联装置的机车单机运行或单机牵引时，要将操纵端自动制动阀手柄置运转位；非操纵端自动制动阀手柄置手柄取出位，并取出手柄。两端单独制动阀手柄均置运转位。( )

140. 机车运行前，对没有加装重联装置的机车双机重联牵引时，本务机车按单机牵引机车同样处理。重联补机两端自动制动阀手柄均要置于手柄取出位，并取出手柄。两端单独制动阀手柄均置运转位。连接重联端列车管，并开放相应的折角塞门。( )

141. 机车运行前，对没有加装重联装置的无动力回送机车，两端自动制动阀手柄要置于手柄取出位；并取出手柄；两端单独制动阀手柄均置运转位；开放无动力装置塞门；分配阀的常用限压法的限制压力调整到场 250 kPa；连接两端列车管，并开放折角塞门。( )

142. 机车空气制动系统中各阀橡胶件的维护：所有的橡胶膜板、O 形密封圈、止阀胶垫等均都有严格的尺寸和技术要求，这些橡胶件均不能沾柴油、汽油或其他油类，因此在清洗阀体或与之相配合的阀类柱塞后，一定要用压缩空气吹干净，组装时应在 O 形圈上涂上少许工业用凡士林作为润滑剂。( )

143. 在清洗空气制动系统中的两个变向阀时，其 O 形圈上充许涂加任何油脂，用以润滑。( )

144. 列车在运行中，分配阀一旦发生故障，可将分配阀的总风塞门和分配阀的列车塞门。使分配阀失去控制作用阀的能力，单独制动阀无法操纵，仍可用自动制动阀操纵机车和列车的制动与缓解。( )

145. 空气制动机的故障及原因分析：当向总风缸管充风，作用阀排风口大量排风，其原因是作用阀供气阀卡在制动位面空心阀杆高开供气阀，因而总风径供气阀口、空心阀杆和排气弯头排径大气。( )

146. 自动制动阀手柄在制动区；列车管减压不正常的故障分析：调整阀凸轮各位间的降程不正确，降程大，减压量大；降程小；调整阀凸轮磨耗或尺寸不对。( )

147. 自动制动阀手柄从运转位移至制动区，均衡风缸排风过快的故障分析：自动制动阀调整阀压板螺母排气孔过小；均衡风缸管径过大，使其容积变大。( )

148. 应用数控弯管机弯管时，送进电机，即送进小车前进的速度应与弯曲模旋转速度同步，过慢或过快都会造成弯曲质量事故和机械事故。如送过电机与弯曲速度不同步，应将送进小车适当高开管子后端。( )

149. 手动操纵数控弯管机弯管时，按要求开通有关开关后，在弯曲操作前，应对电压、电流和油压进行调整。慢慢转动可调电阻,使油泵电机慢慢提高转速,调整电压在30~50 V之间,油泵电流在7~10 A之间,最大不得超过10 A。油压调整不得大于6.3 MPa。(　　)

150. 应用数控弯管机进行有芯头弯曲管子时,首先应在芯头上涂的润滑油,以减少芯头与管子内壁的摩擦力,芯头在管子弯曲膜起弯头的切点位置的前后位置可随意调整。(　　)

151. 用数控弯管机进行弯曲操作时,先油送进小车将管子送进,当管子前头夹等部分较短时,应在管子端头插入管芯,以防止管子弯曲时在弯曲膜的夹紧部分和夹紧膜之间向后滑动和减少管子的夹紧变形。(　　)

152. 中频弯管机是属于管子热煨的一种方法,是用电能通过感应圈来加热管子的弯曲部位,一般煨曲 $\phi 114 \times 4$ 的管子,调整直流电源为350~450 V;中频电压为200~300 V;中频电流为200~300 A比较适宜。(　　)

153. 用中频弯管机弯制管子时,要随时注意调整感应圈,使管子内侧与外侧各保持有一定的加热带宽度,直到将管子加热到开始红亮时,再按动煨管电钮,并调整可调电位器,使弯管转速适当,中频弯管机是用来弯管较大管径,大弯曲半径的弯头。(　　)

154. 数控弯管机和矢量弯管机的传动,链条的调整与维护:每周内在链条上要喷洒一些轻质链条用油。每月内要张紧一次链条再次张紧链条时,要将张紧轮上的背紧螺母松开,调整张紧螺栓约需转动六圈,再将调整轮的调整螺栓按顺时针方向松开三圈。往张紧轮螺栓上喷洒一些WD40润滑油,最后交替地拧动张紧轮的调整螺栓,每次约转1/4圈,直到调整合适后,拧紧背帽。(　　)

155. 因为数控弯管机和矢量弯管机链条的张紧力是借助于调整螺栓上的螺母的松紧度来调整的,所以调整螺栓上螺母的拧紧力要严格控制,可采用一般板手紧固。(　　)

156. 数控弯管机的故障判断:弯管机弯曲臂加转运动不灵活或回转位置不准确时的原因分析:液压系统中有空气进入;传动链条松紧不适合;伺服阀零件调整不准;伺服阀太脏等。(　　)

157. 数控弯管机采用有心棒弯曲时,管子不能重复成型的原因有:夹紧模滑动,在管子夹持点上有滑痕;材料的变形及管壁太薄;弯曲模具严重磨损;压力模压力太高,产生一个较大的向后的拉伸力;心棒端部调整高正切点太后。(　　)

158. 弯管机采用有心棒弯曲时,弯曲过程中管子出现“鹅头”,是因为心棒调整的高正切点太朝后,应将心棒稍微向前移动。(　　)

159. 弯管机的压力模(亦称靠背)在弯制管子过程中告成管子损伤的原因是:压力模调整的位置太靠里;压力模调整压力太高,管子被夹的太紧;压力模凹槽凌边太锐利。(　　)

160. 控弯管机采用有心棒弯曲时管子出现纵向伤痕的原因分析和应采取的措施:夹紧模滑动,管子被夹持部分出现滑痕,应适当调大夹紧模的夹紧压力;压力模调整位置太靠里,适当向外调整;压力模开度小,适当加大开度;压力模凹槽边角太锐利,修整锐边。(　　)

161. 控弯管机在弯制管子过程中,采用无心棒和有心棒弯曲的原则是:管壁越薄,弯曲半径越小,应选择无心棒弯曲;管壁越厚,弯曲半径越大,应选择有心棒弯曲。(　　)

162. 在弯制管子过程中,管子送进小车的送进速度和管子弯曲模的回转速度可以不同步进行。(　　)

163. 用有心棒弯曲时,在弯管前要在心棒和管子内壁涂些润滑油,目的是为了增大管子与心棒的摩擦阻力,减少管子的弯曲变形。(　　)

164. 价值工程的三个要素是:价值、功能、成本。三者的关系式为价值(V)=功能(F)/成本(C)。( )

165. 锅炉和各种容器上安装的压力表所指示的压力,都是绝对压力。( )

166. Dg100 生活污水管的最小坡度是 0.012,标准坡度是 0.02。( )

167. 对铸件进行时效时目的主要是提高硬度。( )

168. 金属材料代号 HT200 中,HT 表示灰口铸铁,200 表示最低抗拉强度 200 MPa。( )

169. 氧气管道工作压力在 $156.96\times10^4\sim294.3\times10^4$ Pa 时,应采用无缝钢管敷设。( )

170. 住宅洗涤盒水龙头的安装高度为 1 000 mm。( )

171. 弯管机的液压油箱的吸油管,在油箱中的安装位置应在油面以上。( )

172. 管路系统采用活接头螺母连接时,活接头螺母与接头体螺纹的紧固力矩越大越好。( )

173. 管道阻力损失分为局部阻力损失和沿程阻力损失。( )

174. 弯曲后的管件的切割在特制的非标弓锯床上进行,锯条的升降和进刀量由液压缸自动调节控制,工作的支架是用风动夹等。为适应弯管难以夹紧的特点,设计有可转动的夹紧的盘机扬,准确切割弯管两端直线端处的多余部分。( )

175. 104 阀是 120 型货车空气制动机的重要组成部分。( )

176. 120 货车空气控制阀主阀的作用部,是利用列车管与容量风缸的空气压力差来产生充气、局检、制动、保压、缓解等作用。( )

177. 104 型空气制动机是以我国自行设计制造的 104 型客车分配阀而命名,其特点是以 104 型分配阀代替旧型制动机中的三通阀。( )

178. 在设计车辆基础制动时,货车的制动倍率一般以 6~9,客车以 7~10 为主。( )

179. 闸瓦总压力与车辆重量之比值叫制动倍率。( )

180. F-7 型分配阀的主阀用于机车的制动、缓解与保压,主要由大膜板、小膜板、空心阀杆、供气阀及气弹簧等组成,其中大、小膜板的有效面积比为 2.7∶1。( )

181. F-7 型分配阀副阀部的作用之一,能使制动管起局部减压作用,为使制动管加速减压,副阀部能在制动管实施小减压量时使其起局部减压作用,使机车后部车辆制动机起制动作用。( )

182. 作用阀管座有 3 根管子,分别是:3-总风缸;12-制动缸管;14-作用管。( )

183. 机车无动力装置,也叫滤尘止回阀。当柴油机不启动,空气压缩机不运转时,总风缸内及有压力空气此时开放滤尘止回阀,能使制动管的压力空气有节制地缓慢流入总风缸使无火机车能与车辆一样发生制动作用。( )

184. 燃油预热器是为了预热燃油之用。由前盖、后盖、体和管等组成。管内流水,管外流油,为直管式换热装置。( )

185. 内燃机车由空气压缩机输出的压力空气,首先进入油水分离器,以便将空气中所含油、水、杂质分离出来,以提高空气质量,减少制动系统和其他风动机物的故障。( )

186. 重联装置的作用是当机车双机或多机要联牵引时,使重联补机的制动、缓解作用得到与本务机车完全协调一致的效果。( )

187. 机车的撒砂系统是根据机车运行中钢轨与车轮的表面状态，实施撒砂，来改变轮轨接触面的状态，提高粘着牵引力，在牵引工地下，正确动用撒砂，能有效的防止车轮空转。(　　)

188. 制动单机试验，自动制动阀手柄由运转位直接移至紧急制劝位，列车管的空气压力应在 3 s 内降至零；制动缸压力由零升至 420～450 kPa 的时间不应超过 7 s。(　　)

189. 静液压油水热交换器是一种水管式的油水热交换器，冷却水在热交换器铜管内流动，液压油在管外流动，通过管壁进行热交换，达到冷却液压油和加热液压油的目的，使液压油控制在 15～65 ℃范围内工作。(　　)

190. 燃油安全阀是为了防止燃油输送泵过载，保证燃油泵不受损坏而设置的。(　　)

191. DF_4 型内燃机车机油系统是以机油泵作为动力迫使机油循环流动的。(　　)

192. 靠物体表面向外发射电磁波来传递热量的传热方式叫做热辐射。(　　)

193. 在机车运行过程中，可以用旋转调整手轮的方法来调整均衡风缸的压力。(　　)

五、简 答 题

1. 如何选取合理的弯曲半径？
2. 简述 JZ-7 型制动机单独制动阀的组成及所连接的管子。
3. 双阀口式中继阀的作用位置有哪些？
4. F-7 型分配阀的中间体通往各阀的管路有哪些？
5. 什么叫无动力装置？
6. 重联阀的组成部分有哪些？
7. 弯管机的靠背在弯制管子过程中造成管子损伤的原因是什么？
8. 一向总风缸充风，作用阀排风口大量排风的原因是什么？
9. JZ-7 型制动机设有的两个变向阀的作用是什么？
10. DF_4 型客运内燃机车操纵台压力表显示的压力有哪些？它们各自的工作压力是多少？
11. 何为定压比热？
12. 何为汽蚀现象？
13. 何为水泵扬程？
14. 何为流体的动力精度？
15. 水的硬度一般是指什么？
16. 什么叫水的汽化潜热？
17. 省煤器是什么装置？
18. 何为管道流体阻力？
19. 何谓压力管道中液体的水锤现象？
20. 什么是胀管工艺？
21. 何为管道保温层的临界厚度？
22. pH 值的含义是什么？
23. 何为管道温度应力？
24. 风源系统的任务是什么？

25. 什么是刚度？
26. 何为断口分析？
27. 何谓完全定位？
28. 什么叫工装？
29. 何谓液压传动？
30. 分别写出两个电容器在电路中串联和并联时总电容量计算公式。
31. 手工电弧焊用的电机分几大类？
32. 什么叫长弧和短弧？
33. 焊前零件开坡口的目的是什么？
34. 气焊焊炬可分为几种？
35. 回火保险器的作用是什么？
36. 简述弓锯机的特点。
37. 当一台变压器控制几台电动机时如何启动电动机？
38. 简述气割的工作原理。
39. 何为液体的层流？
40. 什么叫重力循环？
41. 同重量的水各冰体积相差多少？
42. 何谓水头损失？可分为几大类？
43. 常用的不锈钢管的哪些？
44. 简述截止阀的作用及种类。
45. 简述安全阀超过工作压力不开启的故障原因和排除方法。
46. 安装压力表时为什么要设有存水弯？
47. 金属管材应做哪些试验？
48. 电动弯管机通常由哪几部分组成？
49. 简述常用弯管机的维护保养。
50. 简述水平仪的使用及调整。
51. 机车车辆管路安装的顺序和要求是什么？
52. 一般建筑管道连接方法有几种？
53. 简述管道试压有哪几种方法？
54. 胀管器的种类有哪些？
55. 对客车制动管系检修有哪些规定？
56. 怎样确定弯管的弯曲点？
57. 简述弯管机的种类。
58. 在机械加工中常用的游标量具有几种？
59. 万能角度规分几个型式？各测量角度范围是多少？
60. 什么叫正弦规？
61. 简述塞尺的用处和使用注意事项。
62. 什么是工艺规程？
63. 何为加工精度？

64. 对夹紧装置的一般要求是什么？

65. 夹紧力的确定包括哪些因素？

66. 定位元件 V 形块适用于何种定位方式？夹角规格有几种？

67. 液压传动按工作原理可分为哪几类？

68. 简述一般数控机床的组成部分。

69. 操作者对机床保养应做到哪“三好”和“四会”？

70. 何为质量管理的预防性？

71. 120 型货车空气控制阀由哪几部分组成？

72. 705 型试验台的操纵阀有哪几个作用位置？各位置起什么作用？

73. 103、104 型分配阀自然缓解的原因是什么？

六、综 合 题

1. 某厂要修建一条 300 m 长的输水管道输水量为 200 t/h，水泥为 10 ℃，管径为 250 mm，试求沿程水头损失为多少米水柱？(沿程阻力导数 $\lambda=0.032$，水的密度 $\gamma=1\ 000\ kg/m^3$)

2. 有一条 $\phi108\times4$ 的蒸汽管道，管内断面平均流速为 25 m/s，若蒸汽的密度 $\gamma=2.62\ kg/m^3$，试求管内蒸汽每小时的容积流量和体积流量。

3. 图 2 所示为一焊接弯管(俗称虾米腰)的一块腰瓦，瓦背长 412 mm，瓦里长 352 mm，管径 $\phi402$ mm，计算腰瓦的斜长 B 的尺寸。

4. 有一开中水箱，水深为 $h=3$ m，液面大气压强为 101.325 kPa，求箱底的绝对压强和相对压强。(水的重度为 $9.807\ kN/m^3$)

5. 图 3 所示为一圆形仪表存水弯管，管径 $\phi18$ mm，环弯由一个 240°弯和两个 120°所组成。环弯弯曲半径 R 为 60 mm，立弯弯曲半径 r 为 30 mm，立管弯 30°，立管长 l 为 100 mm，试计算圆形仪表存水弯管总用料长度为多少？

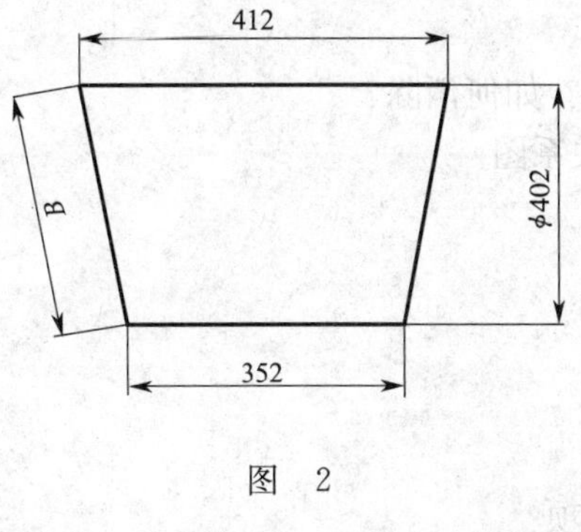

图 2

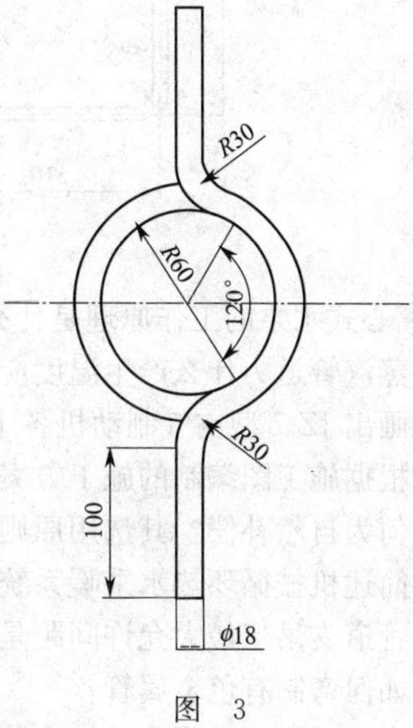

图 3

6. 图 4 所示为管径 $\phi10$ mm 的圆柱螺旋蛇形弯管直径 D 为 200 mm，挡距为 60 mm，共 6

圈，试计算圆柱螺旋蛇形管的用料长度。

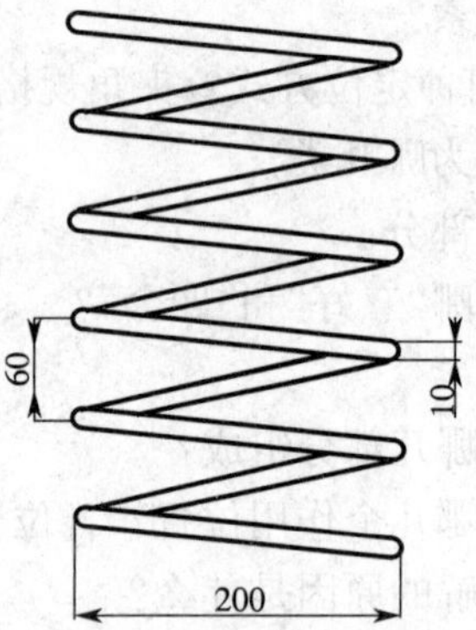

图　4

7. 某一厂房的制动机检修调试工作间，总消耗热量为 $Q=200$ J/h，供水温度为 90 ℃，回水温度为 70 ℃，房间内温度要求为 18 ℃，求所需要的散热器的型号与数量。

8. 计算图 5 所示弯管的展开长度(单位为 mm)。

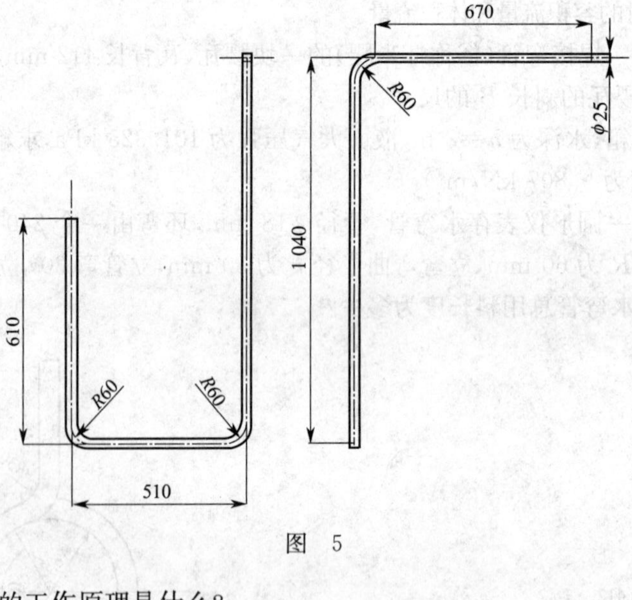

图　5

9. 离心式水泵的工作原理是什么？

10. 蒸汽管道为什么产生温度应力？有什么危害？如何消除？

11. 画出 JZ-7 型空气制动机各主要阀件的控制关系图。

12. 根据施工图编制的施工方案应包括哪些内容？

13. 何为自然补偿？其选用原则是什么？

14. 简述机械循环热水采暖系统的工作原理。

15. 管道支吊架最大允许间距是如何确定的？

16. 如何弯制有色金属管？

17. 常用减压阀有哪几种？安装时应注意哪些事项？

18. 何为工艺卡片？

19. 试述机车较复杂较大管件的制做安装程序。
20. 如何选择水泵?
21. 怎样计算管道的适宜管径?
22. 简述机车静液压系统的工作原理。
23. 试述如何制做弯管样杆?
24. 胀管器在使用前应做哪些检查?
25. 什么叫做电控制动机?
26. F-7 型分配阀设有几个风缸? 各有什么用途?
27. 何为管子的相对壁厚?
28. 根据立体图 6,画出三视图。

图 6

29. 补画视图 7 中的漏线。

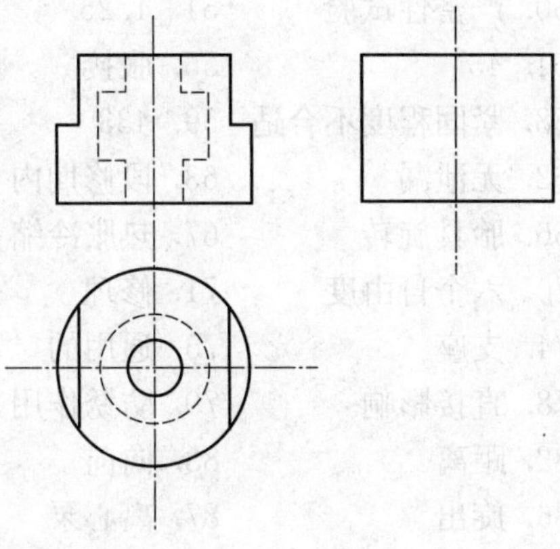

图 7

30. 画出室内蒸汽采暖管网双管中分式布置图。
31. 绘制东风$_4$型内燃机车燃油系统工作原理图,并写出系统中主要零、部件的名称。
32. 绘制客车制动仿动装置简图。
33. 试绘制 120 型货车空气制动机组成示意图,并标注出各部件的名称。
34. 试述机车机油和冷却水系统管路中所安装的感温元件的工作原理。
35. 画出正三通管子的展开图。

机车车辆管道工(高级工)答案

一、填 空 题

1. 球形补偿器	2. 950 ℃	3. 20 mm	4. 流体流速
5. 凝结水	6. 许用应力	7. 坡度	8. 电化学腐蚀
9. 塑性	10. 球状石墨	11. 韧性	12. IT18
13. 基孔制	14. 基本偏差	15. 线膨胀系数	16. 允许压力降
17. 不均匀	18. 竣工验收	19. 冷钢渗透附加	20. 集气
21. 1～2号	22. 最高处	23. 截止阀	24. 阀门
25. 卸荷回路	26. 打滑	27. 人工时效	28. 断裂区
29. 模型实验设计	30. 可靠性	31. 等温淬火	32. 工序基准
33. 调质	34. 安全系数	35. 局部阻力	36. 契式
37. 红线	38. 关闭	39. 流量	40. 负荷过大
41. 指示出来	42. 色痕	43. 水平位置	44. 自由穿入
45. 缺陷	46. 同一主管	47. 0.2 m	48. 间隙
49. 200 mm	50. 严密性试验	51. 1.25	52. 铝粉水泥
53. 蒸汽加热	54. 45°	55. 胀接	56. 中心轴线
57. 紧固度	58. 紧固程度不合适	59. 433	60. 止尘伞
61. DN50 mm	62. 无泄漏	63. 段修期内	64. 转绕
65. 主管弯	66. 胎具旋转	67. 热胀冷缩	68. 补心
69. 定位	70. 六个自由度	71. 修理	72. 作用点
73. 稳定可靠	74. 支座	75. 通用的	76. 进行切削
77. 切削力	78. 直接影响	79. 防锈作用	80. 柄部
81. 后背部分	82. 距离	83. 向前	84. 推进方向
85. 准确性	86. 旋出	87. 离心泵	88. 精过滤器
89. 变量泵	90. 油路系统	91. 分流阀	92. 变质
93. 黏度	94. 急停动合	95. 争停动断	96. 安全电压额定值
97. 牢固连接	98. 高效自动化	99. 自动化	100. 载体
101. 紧固各部位	102. 热容量大	103. 电化学反应	104. 综合评定
105. 重锈	106. 包扎管口	107. 磷化膜	108. 酚醛清漆
109. 中温磷化	110. 清洁子弹	111. 合格	112. 直流弧焊机
113. 重新焊接	114. 安装方便	115. 无火安装	116. 并用
117. 落差	118. 灵敏度	119. 损坏水箱	120. 塞门口
121. 主阀	122. 更换膜板	123. 制动倍率	124. 停止运动

125. 闸瓦温度　126. 黏着系数　127. 滤芯　128. 定压阀
129. 耐久可靠性　130. 性能　131. 开式循环　132. 加载
133. 比较清洁　134. 工作状况　135. 换热装置　136. 安全运行
137. 冷却风扇　138. 压缩空气　139. 提醒　140. 自动保压式
141. 制动后保压位　142. 一次缓解　143. 空气阀　144. 纵向冲动
145. 缓解作用　146. 7-紧急制动位　147. 制动作用　148. 紧急制动作用
149. 总风缸　150. 用电部位　151. 首要条件　152. 3/4
153. 互换　154. 中心点　155. 正切点处　156. 向后移动
157. 修整锐边　158. 润滑　159. 全过程　160. 峻工验收
161. 排水装置　162. 电力机车　163. 内燃机车　164. 液力传动机车
165. 6　166. 柴油发电机组　167. 880　168. 温度控制阀
169. 84～92　170. 7　171. 25°　172. 16.5±0.5 kPa
173. 柴油机　174. 2　175. 2　176. 1
177. 燃油粗滤器　178. 9 000　179. 250　180. 250～300
181. 静液压油热交换器　182. C_0-C_0　183. 基础制动
184. 500 kPa　185. 7 s　186. 3 s　187. 工作风缸
188. DK-1 型　189. 克诺尔 CCB-Ⅱ型　190. 空间坐标尺寸　191. 车辆重量
192. 滤尘止回阀　193. 密排光管　194. 水压试验　195. 车轮空转
196. 长弧　197. 起弯点　198. 矢量弯管机　199. 应用标准
200. 外加力矩

二、单项选择题

1. A	2. B	3. C	4. B	5. D	6. B	7. C	8. D	9. A
10. B	11. D	12. D	13. A	14. C	15. C	16. C	17. B	18. C
19. B	20. B	21. C	22. A	23. C	24. D	25. A	26. C	27. D
28. B	29. B	30. A	31. C	32. A	33. C	34. D	35. B	36. C
37. D	38. B	39. A	40. A	41. B	42. A	43. C	44. D	45. D
46. C	47. A	48. B	49. C	50. A	51. D	52. B	53. A	54. C
55. D	56. A	57. C	58. B	59. A	60. A	61. C	62. D	63. B
64. A	65. C	66. B	67. A	68. D	69. C	70. A	71. B	72. C
73. D	74. B	75. A	76. D	77. C	78. A	79. C	80. B	81. D
82. A	83. B	84. C	85. D	86. A	87. C	88. B	89. D	90. D
91. A	92. B	93. A	94. C	95. D	96. B	97. A	98. C	99. C
100. B	101. B	102. A	103. D	104. C	105. B	106. D	107. A	108. A
109. D	110. C	111. A	112. B	113. C	114. D	115. A	116. B	117. C
118. A	119. A	120. B	121. C	122. A	123. D	124. C	125. A	126. B
127. C	128. D	129. A	130. B	131. C	132. D	133. A	134. B	135. D
136. C	137. A	138. B	139. D	140. D	141. A	142. B	143. C	144. A
145. D	146. A	147. B	148. C	149. C	150. A	151. A	152. A	153. B

154. C 155. A 156. B 157. D 158. A 159. B 160. C 161. A 162. D
163. D 164. A 165. B 166. D 167. B 168. A 169. A 170. C 171. A
172. B 173. D 174. C 175. D 176. B 177. B 178. B 179. A 180. C
181. C 182. A 183. D 184. B 185. D 186. A 187. B 188. B 189. C
190. B

三、多项选择题

1. AB 2. ABCD 3. AC 4. ABC 5. AD 6. ABCD 7. ABCD
8. ABD 9. BD 10. ABC 11. ABCD 12. BCD 13. ABC 14. ABCD
15. ABD 16. ABCD 17. ABCD 18. ABCD 19. ABCD 20. ABCD 21. ABCD
22. ACD 23. ABCD 24. ABCD 25. ABCD 26. BC 27. ABCD 28. ABCD
29. ABCD 30. ABCD 31. ABCD 32. BCD 33. ABC 34. AB 35. ACD
36. ABD 37. ABCD 38. BD 39. ABCD 40. ABD 41. ABC 42. AB
43. ABCD 44. ABCD 45. ABD 46. BC 47. ABCD 48. AC 49. ABD
50. BD 51. ACD 52. AD 53. ABCD 54. ABCD 55. ABCD 56. ABC
57. ABD 58. ABCD 59. ABCD 60. AB 61. CD 62. ABC 63. ABCD
64. ABCD 65. ABCD 66. AB 67. ABCD 68. ABCD 69. ABCD 70. ABC
71. BD 72. BCD 73. ABCD 74. ABCD 75. ACD 76. ABCD 77. ABC
78. AD 79. ABC 80. AB 81. ABCD 82. ABCD 83. ABCD 84. ABCD
85. ABCD 86. ABCD 87. BC 88. AC 89. ABC 90. AC 91. BC
92. ACD 93. ABCD 94. ABC 95. ABC 96. ABCD 97. BCD 98. AD
99. ABCD 100. ABD 101. BC 102. ABD 103. ABC 104. CD 105. BD
106. AB 107. ABCD 108. ABCD 109. AD 110. CD 111. BC 112. ABD
113. AC 114. AC 115. BCD 116. ABCD 117. ABCD 118. ABCD 119. ABC
120. ABCD 121. ABCD 122. AD 123. ABC 124. ABCD 125. ABCD 126. ABCD
127. ABCD 128. ABCD 129. AB 130. CD 131. ABCD 132. ABCD 133. ABCD
134. ABCD 135. AB 136. ABC 137. ABCD 138. ABC 139. ABCD 140. BCD
141. ABCD 142. ABCD 143. ABCD 144. ABCD 145. ABC 146. ABCD 147. ABC
148. ABCD 149. ABCD 150. ABCD 151. ABCD 152. ABD 153. ACD 154. ABCD
155. ABC 156. ABCD 157. BC 158. ABCD 159. ABC 160. ABC 161. BCD
162. ABC 163. ABC 164. AC 165. BD 166. AD 167. ABCD 168. ABCD
169. ABC 170. ABCD 171. ABCD 172. ABCD 173. ABD 174. ABC 175. ABCD
176. ABCD 177. ABCD 178. ABCD 179. ABCD 180. ABC 181. ABD 182. ABD
183. BCD 184. BC 185. BD 186. ABCD 187. AB 188. ABD 189. BCD
190. ABD 191. BCD 192. AD 193. ABCD 194. ABC 195. ACD 196. AB
197. ACD

四、判 断 题

1. √ 2. × 3. × 4. √ 5. × 6. × 7. √ 8. × 9. ×

10.×	11.×	12.√	13.√	14.√	15.×	16.√	17.×	18.×
19.×	20.×	21.×	22.×	23.√	24.√	25.×	26.√	27.×
28.×	29.√	30.√	31.√	32.√	33.×	34.×	35.√	36.√
37.√	38.×	39.×	40.√	41.√	42.×	43.√	44.√	45.×
46.√	47.√	48.×	49.√	50.√	51.×	52.×	53.√	54.×
55.√	56.×	57.√	58.×	59.×	60.√	61.×	62.×	63.×
64.√	65.√	66.√	67.×	68.×	69.√	70.√	71.×	72.√
73.×	74.√	75.√	76.√	77.×	78.×	79.√	80.×	81.×
82.√	83.√	84.√	85.×	86.√	87.√	88.×	89.√	90.×
91.×	92.√	93.√	94.√	95.×	96.√	97.√	98.×	99.√
100.×	101.√	102.√	103.×	104.×	105.√	106.√	107.×	108.√
109.√	110.√	111.×	112.×	113.√	114.√	115.×	116.×	117.√
118.×	119.×	120.√	121.√	122.×	123.×	124.√	125.×	126.×
127.×	128.√	129.√	130.×	131.×	132.√	133.√	134.×	135.×
136.√	137.×	138.×	139.√	140.√	141.√	142.√	143.×	144.×
145.√	146.√	147.×	148.√	149.√	150.×	151.√	152.√	153.×
154.√	155.×	156.√	157.√	158.×	159.√	160.√	161.×	162.×
163.×	164.√	165.×	166.√	167.×	168.√	169.√	170.√	171.×
172.×	173.√	174.√	175.√	176.×	177.√	178.√	179.×	180.√
181.√	182.√	183.√	184.×	185.√	186.√	187.√	188.√	189.√
190.√	191.√	192.√	193.×					

五、简 答 题

1. 答:弯曲半径的尺寸从减少弯管有害变形方面看,选得越大越好;从弯管的制做安装方面看,选得越小越好(2 分)。合理的弯曲半径可明显地减少管子的有害弯曲变形,提高弯管的质量(1 分)。合理的弯曲半径应该是:弯曲变形在能满足技术要求的前提下,弯曲半径应选得尽理小一些(2 分)。

2. 答:单独制动阀由手柄、调整阀、单缓柱塞阀、定位柱塞等组成。接有 3 根管子分别是总风管 3、单独缓解管 10 和单独作用管 11(5 分)。

3. 答:双阀口式中继阀的作用位置有充气缓解位、缓解后保压位、制动位、制动后保压位四个作用位置(5 分)。

4. 答:F-7 型分配阀的中间体也是分配阀各管路的安装座,亦称管座。在管座的底部和背面其连接有通往各阀的七根管路:2-列车管;14-作用风缸管;21 紧急风缸管;22 分配阀紧急管;23-工作风缸管;25-通大气;26-降压风缸管(5 分)。

5. 答:为使无动力回送机车能发生制动作用,而在列车管与总风缸管之间所增设的装置,称为无动力装置,也叫滤尘止回阀(5 分)。

6. 答:重联阀由转换阀部、重联阀部、制动缸遮断阀部三个部分组成(5 分)。

7. 答:弯管机的靠背也叫压力模,在弯制管子过程中造成管子损伤的原因是:压力模调整的位置太靠里(2 分);压力模调整压力太高,管子被夹的太紧(2 分);压力模凹槽凌边太锐利(1 分)。

8. 答：一向总风缸充风，作用阀排风口大量排风的原因是：作用阀供气阀卡在制动位而空心阀杆离开供气阀，因而总风经供气阀口、空心阀杆和排气管头排往大气。(5 分)

9. 答：第一变向阀用于转换两端单独制动阀最作用阀的控制，使两端单独制动阀不能同时控制作用阀；第二变向阀用于转换自动制动阀与单独制动阀对作用阀的控制，使自动制动阀与单独制动阀不能同时控制作用阀。(5 分)

10. 答：DF_4 型客运内燃机车操纵台压力表显示的压力有列车管压力 600 kPa、均衡风缸压力 600 kPa、制动缸压力 450 kPa、工作风缸压力 600 kPa、总风缸压力 900 kPa、低压风缸压力 600 kPa。(5 分)

11. 答：单位质量气体在加热(或冷却)过程中，压力保持不变时，温度升高(或降低)1 ℃所吸收(或放出)的热量。(5 分)

12. 答：离心泵吸入口处的最低压力低于温度下被吸液体饱和蒸汽压力时，液体开始汽化而引起的液体强烈冲击泵轮的现象。(5 分)

13. 答：泵能提高液体的高度，即泵的吸入扬程和压出扬程之和。(5 分)

14. 答：阻碍液体层间相对运动的剪切应力与垂直于运动方向上的速度梯度之间的比例系数。(5 分)

15. 答：水的硬度是指单位容积水中含有的钙镁离子之和。(5 分)

16. 答：水在沸腾温度下，1 kg 水全部转变为同温度的蒸汽所吸收的热量。(5 分)

17. 答：省煤器是布置在锅炉烟道内，利用烟气余热来加热锅炉给水的换热器。(5 分)

18. 答：实际流体在管道内流动时受到的摩擦阻力。(5 分)

19. 答：在压力管道中流动的液体，由于阀门迅速启闭或水泵开停等外界因素，使液体的流速突然发生变化，由于本身贯性作用而引起液体压强聚然增高或降低的现象。(5 分)

20. 答：把管子插入要连接的管孔中，对管子进行冷态扩张，使管子与管孔间保持径向压力，实现两者紧密连接的冷作工艺过程。(5 分)

21. 答：由保温材料的导热系数及保温层外边界处的对流放热系数所决定的保温层厚度的临界位。(5 分)

22. 答：用以表示溶液酸碱度的氢离子浓度指数。(5 分)

23. 答：管道在温度变化较大时，由于不能自由伸缩，而在管壁内部应生的应力。(5 分)

24. 答：风源系统的任务是及时供给列车空气制动系统足够的、符合规定压力、高质量的压缩空气。(2.5 分)同时也供给机车撒砂系统、自动控制系统和其它辅助用风装置的压缩空气。(2.5 分)

25. 答：零件在载荷作用下抵抗弹性变形的能力。(5 分)

26. 答：通过断口形貌来确定断裂原因与断裂机理的一门技术。(5 分)

27. 答：削除了工件的六个自由度，这种定位方式称为完全定位。(5 分)

28. 答：产品制造修理工艺过程中所用的多种刀具、夹具、模具、量具、检具、辅具、吊具、钳工工具、管工工具、实验装置和工位器具等的总称。(5 分)

29. 答：利用有压力的液体作为工作介质来传递动力和运动的传动方式，称为液压传动。(5 分)

30. 答：两个电容器串联时：$C_{总}=\frac{C_1+C_2}{C_1+C_2}$ (2.5 分)；两个电容器并联时：$C_{总}=C_1+C_2$。(2.5 分)

31. 答:手工电弧焊的电机可分为三大类:直流弧焊机、焊接整流器以及交流弧焊机(焊接变压器)。(5 分)

32. 答:手工电弧焊时,当电弧的长度超过焊条焊芯直径时,称为长弧(2.5 分);当电弧的长度小于焊条焊芯直径时称为短弧。(2.5 分)

33. 答:焊前零件开坡口的目的是为了保证电弧能深入焊缝根部,使根部焊透,以及便于清除熔渣,获得较好的焊缝成型,而且坡口还能起到调节基本金属和填充金属的比例作用。(5 分)

34. 答:焊炬按可燃气体与氧混合的方式可分为射吸式和等压式两种。(5 分)

35. 答:回火保险器的作用是:把倒流的火焰与乙炔发生器隔绝开来;在回火发生后,立即断绝乙炔的来路,使倒流火焰自行熄灭。(5 分)

36. 答:弓锯机,锯条固定在锯弓上,作往复运动进行切割,管口较规整光滑,割口也比较窄,并可进行与管子中心成倍增长 45°角的切割(3 分)。但由于锯片的空行程不切割,生产效率较低。(2 分)

37. 答:当一台变压器按几台电动机时,要由大变小有秩序地一台一台启动,切勿同时起动,否则会造成起动困难或烧毁熔断丝。(5 分)

38. 答:氧-乙炔火焰气割,是利用气体火焰将金属预热到能在氧气中燃烧的温度,使金属燃烧产生的氧化物和少量熔化了的铁组成液态熔渣,同时借助于高压氧气流的作用把它吹出而形成气割缝。(5 分)

39. 答:液体的质点作规则的互不干扰的运行,质点运行的轨迹和液流方向相平行(3 分)。液体的这种运动状态称为程流状态,简称层流。(2 分)

40. 答:水经加热后体积膨胀比重减小,热水经过散热片水温降低造成的比重差而产生的循环。(5 分)

41. 答:同重量的水和冰相比较,水在 4 ℃时体积最小,由实测可知冰的容重为水的 0.9 倍,而当水要结成冰时,体积将增大 10%(3 分)。所以结冰现象会使冰箱管道、给排水设施受到严重破坏。(2 分)

42. 答:克服水流阻力以维持液体的运行时,单位重量的液体所损失有能量称为水头损失(4 分)。可分为沿程水头损失和局部水头损失。(1 分)

43. 答:不锈钢管分为三类(1 分)。按添加的金属元素的不同分为铬不锈钢、铬镍不锈钢和铬锰氮系不锈钢;按耐腐蚀性分为耐大气腐蚀、耐酸碱腐蚀和耐高温等不锈钢;按不锈钢的金属组织分为马氏体、铁素体、奥氏体加铁素体等。(4 分)

44. 答:截止阀(球阀)主要用来切断介质通足,也可调节流量(2 分)。它可分为直通式、直角式、直流式三种。(3 分)

45. 答:超压不开启的原因及排除方法包括:杠杆被卡住或销子生锈,检修杠杆或销子;杠杆式的重锤被移动,调整重锤位置;弹簧式的弹簧受热变形或失效,更换弹簧;阀芯和阀座粘住,定期做排气试验。(5 分)

46. 答:压力表必须装存水弯管后才允许与受压件相连接,存水弯管的作用是产生一个水封存,防止蒸汽直接通到压力表的弹簧管内,使弹簧管受热过高失去弹性,影响压力表读数的准确性和使用寿命,甚至损坏压力表。(5 分)

47. 答:安装管道前,应根据设计要求和工艺规定,根据不同情况对金属管材做材质试验(2.5 分)。常见的试验包括拉伸试验、硬度试验、冲击韧性试验、晶间腐蚀试验、管子弯曲试

验、水压试验、扩口试验、管子扭矩试验、管材金属材料成分的快建分析等。(2.5分)

48. 答:电动弯管机由机身、夹紧导向机构、尾架、电源操纵箱等部分组成。(5分)

49. 答:开车前操作者应熟悉机床的性能和操作;将电源控制箱与主机的油管、电气线路接妥,并检查其正确与否;再向各润滑点加入纯净的润滑油,并向齿轮箱加油(2.5分)。弯管机必须良好接地,在清洗和检查弯管机时,必须断开电源,齿轮减速箱和液压系统要按时换油,滤油器必须同时清洗干净。(2.5分)

50. 答:当水平仪不在水平位置时,气泡不重合,在水平位置时气泡AB重合(1分)。使用时将水平仪放在工件上,眼睛看窗口,用手转动调整按钮,直到两气泡重合为止(1分)。这时先从窗口看出尺寸(一般是零),然后再看刻度的格数,如果窗口中的刻线是1 mm,刻度的格数是16格(每格代表1 m长度内高度差0.01 mm),其读数是1.16 mm,即1 m内的高度差为1.16 mm。(3分)

51. 答:管安装前要用压缩空气将管内壁吹扫干净,并按系统管路的通径备好各种阀门和管卡等零部件;安装时应根据系统管路的结构特点,先装主管后装支管,先里后外的顺序安装;要求做到横平竖直,排列整齐美观;管与附件不许超出规定界限;管与管、管零件之间要有一定间隔,不许接摩;按要求距离位置固定管卡,按规定扭矩紧因各自接头,不许漏泄,各阀安装位置应便于操作。(5分)

52. 答:管道的连接方法因管材不同而不同。铸铁承接管采用承接填料接口,如石棉水泥接口,纯水泥接口等;当管道穿越障碍物时,一般采用铅氧;钢管宜用于法兰和焊接的方法,小口径钢管宜采用螺纹接口;无缝钢管、铜管、铝管均采用焊接及法兰接口;塑料管可采用焊接及粘接;承插式自应力(或预应力)钢筋混凝土管一般采用橡胶圈柔性接头。(5分)

53. 答:管道安装完毕应对管道系统进行压力试验(1分)。按试验的目的可分为检查管道机械性能的强度试验和检查管道连接情况的严密性试验;按试验时使用的介质可分为用水作介质的水压试验和用气体介质的气压试验。(4分)

54. 答:胀管器有自进式串联翻边胀管器,不带翻摈紧固胀管器、自进式带止推环的错列式胀管器、FVF-1型终胀胀管器。(5分)

55. 答:制动管系检查规定如下:除净主、支管外部锈垢及内部油垢,外部涂红丹防锈漆;主管两端的短管长度应为250~300 mm;主、支管组装后须的一扣以上的完整扣;除圆柱管螺纹个的丝扣部分不准缠麻;主、支管腐蚀深度不得超过1 mm。(5分)

56. 答:弯管的弯曲点分为中弯点和终弯点。计算出管子弯曲部分的长度后,最重要的是确定起弯点(2分)。如图1所示,起弯点确定即可根据样杆或图纸L_1直接确定起弯点;也可根据图示L_2来计算确定起弯点。其他各种形状的弯管均可采用此法。(3分)

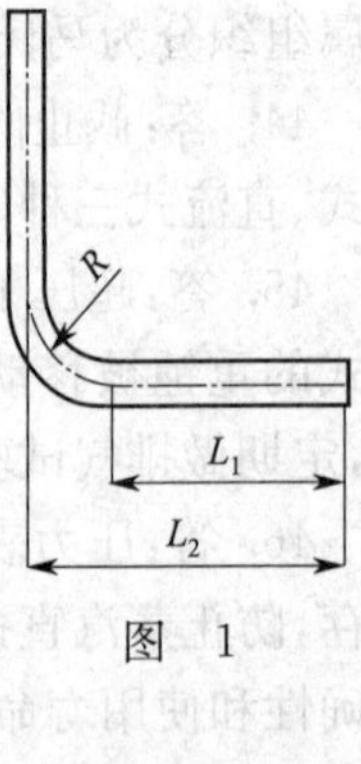

图 1

57. 答:弯管机有顶弯式弯管机、拉弯式弯管机、手动弯管机、小型机动弯管机、电动弯管机、液压弯管机、中频感应电热弯管机、数控弯管机和矢量弯管机等。(5分)

58. 答:常用的游标量具有游击战标卡尺、电子数显游击战标卡尺、深度游击战标卡尺、高度游标卡尺和齿厚游标卡尺。(5分)

59. 答:万能角度规分Ⅰ型和Ⅱ型两种。(2分)Ⅰ型测量范围是0°~320°;Ⅱ型测量范围是0°~360°。(3分)

60. 答:正弦规又称正弦尺,是利用正弦三角函数计算原理制成的,可用来测量角度、锥度及检定水平仪等。(5 分)

61. 答:塞尺主要用于检验两工件表面间的间隙大小,是由若干不同厚度的薄弹簧片构成一组。使用塞尺进行试塞时不能用力硬塞,以免塞尺弯曲或折断。在使用前要认真清除灰尘,检查的无缺陷,使用后要在塞尺片上涂防锈油,并折到保护板内。(5 分)

62. 答:工艺规程是反映比较合理的工艺过程的技术文件(1 分)。一般包括工件加工工艺路线及所经过的车间和工段,和工序的内容、切削用量、工时定额、所采用的机床和工艺装备;工件的检验项目和工人级别等。(4 分)

63. 答:加工精度是评定机械零件加工质量的重要指标之一(1 分)。所谓加工精度是指零件加工之后的几何系数(尺寸、形状和位置)与理想(绝对正确)几何系数的符合程度,即加工误差的大小。符合的程度愈高加工误差愈小,加工精度就愈高。加工精度用加工误差大小来表示。(4 分)

64. 答:夹紧装置的结构是否可靠、合理,将直接影响工件的加工精度和生产效率(1 分)。因此对夹紧装置的一般要求是:夹紧时不能破坏工件的定位;夹紧力小,保证工件不变形,且在加工中有松动;夹紧力能调整;结构简单紧凑,并的足够的刚性;操作方便、省力、安全、生产效率高。(4 分)

65. 答:夹紧力的确定包括对紧力的议程、大小和作用点的确定。(5 分)

66. 答:V 形块适用于外圆柱面定位方式,如轴点、管件、阀门及套类等零件的定位(2.5 分)。V 形块两工作平面间夹角有 60°、90°和 120°,常用的为 90°。(2.5 分)

67. 答:按液压传动的工作原理,可分为容积式和动力式液压传动两类(1 分)。前者是在密闭容器的工作条件下,依靠流动的液体的容积变化(流量)来传递动力,如机床液压传动;后者是利用液体运动的能量来实现动力传递的,如高心泵。(4 分)

68. 答:一般数控机床主要由控制介质、数控装置、伺服机构和机床四个基本部分组成。(5 分)

69. 答:操作者对使用的机床维护要做“三好”即管理好、使用好、维护好;“四会”即会使用、会保养、会检查、会排除故障(3 分)。使其经常牌整齐、清洁、润滑、安全的状态。(2 分)

70. 答:一切以预防为主。检查重点:把“事后把关”转到“事先控制”;管理重点:把“产品质量管理”转到“工序质量管理”。(5 分)

71. 答:120 型货车空气控制阀由中间体、主阀、半自动缓解阀和紧急阀四部分组成。(5 分)

72. 答:705 型试验台的操纵阀有七个作用位置:一位、快充风;二位、慢充风;三位、保压;四位、稳定试验;五位、制动灵敏度试验;六位、安定试验;七位、紧急制动灵敏度试验。(5 分)

73. 答:自然缓解的原因:(1)充气回阀开胶或漏泄,造成副风缸压力空气向制动缸逆流(1 分);(2)工作风缸各结合部漏泄(1 分);(3)滑阀或节制阀漏泄,使工作缸压力下降(1 分);(4)103 阀的空重车调整部各结合处漏泄或空车膜板穿孔,造成漏泄,使容积室压力下降而引起自然缓解(2 分)。

六、综 合 题

1. 答:解:输水管径 $d=250$ mm$=0.25$ m,$L=300$ m (2.5 分)

管内水的容积流量 $Q=G/Y=(200\times1\,000)/(1\,000\times3\,600)=0.055\,6\ m^3$（2.5 分）

管内流速 $U=Q/(\frac{1}{4}\pi d^2)=(0.055\,6\times4)/(3.141\,6\times0.25^2)=0.222\,4/0.196\,35=1\,013\ m/s$（2.5 分）

沿程阻力损失 $h=\lambda L/d\times U^2/2g=(0.032\times300)/(0.25\times1.13^2)/(2\times9.8)=2.5\ m$（2.5 分）

答：沿程水头损失为 2.5 m 水柱。

2. 答：解：蒸汽管道的通径 $d=108\ mm-2\times4\ mm=100\ mm=0.1\ m$（2.5 分）

流速 $Q=25\ m/s\times3\,600\ s/h=25\times3\,600\ m/h$（2.5 分）

蒸汽管道的容积流量 $V=Q\cdot(\frac{1}{4}\pi d^2)=25\times3\,600\times\pi d^2/4=25\times3\,600\times3.141\,6\times0.1^2/4=706.5\ m^3/h$（2.5 分）

蒸汽管道的质量流量 $G=\gamma\cdot Q=2.62\times706.5=1\,851\ kg/h=1.851\ t/h$（2.5 分）

答：蒸汽管道内蒸汽每小时的容积流量为 706.5 m^3/h，蒸汽管道内蒸汽每小时的质量流量为 1.851 t/h。

3. 答：解：腰瓦的背长与瓦里长的长度差 $=412-352=60\ mm$（3 分）

腰瓦的瓦背长与瓦里长一侧的长度差 $=\frac{412-352}{2}=30\ mm$（3 分）

根据直角三角形的勾股定理：$B=\sqrt{[(412-352)/2]^2+402^2}=\sqrt{900+161\,604}=403\ mm$（4 分）

答：腰瓦的斜长 B 为 403 mm。

4. 答：解：因 $1\ N/m^2=1\ Pa$　所以水的重度 $9.807\ kN/m^3=9.807\ kPa$（2 分）

又因水箱是开口的　所以 $P_0=101.325\ kPa$（2 分）

绝对压强 $P'=P_0+Yh=101.325+9.807\times3=130.746\ kPa$（2 分）

因相对压强＝绝对压强－大气压强（2 分）

所以相对压强 $P=P'-P_0=130.746-101.325=29.421\ kPa$（2 分）

答：水箱底部的绝对压强为 130.746 kPa，水箱底部的相对压强为 29.421 kPa。

5. 答：解：240°弯的圆弧展开长度 $L_1=\frac{\pi R}{180}\times240=\frac{3.141\,6\times60}{180}\times240=251.33$（2 分）

两个 120°弯的圆弧展开长度 $L_2=\frac{\pi R}{180}\times120\times2=\frac{3.141\times60}{180}\times120\times2=251.33$（2 分）

两个立管 30°弯的圆弧展开长度 $L_3=2\times\frac{3.141\,6\times30\times30}{180}=31.42$（2 分）

两立管长 $L_4=2\times100=200$（2 分）

总料长 $L=L_1+L_2+L_3+L_4=251.33+251.33+31.42+200=734\ mm$（2 分）

答：圆形仪表存水弯总用料长度为 734 mm。

6. 答：解：圆柱螺旋蛇形管直径 $D=200\ mm$，挡距＝60 mm，圈数＝6。（5 分）

根据圆柱螺旋蛇形管的料长计算公式：

$L=\text{圈数}\times\sqrt{\text{挡距}^2+\pi^2\times D^2}=6\times\sqrt{(60)^2+(3.141)^2\times(200)^2}=6\times\sqrt{3\,600+394\,384}=6\times631=3\,786\ mm$（5 分）

答:圆柱螺旋转蛇形管的总料长为 3 786 mm。

7. 答:解:为发计算方便将支管等散热省略

散热器内热媒平均温度 $t_{pi}=\dfrac{90+70}{2}=80$ ℃

室内采暖温度 $t_a=18$ ℃ (2 分)

散热器与室内温度温差 $\Delta t=t_{pi}-t_a=80-18=62$ ℃ (2 分)

选用四柱(813 型)散热器则 $K=7.8$ $F=0.28\ m^2$(2 分)

散热器的散热面积 $F'=\dfrac{Q}{K(t_{pi}-t_a)}\beta_1\beta_2\beta_3$(2 分)

选择明装管道 $\beta_2=1$,$\beta_3=1$,β_1 取 1.05 则 $F'=\dfrac{2\ 000}{7.8\times62}\times1.05=4.3\ m^2$

散热器片数 $n=F'/F=4.3/0.28=15$(片) (2 分)

答:所需散热器的型号为四柱 813 型散热器,散热器的数量为 15 片。

8. 答:解:弯管的弯曲半径 R 为 60 mm,弯角度均为 90°

则弯曲部位的圆弧展开长度 $L_1=\dfrac{\pi R}{180}\times270=\dfrac{3.141\ 6\times60\times270}{180}=282.7$ mm (3 分)

610 尺寸处直线段的长度 $L_2=610-R=610-60=550$ mm (1 分)

510 尺寸处直线段的长度 $L_3=510-2R=510-2\times60=390$ mm (1 分)

670 尺寸处直线段的长度 $L_4=670-R=670-60=610$ mm (1 分)

1040 尺寸处直线段的长度 $L_5=1\ 040-2R=1\ 040-2\times60=920$ mm (1 分)

弯管的展开长度$=L_1+L_2+L_3+L_4+L_5=282.7+550+390+610+920=2\ 752.7$ mm (3 分)

答:弯管的展开长度为 2 752.7 mm。

9. 答:离心式水泵的工作队原理是:当水泵叶轮高速旋转时,水被甩向叶轮边缘,进水口形成真空将水吸入,水也同时调高速旋转,提高压力和流量,经水泵出水口流入各管路。(10 分)

10. 答:蒸汽管道受热后膨胀伸长,冷却后收缩,若这种伸长或收缩受到限制,管道材料就会产生应力,受热时为压缩应力,冷却时为拉伸应力(5 分)。如果温度应力超过了材料的抗拉或抗压强度极限,管道就会变形或弯曲,严重时还会使管道断裂,甚至损坏。消除温度应力的方法通常是装补偿器。(5 分)

11. 答:如图 2 所示,JZ-7 型空气制动机各主要阀件的控制关系如下(10 分):

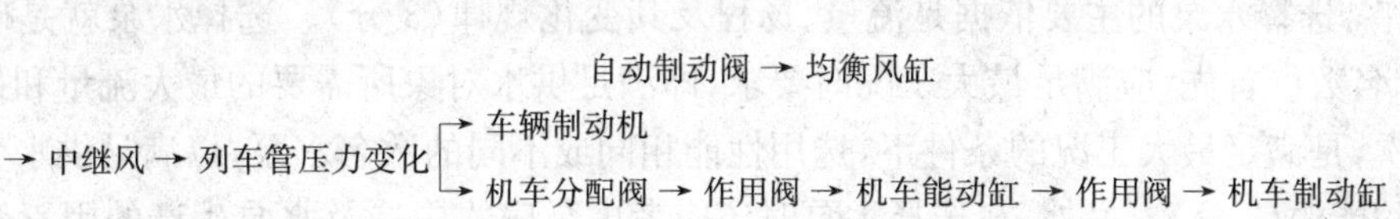

图 2

12. 答:编制施工方案应包括的内容:材料预算、机具准备、人员组织及工时估算(3 分);施工程序:材料准备、施工测量放线、弯管和管件加工、各种阀件组装、支架预制、管沟的开挖与施工、管道的安装(4 分);安装后工作:管道吹扫、管道试压、防腐和保温、调整和验收、隐蔽工程记录、清理现场。(3 分)

13. 答:自然补偿就是利用敷设管道上自然弯曲管段来吸收管道的热伸长变形,称为自然补偿(3 分)。其选用的原则是:热力管网布置时,应尽可能利用所有管路原有弯曲的自然补偿,在自然补偿不能满足要求时,再考虑装设各种类型的补偿器(4 分)。弯曲角度小于150°时,能自然补偿。自然补偿的管道臂不宜超过 20～50 m,弯曲应力不应超过 80 MPa。(3 分)

14. 答:机械循环热水采暖系统的工作原理是利用水泵的扬程强制水进行循环。水在锅炉中被加热后,沿供水管路流入散热器,散热后沿回水立管、回水干恋被水泵送入封炉(5 分)。为了使水循环畅通,顺利排放空气,在供水管最高点设置集气罐,水泵装在回水干管上,并将膨胀水箱接在水泵吸水端,装于系统的最高点。(5 分)

15. 答:管道支吊架最大允许间距应满足强度条件和刚度条件(3 分)。强度条件是:管道荷重弯曲应力不应超过管道材料的许用弯曲应力,以保证管道强度安全(4 分)。刚度条件是:管道荷重产生的弯曲挠度不超过支架间距。(3 分)

16. 答:有色金属管一般宜采用冷弯,其特点是质量好,速度快,热煨一般不采用。黄铜管热煨时,先往管内填入细砂,打实后在木碳上加热至 400～500 ℃立即取出,进行煨制。煨制时不允许浇水,以免产生裂缝,加热要均匀(5 分)。紫铜管煨制时,先要进火,将管内填入细砂打实,加热至 540 ℃立即取出,先用水浇,使其冷却,这样可以使紫铜管在高热下产生的氧化皮松脱变松、变软,冷却后即可冷弯。铅管煨弯有冷弯和热煨两种,热煨时加热温度为 300～400 ℃,管内填入细砂,煨制时可用冷水洗。(5 分)

17. 答:常用减压阀的种类有:活塞式、藻膜式、静重式等(2 分)。安装时应注意:阀体箭头指向介流动方向,切勿装反;应直立安装在水平管道上,使阀盖与水平管道垂直;减压阀两用侧应装置控制阀门,减压后的管径应放大一个规格,并装上旁通管,以便检修;减压阀的高、低压管道上应装压力表,以便于运行调节。(8 分)

18. 答:工艺卡片是根据工艺规程所规定的内容,用简明文字、表格和工作图等形式表达出来,作为具体安排和指导生产技术的依据。(10 分)

19. 答:对于机车较复杂形状和较大管径的系统管件一般的制做安装程序为:按图制做样杆(1 分);计算长度切割下料(1 分);按样杆或输入程序进行弯曲加工(1 分);在模拟研配胎上组焊研配(1 分);电焊或气焊焊接管子接头等连接件(1 分);钻孔(焊有支管式接头体者)(1 分);单件水压漏泄试验(1 分);酸洗磷化防腐处理(1 分);涂漆;按工艺要求进行安装(1 分);系统管件全部安装完毕后进行水压或风压系统漏泄试验(1 分);检查交验。

20. 答:选择水泵的主要依据是流量、扬程及其变化规律(3 分)。选择水泵就是确定水泵的型号和名数。首先,应满足最大工况时要求,即满足供水对象所需要的最大流量和最高水压要求;其次,是满足最大工况的条件下,选用性能相同或不同的数名水泵,以满足供水变化的要求,以节约能源(5 分)。另外,在选择水泵时还应考虑泵房的构造及水泵生产的因素和安全因素等。(2 分)

21. 答:管道的适宜管径就是既能满足用户需要的流量,又能在经济流速范围内流动的管道管径。先计算出设管道的流量,再根据常用给水管道的经济流速表,选定经济流速,则可根据下式计算出管道的适宜管径(内径)。(5 分)

$$D_{\mathrm{n}}=18.8\sqrt{\frac{Q}{W}}\ (\mathrm{mm})$$

式中　Q——管段的流量(m^3/h)；

W——管道的经济流速(m/s)。(5 分)

22. 答:当柴油机运转时柴油机曲轴自由端经万向轴带动静液压变速箱,通过静液压变速箱两侧输出轴的内花键直接带动静液压泵,静液压泵从油箱把油吸入后,通过压力管路将油送至液压马达,液压马达在压力油的作用下进行旋转,从而带动冷却风扇工作,高压油在液压马达里释放能量后经回油管路返回油箱。(10 分)

23. 答:根据图纸所给的弯管的形状、弯曲半径、弯曲角度、管径和各种数据,在光滑的水泥地面或钢板上画出弯管的实际形状然后用 $\phi10\times1.5$ 无缝钢管,按画出的实样和各投影关系,用样板光滑地弯制出与实样中心线完全相符合的样杆(5 分)。为防止较大尺寸的样杆变形,可在圆弧的两端的直线段部位焊上斜拉筋(2 分)。然后 用锉或锯标注出圆弧部位的起弯点、中弯点和终弯点的位置,以及弯管两端或中间所配属的接头的规格、型号和品种,最后挂上图号和管径规格的标牌。(3 分)

24. 答:胀管器在使用前应对胀杆和胀珠进行检查,胀珠和翻动胀珠应转动灵活,但不能从球巢中脱落;胀管器在管中试胀时,顺时针转动胀杆(4 分);胀管器能自动扩张,逆时针转动胀杆能向管外退移(3 分);还要检查胀杆插入和抽出后胀珠的位移量是否符合设计规定;和构件表面良好,没有损坏、起皮、麻点、变形等现象。(3 分)

25. 答:制动力为压缩空气,但列车的制动、保压、缓解等作用由电气进行操纵的制动机叫电控制动机(5 分)。电控制动机一般用电动空气阀代替原有的空气分配阀或三能阀,为了安全起见,仍保留了原空气分配阀或三能阀,并设有自动转换装置,以备当电气操纵发生故障时,能自动转换为空气操纵。(5 分)

26. 答:F-7 型分配制度阀设有四个风缸:工作风缸,用来控制主阀的制动、保压、缓解;降压风缸,用来控制副阀的制动、保压、缓解(5 分);紧急风缸用来控制紧急放风阀的动作;作用风缸,用来控制主阀和作用阀和制动、保压、缓解。(5 分)

27. 答:相对壁厚$=\dfrac{\text{壁厚}}{\text{直径}}$,弯管的变形与相对壁厚有关(2 分)。管壁越薄断面结构的稳定性越差,椭圆变形与褶皱变形就越大,所以相对壁厚是用来弯曲一般弯管弯曲半径及选择的依据。(3 分)

28. 答:三视图如图 3 所示。

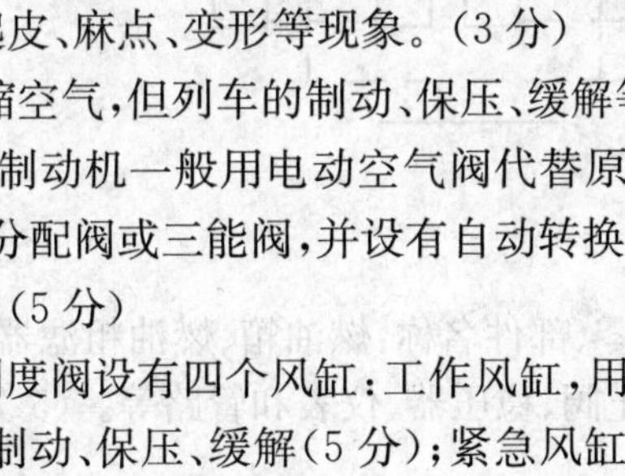

(10 分)

图 3

29. 答:图中漏线如图 4 所示。

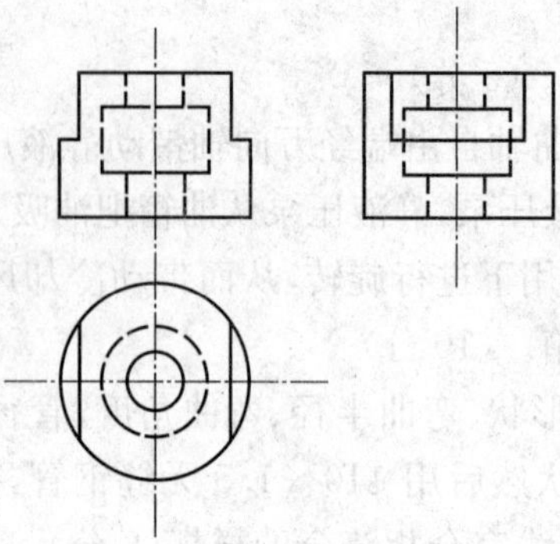

（10 分）

图　4

30. 答：布景图如图 5 所示。

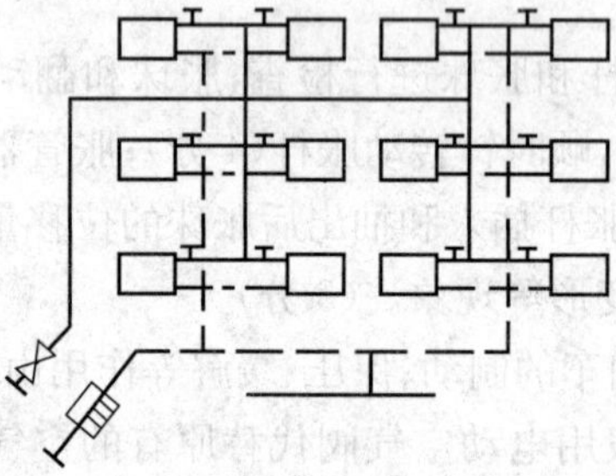

（10 分）

图　5

31. 答：如图 6 所示，图中主要零、部件名称：燃油箱、燃油粗滤器、燃油输送泵、安全阀、燃油精滤器、燃油预热器、逆止阀、截止阀、稳压器、仪表和管路等。（5 分）

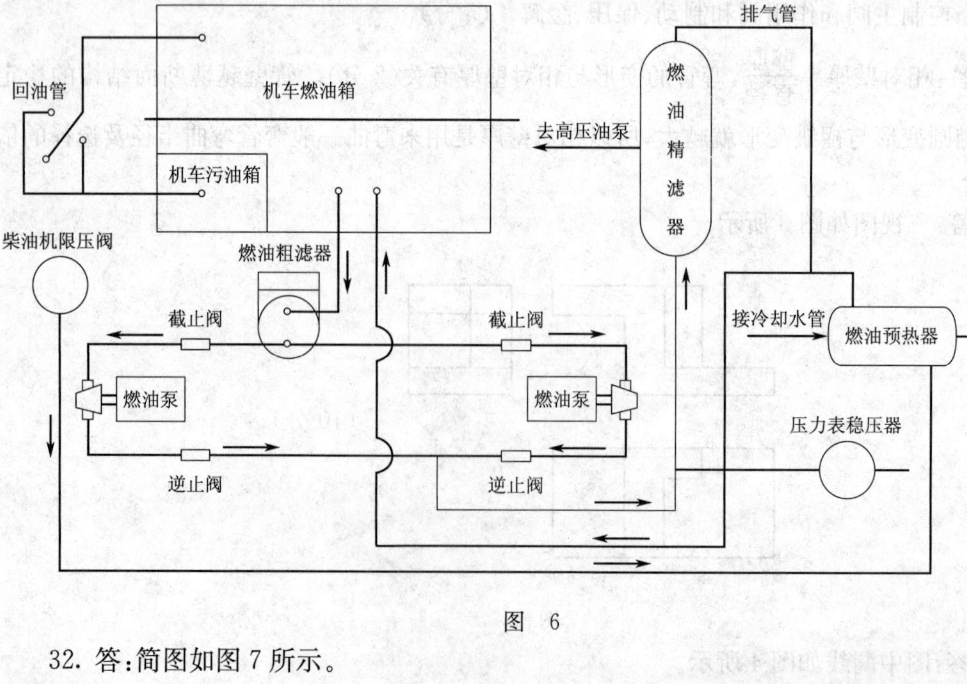

（5 分）

图　6

32. 答：简图如图 7 所示。

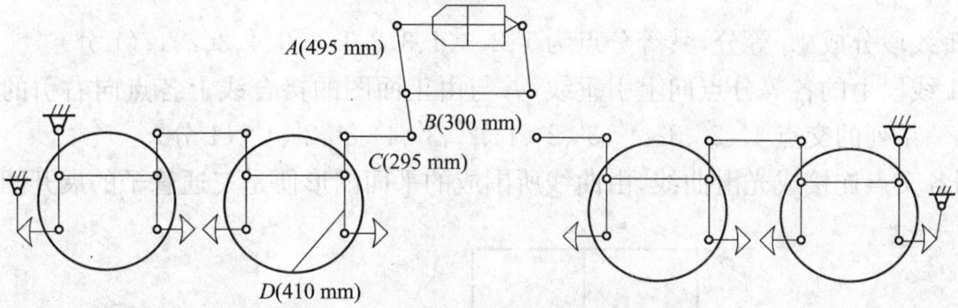

(10 分)

图 7

33. 答:示意图如图 8 所示。

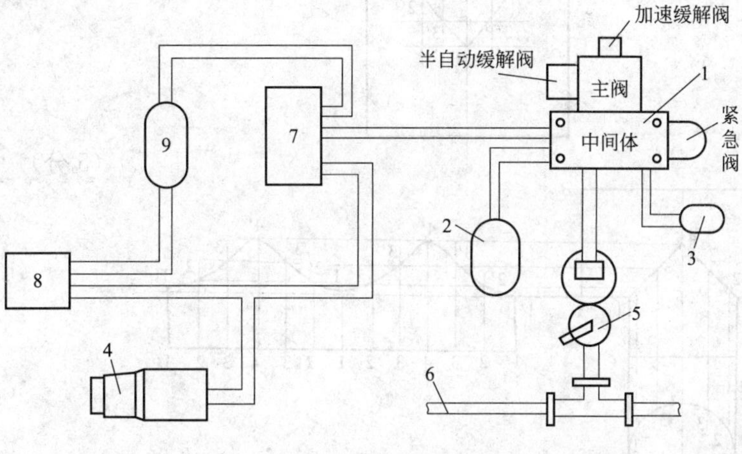

(10 分)

图 8

1—120 阀;2—副风缸;3—加速缓解风缸;4—制动缸;
5—截断塞门集尘器;6—列车主管;7—比例阀;8—称重阀;9—容量风缸

34. 答:(1)随着油、水温度的升高达到石蜡熔化的温度时,石蜡开始从固态逐步熔化变成液态,体积显著膨胀,感温元件的伸缩推杆推动温度控制阀骨的滑阀,逐步关小或堵死阀口的管道,使由静液压泵来的工作油流向回油管的油量至渐减少,流向液压以达的流量逐步增加,使将冷却风扇逐步加速运转,实现对油路的开关和调节控制。(5 分)

(2)随着油、水温度的降低达到石蜡凝固的温度时,石蜡开始从液态逐步凝固变成固态,体积显著缩小,感温元件的伸缩推杆拉动温度控制阀骨的滑阀,逐步打开阀口的管道,使由静液压泵来的工作油流向回油管的油量逐渐增多,流向液压马达的流量逐步减少,使将冷却风扇逐步减速运转,实现对油路的开关和调节控制。(5 分)

35. 答:如图 9 所示,正三通管子的绘制步骤如下:

(1)画出正三通的主视图,并以三通管径为直径画半圆,六等分半圆,得分点为 1、2、3、3、2、1;(1 分)

(2)由各等分点向上引垂线与正面图三通两管的接合线相交,得分点为 1、2、3、4、3、2、1;(1 分)

(3)在三通垂直立管正面图上端线 FE 的延长线上截取 1～1 线段,此线段的长度等于正

面图的圆周长;(1 分)

(4)将 1～1 线段分成 12 等分,其等分点为 1、2、3、4、3、2、1、2、3、4、3、2、1;(1 分)

(5)由 1～1 线段上的各等分点向上引垂线,并与由正面图的接合线上各点向右引的水平线对应相交,得一系列的交点 1′、2′、3′、4′、3′、2′、1′、2′、3′、4′、3′、2′、1′;(1 分)

(6)把上面各交点连接成光滑曲线,由曲线所围成的平面图形便是三通管子的展开图。

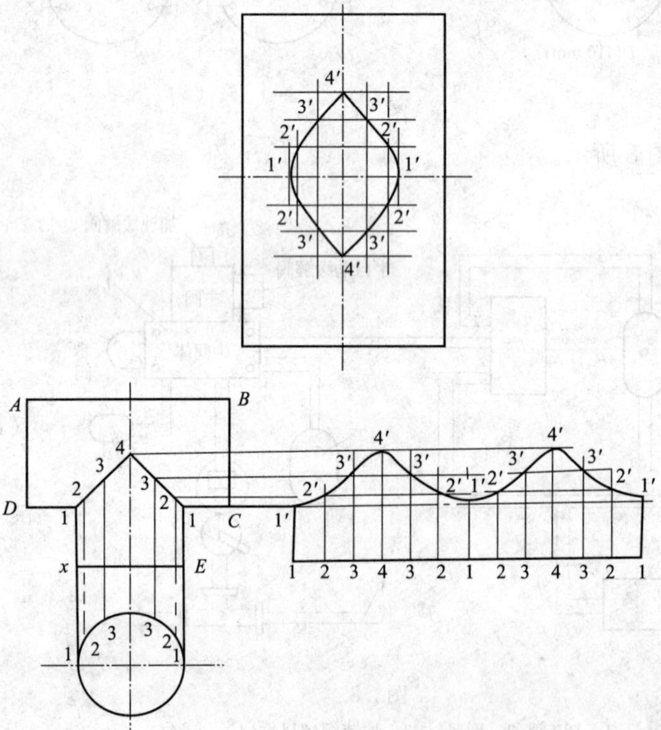

(5 分)

图 9

机车车辆管道工(初级工)技能操作考核框架

一、框架说明

1. 依据《国家职业标准》注,以及中国北车确定的“岗位个性服从于职业共性”的原则,提出机车车辆管道工(初级工)技能操作考核框架(以下简称:技能考核框架)。

2. 本职业等级技能操作考核评分采用百分制。即:满分为100分,60分为及格,低于60分为不及格。

3. 实施“技能考核框架”时,考核制件(活动)命题可以选用本企业的加工件(活动项目),也可以结合实际另外组织命题。

4. 实施“技能考核框架”时,考核的时间和场地条件等应依据《国家职业标准》,并结合企业实际确定。

5. 实施“技能考核框架”时,其“职业功能”的分类按以下要求确定:

(1)“管件制作与装配”属于本职业等级技能操作的核心职业活动,其“项目代码”为“E”。

(2)“工艺准备”、“精度检验与设备维护保养”属于本职业等级技能操作的辅助性活动,其“项目代码”分别为“D”和“F”。

6. 实施“技能考核框架”时,其“鉴定项目”和“选考数量”按以下要求确定:

(1)按照《国家职业标准》有关技能操作鉴定比重的要求,本职业等级技能操作考核制件的“鉴定项目”应按“D”+“E”+“F”组合,其考核配分比例相应为:“D”占15分,“E”占75分(其中:切管操作10分,弯管操作20分,研配操作20分,装配操作15分,管件校正处理5分),“F”占10分(其中:精度检测及误差分析5分,设备维护保养5分)。

(2)依据中国北车确定的“核心职业活动选取2/3,并向上取整”的规定,在“E”类鉴定项目——“管件制作与装配”的全部5项中,至少选取4项。

(3)依据中国北车确定的“其余‘鉴定项目’的数量可以任选”的规定,“D”和“F”类鉴定项目——“工艺准备”、“精度检测与设备维护保养”中,至少分别选取1项。

(4)依据中国北车确定的“确定‘选考数量’时,所涉及‘鉴定要素’的数量占比,应不低于对应‘鉴定项目’范围内‘鉴定要素’总数的60%,并向上取整”的规定,考核制件(活动)的鉴定要素“选考数量”应按以下要求确定:

①在“D”类“鉴定项目”中,在已选定的1个或全部鉴定项目中,至少选取已选鉴定项目所对应的全部鉴定要素的60%项,并向上保留整数。

②在“E”类“鉴定项目”中,在已选的4个鉴定项目所包含的全部鉴定要素中,至少选取总数的60%项,并向上保留整数。

③在“F”类“鉴定项目”中,对应“精度检验与误差分析”的4个鉴定要素,至少选取3项;“设备维护保养”的3个鉴定要素,至少选取2项。

举例分析:

按照上述"第 6 条"要求，若命题时按最少数量选取，即：在"D"类鉴定项目中的选取了"读图与绘制"1 项，在"E"类鉴定项目中选取了"切管操作"、"弯管操作"、"研配操作"、"管件校正处理"4 项，在"F"类鉴定项目中分别选取了"精度检验与误差分析"、"设备维护与保养"2 项，则：

此考核制件所涉及的"鉴定项目"总数为 7 项，具体包括："读图与绘制"、"切管操作"、"弯管操作"、"研配操作"、"管件校正处理"、"精度检验与误差分析"、"设备维护保养"；

此考核制件所涉及的鉴定要素"选考数量"相应为 23 项，具体包括："读图与绘制" 1 个鉴定项目包含的全部 5 个鉴定要素中的 3 项，"切管操作"、"弯管操作"、"研配操作"、"管件校正处理"4 个鉴定项目包括的全部 23 个鉴定要素中的 15 项，"精度检测与误差分析"鉴定项目包含的全部 4 个鉴定要素中的 3 项，"设备维护与保养"鉴定项目包含的全部 3 个鉴定要素中的 2 项。

7. 本职业等级技能操作需要两人及以上共同作业的，可由鉴定组织机构根据"必要、辅助"的原则，结合实际情况确定协助人员的数量。在整个操作过程中，协助人员只能起必要、简单的辅助作用。否则，每违反一次，至少扣减应考者的技能考核总成绩 5 分，直至取消其考试资格。

8. 实施"技能考核框架"时，应同时对应考者在质量、安全、工艺纪律、文明生产等方面行为进行考核。对于在技能操作考核过程中出现的违章作业现象，每违反一项(次)至少扣减技能考核总成绩 10 分，直至取消其考试资格。

注：按照中国北车规定，各《职业技能操作考核框架》的编制依据现行的《国家职业标准》或现行的《行业职业标准》或现行的《中国北车职业标准》的顺序执行。

二、机车车辆管道工(初级工)技能操作鉴定要素细目表

职业功能	鉴定项目				鉴定要素		
	项目代码	名称	鉴定比重(%)	选考方式	要素代码	名称	重要程度
一、工艺准备	D	(一)读图与绘制	15	任选	001	能够读懂一般平面弯管管件、管道阀件、管路附件等零件图	X
					002	能够读懂一般弯管机的夹具、胎膜具及简单的管路图	X
					003	能够合理选择管件下料长度用量	X
					004	能够绘制一般管路的简图	X
					005	能够绘制机车各个系统管路的一般法兰、管卡和弯头等常用简单零件图	X
		(二)绘制加工与装配工艺			001	能了解切管机、弯管机等常用设备的性能及简单维护保养	X
					002	能够制定简单管件的切割、弯管、研制的工艺流程	X
					003	能掌握相关职业如钻、焊等一般工艺	X
					004	能掌握材料分类与弯曲加工、防腐蚀处理、管件清洁度处理的一般工艺	X
					005	能编制机车车辆简单系统部分管路的装配工艺流程	X

续上表

职业功能	项目代码	鉴定项目 名称	鉴定比重(%)	选考方式	要素代码	鉴定要素 名称	重要程度
二、管件制作与装配	E	(一)切管操作	75	至少选择四项	001	能够按图纸和工艺计算出规定下料尺寸	X
					002	能了解切管机床的种类	X
					003	能按工艺切制各种规格管件的长度尺寸	X
					004	切口断面与管件中心的垂直度应符合工艺要求	X
					005	能选用合适的工具清理切口的飞边与毛刺	X
					006	能选用合适的量具验证切管长度是否符合设计及工艺要求	X
		(二)弯管操作			001	能够在同一平面内弯制1～3个相同弯曲半径、不同弯曲角度的管件	X
					002	能够做到所弯管件弯曲角度符合管路简图或样杆要求	X
					003	能够做到所弯管件两圆弧间的直线段长度符合图纸要求	X
					004	能够做到所弯管件弯曲部分截面的椭圆度符合工艺要求	X
					005	能够做到所弯管件弯曲部分表面平滑程度符合工艺要求	X
					006	能够做到所弯管件没有缺陷	X
		(三)研配操作			001	能够按图纸要求在管件组焊平台上完成平面弯管组合胎具的定位与夹紧	X
					002	能够在专用胎具上研制组焊平面弯的管件	X
					003	能做到所研配管件法兰或球头、接头体与管端直线段中心线的垂直度应符合工艺要求	X
					004	能做到所研配管件两端直线段部分插入法兰或球头和接头体的深度要符合工艺要求	X
					005	能做到所研配管件法兰或球头与接头体与管件的连接面要用手工电弧点焊,点焊点要在圆周面上等距离分布,点焊点数不能少于三处	X
					006	能做到所研配管件在研制组焊胎具上研制好后,要与胎具上各止挡部位均匀接触,能自由取下,无抗劲部位	X
					007	能根据工况制作简单样杆	X
					008	能很好完成机车车辆系统管路管件的现场研配	X
		(四)装配操作			001	能够进行机车车辆某一系统部分管件的装配	X
					002	能够进行机车车辆系统部件(如过滤器、截止阀)的拆卸和装配调整	X
					003	能够对普通切管机、弯管机的风动夹具风管进行拆卸、调整与装配	X
					004	能做到装配后的管件符合设计与工艺要求	X
		(五)管件校正处理			001	能检查出管件的尺寸偏差	X
					002	能利用常用器具进行校正	X

续上表

职业功能	鉴定项目				鉴定要素		
	项目代码	名　称	鉴定比重(%)	选考方式	要素代码	名　称	重要程度
二、管件制作与装配	E	(五)管件校正处理	75	至少选择四项	003	能够进行简单机械设备空运转试验操作，并检验设备运行有无异常噪声、过热等现象，能检验系统所用阀件安装位置和方向的正确性	X
三、精度检验与设备维护保养	F	精度检测及误差分析	10	任选	001	能够熟练使用合适的量具检测所弯管件基本尺寸(各角度、各长度尺寸等)是否符合图纸要求	X
					002	能够检查塌陷、褶皱等缺陷	X
					003	能够对检测的结果进行分析	X
					004	能够对燃油、机油系统管路进行水压漏泄实验检验	X
		设备维护与保养			001	能正确使用和维护管道工常用工具，能正确使用和维护专用组焊胎具，能够正确使用和维护各种组合胎具、夹具、卡具	X
					002	能正确使用和维护切管机、倒角机、弯管机、一般电焊机、砂轮锯、台钻等常用设备	X
					003	能正确处理切管机、倒角机、弯管机等设备的简单故障	X

注：重要程度中X表示核心要素，Y表示一般要素，Z表示辅助要素。下同。

机车车辆管道工(初级工)
技能操作考核样题与分析

职业名称：

考核等级：

存档编号：

考核站名称：

鉴定责任人：

命题责任人：

主管负责人：

中国北车股份有限公司劳动工资部制

职业技能鉴定技能操作考核制件图示或内容

109X200040 燃油管

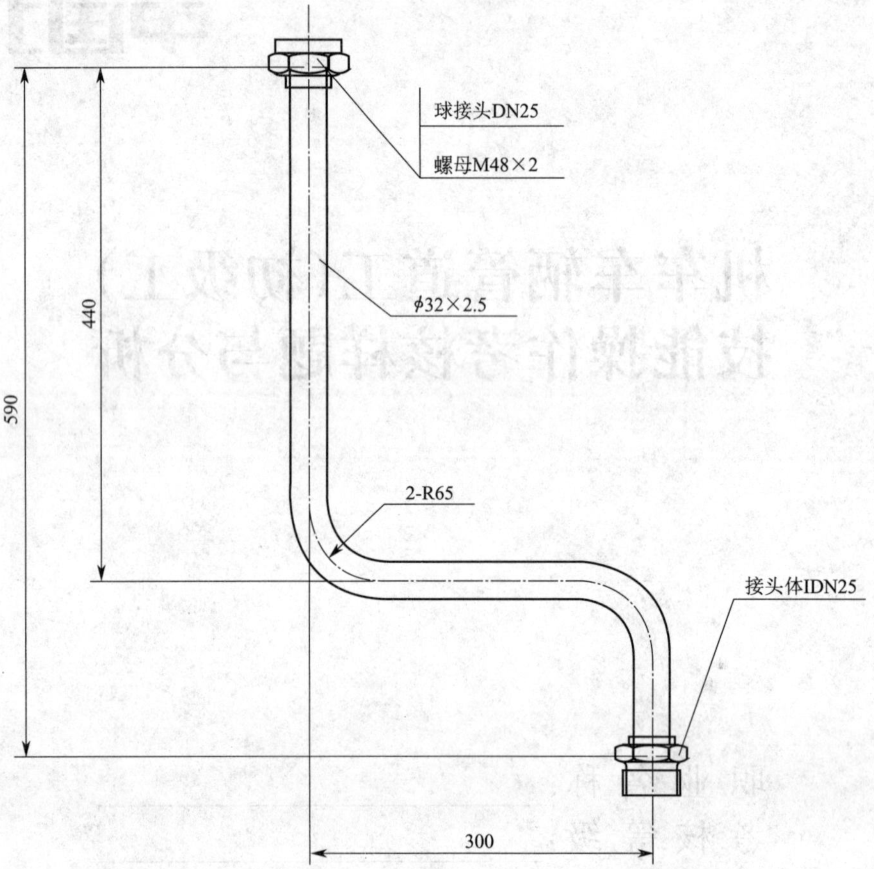

技术要求

1. 图中球接头和接头体均需与管路进行焊接，采用角焊缝、周边焊，焊角高度均为 3 mm。
2. 成型管件要准确反映图纸的真实形状尺寸与外形特征，图纸尺寸如有变动，以考试现场监考人员宣布为准。

职业名称	机车车辆管道工
考核等级	初级工
试题名称	制作成型管件
材质等信息：ϕ32×2.5 无缝钢管拔 10	

职业技能鉴定技能操作考核准备单

职业名称	机车车辆管道工
考核等级	初级工
试题名称	制作成型管件

一、材料准备

1. 材料规格：ϕ32×2.5 无缝钢管拔 10。

2. 坯件尺寸：长度 $L=1\ 500$ mm。

3. 管路附件：球接头 DN25、球头螺母 M48×2 及接头体Ⅰ DN25 各一个。

4. 材料均需考评人员在现场提前准备好，若需要辅助材料，参考者自行准备。

二、设备、工、量、卡具准备清单

序号	名　称	规　格	数量	备　注
1	划线工具		1	自选自带
2	直尺	1 000 mm	1	可自选自带
3	直尺	300 mm	1	可自选自带
4	盒尺	3 m	1	可自选自带
5	直角尺	200×200	1	可自选自带
6	角度尺	0°～180°	1	可自选自带
7	锉		按需	自选自带
8	扳手		按需	自选自带
9	签字笔、石笔、记号笔		各 1	自选自带
10	白纸		按需	绘制管路简图、编写工艺流程及计算相关数据用
11	计算器		1	自选自带
12	弯管机		1	自选
13	切管机		2	自选
14	电焊机		1	自选
15	倒角机		1	自选
16	多功能组合模具		按需	自选
17	组合夹具及辅助工装		按需	自选

三、考场准备

1. 煨管场地应备有切管机、倒角机、弯管机及相关胎膜具、工、量、卡具等；组焊场地应备有电焊机、组焊平台、各种多功能组合模具、夹具及辅助工装等；如需现场研配，则要求机车或车辆现场无其他无关人员；场地应保证操作位置 2 m 以内无杂物。

2. 相关图纸应提前 3 天送达参考者，以备其准备工、量、卡具等；考试现场图纸如有变动，应提前 10 分钟通知并送达参考者。

3. 参考者应着装整洁，符合规定，提前 10 分钟达到考场。

四、考核内容及要求

1. 考核内容：根据图纸制作成型管件。

2. 考核时限：240 分钟。

3. 考核评分(表)

职业名称	机车车辆管道工		考核等级	初级工	
试题名称	制作成型管件		考核时限	240 min	
鉴定项目	考核内容	配分	评分标准	扣分说明	得分
读图与绘制	图中符号接头体、球接头等及各尺寸等的含义	4	每错一处扣 1 分		
	切管机的弯曲模、压力模、靠背模及管路简图	4	每错一处扣 1 分		
	包括样式、尺寸标注等	7	每错一个元素扣 1 分，不成功不得分		
切管操作	下料长度	4	超差 1 mm 扣 2 分		
	能切制 $\phi 32$ 管	6	每超差 1 mm 扣 2 分		
	能保证管口垂直度要求	4	每超差 0.5 扣 1 分		
	会选用，会清理	2	一项选错扣 2 分		
弯管操作	一个弯曲半径 65，两个 90°弯	8	每超差 1°扣 2 分		
	两个 90°弯	8	每超差 1°扣 2 分		
	$L_{直}$ = 170 mm	8	超差 1 mm 扣 2 分		
	两个弯曲部分	4	一处超差不得分		
研配操作	相关定位尺寸能符合图纸要求	12	超差一项扣 1 分，不能完成此项不得分		
	球接头与接头体垂直度符合工艺要求	4	超差一项扣 1 分		
	插入深度符合工艺要求	3	一项不符扣 2 分		
	点焊定位能符合工艺要求	3	错漏一处扣 2 分		
	球接头与接头体端面与止挡接触面均匀接触	3	接触不均一处扣 1 分，有抗劲一处扣 1 分		
管件校正处理	图中尺寸及工艺要求的形位公差	3	每用错一个扣 1 分		
	包括直尺、盒尺、角度尺、直角尺等	3	每用错一项扣 1 分		
精度检测及误差分析	包括长度、角度尺寸及形位公差	2	检错一项扣 1 分		
	会具体操作	1	不会具体操作不得分		
	能进行单管件水压试验	2	每错一项扣 1 分		
设备维护保养	能正确使用各种组合模具、夹具、工具等	2	违反操作规程一次扣 1 分		
	能正确使用相关常用设备	3	每一项不正确使用扣 1 分		

续上表

鉴定项目	考核内容	配分	评分标准	扣分说明	得分
质量、安全、工艺纪律、文明生产等综合考核项目	考核时限	不限	每超时5分钟,扣10分		
	工艺纪律	不限	依据企业有关工艺纪律规定执行,每违反一次扣10分		
	劳动保护	不限	依据企业有关劳动保护管理规定执行,每违反一次扣10分		
	文明生产	不限	依据企业有关文明生产管理规定执行,每违反一次扣10分		
	安全生产	不限	依据企业有关安全生产管理规定执行,每违反一次扣10分		

职业技能鉴定技能考核制件(内容)分析

职业名称	机车车辆管道工				
考核等级	初级工				
试题名称	制作成型管件				
职业标准依据	国家职业标准				
试题中鉴定项目及鉴定要素的分析与确定					
分析事项 \ 鉴定项目分类	基本技能“D”	专业技能“E”	相关技能“F”	合计	数量与占比说明
鉴定项目总数	2	5	2	9	鉴定项目总数为 9 项,其中专业技能为 5,选取 4 项,占比大于 2/3 的
选取的鉴定项目数量	1	4	2	7	
选取的鉴定项目数量占比	50%	80%	100%	77.8%	
对应选取鉴定项目所包含的鉴定要素总数	5	23	7	35	所选鉴定项目中鉴定项目总和为 35 项,从中选考 23 项,总选取数量占比为 66.7%
选取的鉴定要素数量	3	15	5	23	
选取的鉴定要素数量占比	60%	65.2%	71.4%	65.7%	

所选取鉴定项目及相应鉴定要素分解与说明

鉴定项目类别	鉴定项目名称	国家职业标准规定比重(%)	《框架》中鉴定要素名称	本命题中具体鉴定要素分解	配分	评分标准	考核难点说明
D	读图与绘制	15	能够读懂一般平面弯管管件、管路附件等零件图	图中符号接头体、球接头等及各尺寸等的含义	4	每错一处扣 1 分	
			能够读懂一般弯管机的夹具、胎膜具及简单的管路图	切管机的弯曲模、压力模、靠背模及管路简图	4	每错一处扣 1 分	
			能够绘制一般管路的简图	包括样式、尺寸标注等	7	每错一个元素扣 1 分,不成功不得分	
E	切管操作	75	能够按图纸和工艺计算出规定下料尺寸	下料长度	4	超差 1 mm 扣 2 分	
			能够按工艺切制各种规格管件的长度尺寸	能切制 $\phi 32$ 管	6	每超差 1 mm 扣 2 分	
			切口端面与管件中心的垂直度应符合工艺要求	能保证管口垂直度要求	4	每超差 0.5 扣 1 分	
			能选用合适的工具清理切口的飞边与毛刺	会选用,会清理	2	一项选错扣 2 分	
	弯管操作		能够在同一平面内弯制 1～3 个相同弯曲半径、不同弯曲角度的管件	一个弯曲半径 65,两个 90°弯	8	每超差 1 处扣 2 分	难点
			能够做到所弯管件弯曲角度符合工艺卡片简图或样杆要求	两个 90°弯	8	每超差 1°扣 2 分	
			能够做到所弯管件两圆弧间的直线段长度符合图纸要求	$L_{直}=170$ mm	8	超差 1 mm 扣 2 分	
			能够做到所弯管件弯曲部分截面的椭圆度符合工艺要求	两个弯曲部分	4	一处超差不得分	

续上表

鉴定项目类别	鉴定项目名称	国家职业标准规定比重(%)	《框架》中鉴定要素名称	本命题中具体鉴定要素分解	配分	评分标准	考核难点说明
E	研配操作	75	能够按图纸要求在管件组焊平台上完成平面弯管组合胎具的定位与夹紧	相关定位尺寸能符合图纸要求	12	超差一项扣1分,不能完成此项不得分	难点
			能做到所研配管件法兰或球头、接头体与管端直线段中心线的垂直度应符合工艺要求	球接头与接头体垂直度符合工艺要求	4	超差一项扣1分	
			能做到所研配管件两端直线段部分插入法兰或球头和接头体的深度要符合工艺要求	插入深度符合工艺要求	3	一项不符扣2分	
			能做到所研配管件法兰或球头与接头体与管件的连接面要用手工电弧点焊,点焊点要在圆周面上等距离分布,点焊点数不能少于三处	点焊定位能符合工艺要求	3	错漏一处扣2分	
			能做到所研配管件在研制组焊胎具上研制好后,要与胎具上各止挡部位均匀接触,能自由取下,无抗劲部位	球接头与接头体端面与止挡接触面均匀接触	3	接触不均一处扣1分,有抗劲一处扣1分	
	管件校正处理		能检查出管件的尺寸偏差	图中尺寸及工艺要求的形位公差	3	每用错一个扣1分	
			能利用常用器具进行校正	包括直尺、盒尺、角度尺、直角尺等	3	每用错一项扣1分	
F	精度检测及误差分析	10	能够熟练使用合适的量具检测所弯管件基本尺寸	包括长度、角度尺寸及形位公差	2	检错一项扣1分	
			能够检查塌陷、褶皱等缺陷	会具体操作	1	不会具体操作不得分	
			能够对燃油、机油等系统管路进行水压漏泄检验	能进行单管件水压试验	2	每错一项扣1分	
	设备维护保养		能正确使用、维护管道工所使用的工、量、夹具及有关胎膜具等	能正确使用各种组合模具、夹具、工具等	2	违反操作规程一次扣1分	
			能正确使用和维护切管机、倒角机、弯管机、一般电焊机、砂轮锯、台钻等常用设备	能正确使用相关常用设备	3	每一项不正确使用扣1分	

续上表

鉴定项目类别	鉴定项目名称	国家职业标准规定比重(%)	《框架》中鉴定要素名称	本命题中具体鉴定要素分解	配分	评分标准	考核难点说明
质量、安全、工艺纪律、文明生产等综合考核项目				考核时限	不限	每超时5分钟，扣10分	
				工艺纪律	不限	依据企业有关工艺纪律规定执行，每违反一次扣10分	
				劳动保护	不限	依据企业有关劳动保护管理规定执行，每违反一次扣10分	
				文明生产	不限	依据企业有关文明生产管理规定执行，每违反一次扣10分	
				安全生产	不限	依据企业有关安全生产管理规定执行，每违反一次扣10分	

机车车辆管道工(中级工)技能操作考核框架

一、框架说明

1. 依据《国家职业标准》注,以及中国北车确定的“岗位个性服从于职业共性”的原则,提出机车车辆管道工(中级工)技能操作考核框架(以下简称:技能考核框架)。

2. 本职业等级技能操作考核评分采用百分制。即:满分为100分,60分为及格,低于60分为不及格。

3. 实施“技能考核框架”时,考核制件(活动)命题可以选用本企业的加工件(活动项目),也可以结合实际另外组织命题。

4. 实施“技能考核框架”时,考核的时间和场地条件等应依据《国家职业标准》,并结合企业实际确定。

5. 实施“技能考核框架”时,其“职业功能”的分类按以下要求确定:

(1)“管件的具体加工”属于本职业等级技能操作的核心职业活动,其“项目代码”为“E”。

(2)“工艺准备”、“精度检测与设备维护保养”属于本职业等级技能操作的辅助性活动,其“项目代码”分别为“D”和“F”。

6. 实施“技能考核框架”时,其“鉴定项目”和“选考数量”按以下要求确定:

(1)按照《国家职业标准》有关技能操作鉴定比重的要求,本职业等级技能操作考核制件的“鉴定项目”应按“D”+“E”+“F”组合,其考核配分比例相应为:“D”占15分,“E”占75分(其中:切管操作10分,弯管操作20分,钻孔及攻螺纹5分,管件的扩缩5分,管件的研制组焊15分,装配与调试15分,管件校正处理5分,),“F”占10分(其中:精度检测与误差分析5分,设备维护保养5分)。

(2)依据中国北车确定的“核心职业活动选取2/3,并向上取整”的规定,在“E”类鉴定项目——“管件的具体加工”的全部7项中,至少选取5项。

(3)依据中国北车确定的“其余‘鉴定项目’的数量可以任选”的规定,“D”和“F”类鉴定项目——“工艺准备”、“精度检测与设备维护与保养”中,至少分别选取1项。

(4)依据中国北车确定的“确定‘选考数量’时,所涉及‘鉴定要素’的数量占比,应不低于对应‘鉴定项目’范围内‘鉴定要素’总数的60%,并向上取整”的规定,考核制件(活动)的鉴定要素“选考数量”应按以下要求确定:

①在“D”类“鉴定项目”中,在已选定的1个或全部鉴定项目中,至少选取已选鉴定项目所对应的全部鉴定要素的60%项,并向上保留整数。

②在“E”类“鉴定项目”中,在已选的5个鉴定项目所包含的全部鉴定要素中,至少选取总数的60%项,并向上保留整数。

③在“F”类“鉴定项目”中,对应“精度检验与误差分析”的6个鉴定要素,至少选取4项;对应“模具设备的维护与保养”,在已选定的1个或全部鉴定项目中,至少选取已选鉴定项目所

对应的全部鉴定要素的60%项,并向上保留整数。

举例分析:

按照上述"第6条"要求,若命题时按最少数量选取,即:在"D"类鉴定项目中的选取了"读图与绘制"1项,在"E"类鉴定项目中选取了"切管操作"、"弯管操作"、"钻孔及攻螺纹"、"管件的研制组焊"、"管件校正处理"5项,在"F"类鉴定项目中分别选取了"精度检验及误差分析"、"设备维护与保养"2项,则:

此考核制件所涉及的"鉴定项目"总数为8项,具体包括:"读图与绘制"、"编制加工与装配工艺"、"切管操作"、"弯管操作"、"钻孔及攻螺纹"、"管件的研制组焊"、"管件校正处理"、"精度检验及误差分析"、"设备维护保养";

此考核制件所涉及的鉴定要素"选考数量"相应为26项,具体包括:"读图与绘制"1个鉴定项目包含的全部5个鉴定要素中的3项,"切管操作"、"弯管操作"、"钻孔及攻螺纹"、"管件的研制组焊"、"管件校正处理"5个鉴定项目包括的全部24鉴定要素中的16项,"性能与精度检验"鉴定项目包含的全部6个鉴定要素中的4项,"设备维护与保养"鉴定项目包含的全部4个鉴定要素中的3项。

7. 本职业等级技能操作需要两人及以上共同作业的,可由鉴定组织机构根据"必要、辅助"的原则,结合实际情况确定协助人员的数量。在整个操作过程中,协助人员只能起必要、简单的辅助作用。否则,每违反一次,至少扣减应考者的技能考核总成绩5分,直至取消其考试资格。

8. 实施"技能考核框架"时,应同时对应考者在质量、安全、工艺纪律、文明生产等方面行为进行考核。对于在技能操作考核过程中出现的违章作业现象,每违反一项(次)至少扣减技能考核总成绩10分,直至取消其考试资格。

注:按照中国北车规定,各《职业技能操作考核框架》的编制依据现行的《国家职业标准》或现行的《行业职业标准》或现行的《中国北车职业标准》的顺序执行。

二、机车车辆管道工(中级工)技能操作鉴定要素细目表

职业功能	鉴定项目				鉴定要素		
	项目代码	名称	鉴定比重(%)	选考方式	要素代码	名称	重要程度
一、工艺准备	D	(一)读图与绘制	15	任选	001	能够读懂弯管管件、管道阀件、管路附件等零件图	X
					002	能够读懂弯管机的夹具、胎膜具和较复杂管路图和零件图	X
					003	能读懂专用研管胎具的图纸及工作原理	X
					004	能读懂机车车辆燃油系统、机油系统、冷却水系统、静液压系统及空气制动系统图纸	X
					005	能够绘制机车燃油系统、机油系统、空气制动系统管路的一般法兰、管卡和弯头等常用零件图	X
		(二)编制加工与装配工艺			001	能够提出 $\phi76$ 管径以下各种管件的切割、弯管加工工艺	X
					002	能制定一般管件的研配工艺流程	X
					003	能够对机车、车辆及常用设备的管道及主要零部件的修理工艺进行技术要求分析	X
					004	能够制定较复杂管件的切制、弯制加工的工艺流程	X
					005	能编制机车车辆简单系统管件装配的工艺流程	X

续上表

职业功能	鉴定项目				鉴定要素		
	项目代码	名称	鉴定比重(%)	选考方式	要素代码	名称	重要程度
二、管件的具体加工	E	(一)切管操作	75	至少选择五项	001	能够按图纸和工艺计算出规定下料尺寸	X
					002	能够按图纸要求切制平面弯管两端直线段尺寸并能控制尺寸精度	X
					003	能够按工艺切制各种规格管件的长度尺寸	X
					004	切口端面与管件中心的垂直度应符合工艺要求	X
					005	能选用合适的工具清理切口的飞边与毛刺	X
					006	能选用合适的量具验证切管长度是否符合设计及工艺要求	X
		(二)弯管操作			001	能够弯制较大直径3个相同弯曲半径、不同弯曲角度的三维管件	X
					002	能够做到所弯管件弯曲角度符合工艺卡片简图或样杆要求	X
					003	能够做到所弯管件两圆弧间的直线段长度符合图纸要求	X
					004	能够做到所弯管件弯曲部分截面的椭圆度符合工艺要求	X
					005	能够做到所弯管件弯曲部分表面平滑程度符合工艺要求	X
					006	能够做到所弯管件没有缺陷	X
					007	能准确计算三维立体弯管的用料并能确定弧度的起弯点和终弯点	X
					008	能制作较复杂弯管样杆	X
		(三)钻孔及攻螺纹			001	能合理选用钻孔及攻螺纹工具	X
					002	能按图纸要求钻较复杂工件上的小孔、深空和盲孔	X
					003	能按工艺要求攻普通螺纹和管螺纹	X
		(四)管件的扩缩			001	掌握管径的扩缩特点、原理技术要求及计算	X
					002	能合理选用相关设备、工装及工具等	X
					003	能保证扩、缩后的管径达到设计及工艺要求	X
		(五)管件的研制组焊			001	能合理选用组焊胎膜具、夹具等	X
					002	能够按图纸要求在管件组焊平台上完成平面弯管组合胎具的定位与夹紧	X
					003	能在专用组焊胎具上研制三维立体弯的管件,管件与附件的研制组焊质量符合工艺要求	X
					004	能保证管件与附件的研制组焊质量符合工艺要求	X
					005	能保证管件研制组焊后胎具上的横平竖直要求符合工艺要求	X
		(六)装配与调试			001	能够进行机车燃油、机油等系统管路和附件装配与调整,并能达到设计与工艺要求	X
					002	能够进行复杂设备的管路装配,达到使用性能和工艺要求	X
					003	能进行液压千斤顶、切管器等管道常用工具的拆卸、装配与调试	X
					004	能够对机车车辆系统管路进行安装与调试	X

续上表

职业功能	鉴定项目				鉴定要素		
	项目代码	名　称	鉴定比重(%)	选考方式	要素代码	名　称	重要程度
二、管件的具体加工	E	(七)管件校正处理	75	至少选择五项	001	能检查出管件的尺寸偏差的具体情况	X
					002	能利用常用器具进行校正	X
三、精度检测与设备维护保养	F	(一)精度检测	10	任选	001	能够熟练使用合适的量具检测所弯管件基本尺寸(各角度、各长度尺寸等)是否符合图纸要求	X
					002	能够检查塌陷、褶皱等缺陷	X
					003	能够对检测的结果进行分析	X
					004	能够对燃油、机油系统管路进行水压漏泄实验检验	X
					005	能够对系统管件、部件和设备管路进行装配精度检验	X
					006	能够对常见故障进行判断	X
		(二)设备维护保养			001	能够正确使用和维护切管机、弯管机、电焊机、砂轮机、台钻等常用设备	X
					002	能够排除弯管机、切管机、台钻等常用设备的故障	X
					003	能够正确选用常用模具、工具、量具等	X
					004	能够对常用模具、工具等进行维护保养	X

机车车辆管道工(中级工)
技能操作考核样题与分析

职 业 名 称：________________

考 核 等 级：________________

存 档 编 号：________________

考核站名称：________________

鉴定责任人：________________

命题责任人：________________

主管负责人：________________

中国北车股份有限公司劳动工资部制

职业技能鉴定技能操作考核制件图示或内容

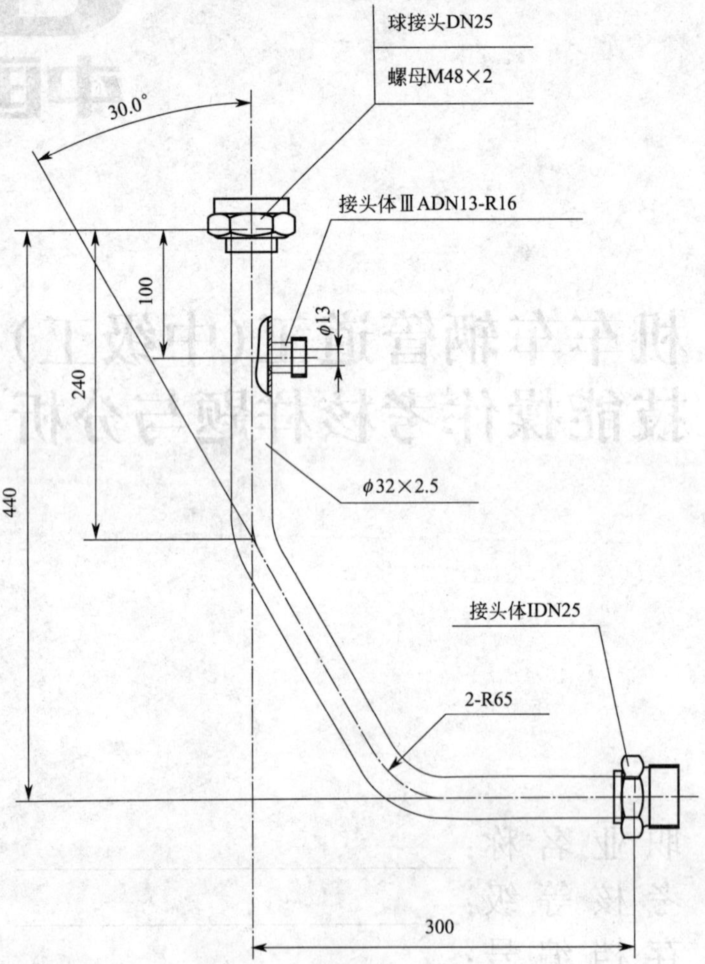

技术要求

1. 图中球接头和接头体均需与管路进行焊接，采用角焊缝、周边焊，焊角高度均为 3 mm。
2. 成型管件要准确反映图纸的真实形状尺寸与外形特征，图纸尺寸如有变动，以考试现场监考人员宣布为准。

职业名称	机车车辆管道工
考核等级	中级工
试题名称	制作成型管件
材质等信息：φ32×2.5 无缝钢管拔 10	

职业技能鉴定技能操作考核准备单

职业名称	机车车辆管道工
考核等级	中级工
试题名称	制作成型管件

一、材料准备

1. 材料规格：ϕ32×2.5 无缝钢管拔 10。

2. 坯件尺寸：长度 L=1 500 mm。

3. 管路附件：球接头 DN25、球头螺母 M48×2、接头体Ⅰ DN25 及接头体Ⅲ ADN13-R16 各一个。

4. 材料均需考评人员在现场提前准备好，若需要辅助材料，参考者自行准备。

二、设备、工、量、卡具准备清单

序号	名　称	规格	数量	备　注
1	划线工具		1	自选自带
2	直尺	1 000 mm	1	可自选自带
3	直尺	300 mm	1	可自选自带
4	盒尺	3 m	1	可自选自带
5	直角尺	200×200	1	可自选自带
6	角度尺	0°～180°	1	可自选自带
7	锉		按需	自选自带
8	扳手		按需	自选自带
9	签字笔、石笔、记号笔		各 1	自选自带
10	白纸		按需	绘制管路简图、编写工艺流程及计算相关数据用
11	计算器		1	自选自带
12	弯管机		1	自选
13	切管机		2	自选
14	电焊机		1	自选
15	倒角机		1	自选
16	多功能组合模具		按需	自选
17	组合夹具及辅助工装		按需	自选

三、考场准备

1. 煨管场地应备有切管机、倒角机、弯管机及相关胎膜具、工、量、卡具等；组焊场地应备有电焊机、组焊平台、各种多功能组合模具、夹具及辅助工装等；如需现场研配，则要求机车或车辆现场无其他无关人员；场地应保证操作位置 2 m 以内无杂物。

2. 相关图纸应提前 3 天送达参考者，以备其准备工、量、卡具等；考试现场图纸如有变动，应提前10分钟通知并送达参考者。

3. 参考者应着装整洁，符合规定，提前10分钟达到考场。

四、考核内容及要求

1. 考核内容：根据图纸制作成型管件
2. 考核时限：300分钟。
3. 考核评分(表)

职业名称	机车车辆管道工		考核等级	中级工	
试题名称	制作成型管件		考核时限	300 min	
鉴定项目	考核内容	配分	评分标准	扣分说明	得分
编制加工与装配工艺	编制 ϕ32 管的切管、弯管工艺流程	7	编错一项扣2分，不能编制不得分		
	编制 ϕ32 管的研配工艺流程	8	编错一项扣2分，不能编制不得分		
切管操作	计算料长	3	超差1 mm扣1分		
	控制管口尺寸440 mm、300 mm	6	每超差1 mm扣1分		
	两端面垂直度	3	超差0.5扣1分		
	清理切口的飞边与毛刺	3	一项选错扣2分		
弯管操作	两处弯曲	4	每超差1处扣2分		
	两个角度30°、60°	6	每超差1°扣1分		
	管件两圆弧间的直线段长度符合图纸要求	4	超差1 mm扣1分		
	管件弯曲部分表面平滑程度符合工艺要求	4	一处不符不得分		
	共计2个起弯点和2个终弯点	12	超差0.5 mm扣1分		
钻孔及攻螺纹	钻床、钻头、夹具等	2	选错一个扣1分		
	ϕ13 穿壁孔	3	超差1 mm扣1分，损坏工件不得分		
管件的研制组焊	多功能模具、夹具等	6	用错一个扣2分		
	包括尺寸440 mm、300 mm、100 mm及附件尺寸与垂直度、平行度等	10	超差1 mm扣1分		
	组焊流程应符合工艺要求	4	每一项错误扣2分		
管件校正处理	图纸尺寸要求及工艺要求	2	检错一个扣1分		
	正确校正	3	不会校正不得分，校正超差一项扣1分		
质量检测	检测所弯管件基本尺寸	1	用错一项扣1分，检测错一项扣1分		
	检查塌陷、褶皱等缺陷	1	不会检查不得分		
	分析检测结果	1	不会分析不得分		
	进行水压漏泄实验检验	2	不会水压不得分		
设备维护保养	能够正确使用和维护切管机、弯管机、电焊机、砂轮机、台钻等常用设备	2	违反操作规程一次扣1分		

续上表

鉴定项目	考核内容	配分	评分标准	扣分说明	得分
设备维护保养	能正确选用常用模具、工具、量具	2	选错一项扣1分		
	能够对常用模具、工具等进行维护保养	1	违反操作规程一次扣1分		
质量、安全、工艺纪律、文明生产等综合考核项目	考核时限	不限	每超时5分钟,扣10分		
	工艺纪律	不限	依据企业有关工艺纪律规定执行,每违反一次扣10分		
	劳动保护	不限	依据企业有关劳动保护管理规定执行,每违反一次扣10分		
	文明生产	不限	依据企业有关文明生产管理规定执行,每违反一次扣10分		
	安全生产	不限	依据企业有关安全生产管理规定执行,每违反一次扣10分		

职业技能鉴定技能考核制件(内容)分析

职业名称	机车车辆管道工				
考核等级	中级工				
试题名称	制作成型管件				
职业标准依据	国家职业标准				
试题中鉴定项目及鉴定要素的分析与确定					
鉴定项目分类 / 分析事项	基本技能“D”	专业技能“E”	相关技能“F”	合计	数量与占比说明
鉴定项目总数	2	8	1	11	鉴定项目总数为11项，其中专业技能为8项，选取6项，占比大于2/3的
选取的鉴定项目数量	1	6	1	8	
选取的鉴定项目数量占比	50%	75%	100%	72.7%	
对应选取鉴定项目所包含的鉴定要素总数	5	30	4	39	所选鉴定项目中鉴定项目总和为39项，从中选考25项，总选取数量占比为66.7%
选取的鉴定要素数量	3	20	3	26	
选取的鉴定要素数量占比	60%	66.7%	75%	66.7%	

所选取鉴定项目及相应鉴定要素分解与说明

鉴定项目类别	鉴定项目名称	国家职业标准规定比重(%)	《框架》中鉴定要素名称	本命题中具体鉴定要素分解	配分	评分标准	考核难点说明
D	编制加工与装配工艺	15	能够提出 $\phi76$ 管径以下各种管件的切割、弯管加工工艺	编制 $\phi32$ 管的切管、弯管工艺流程	7	编错一项扣2分，不能编制不得分	
			能制定一般管件的研配工艺流程	编制 $\phi32$ 管的研配工艺流程	8	编错一项扣2分，不能编制不得分	
E	切管操作	75	能够按图纸和工艺计算出规定下料尺寸	计算料长	3	超差1 mm扣1分	
			能够按图纸要求切制平面弯管两端直线段尺寸并能控制尺寸精度	控制管口尺寸440 mm、300 mm	6	每超差1 mm扣1分	
			切口端面与管件中心的垂直度应符合工艺要求	两端面垂直度	3	超差0.5扣1分	
			能选用合适的工具清理切口的飞边与毛刺	清理切口的飞边与毛刺	3	一项选错扣2分	
	弯管操作		能够做到所弯管件弯曲部分截面的椭圆度符合工艺要求	两处弯曲	4	每超差1处扣2分	难点
			能够做到所弯管件弯曲角度符合工艺卡片简图要求	两个角度30°、60°	6	每超差1°扣1分	
			能够做到所弯管件两圆弧间的直线段长度符合图纸要求	管件两圆弧间的直线段长度符合图纸要求	4	超差1 mm扣1分	
			能够做到所弯管件弯曲部分表面平滑程度符合工艺要求	管件弯曲部分表面平滑程度符合工艺要求	4	一处不符不得分	

续上表

鉴定项目类别	鉴定项目名称	国家职业标准规定比重(%)	《框架》中鉴定要素名称	本命题中具体鉴定要素分解	配分	评分标准	考核难点说明
E	弯管操作	75	能准确计算三维立体弯管的用料并能确定弧度的起弯点和终弯点	共计2个起弯点和2个终弯点	12	超差0.5 mm扣1分	难点
	钻孔及攻螺纹		能合理选用钻孔工具	钻床、钻头、夹具等	2	选错一个扣1分	
			能按图纸要求钻较复杂工件上小孔、深孔和盲孔	ϕ13穿壁孔	3	超差1 mm扣1分,损坏工件不得分	
	管件的研制组焊		能合理选用组焊胎膜具、夹具等	多功能模具、夹具等	6	用错一个扣2分	
			能够按图纸要求在管件组焊平台上完成平面弯管组合胎具的定位与夹紧	包括尺寸440 mm、300 mm、100 mm及附件尺寸与垂直度、平行度等	10	超差1 mm扣1分	难点
			能在专用组焊胎具上研制三维立体弯的管件,管件与附件的研制组焊质量符合工艺要求	组焊流程应符合工艺要求	4	每一项错误扣2分	
	管件校正处理		能检查出管件的尺寸偏差的具体情况	图纸尺寸要求及工艺要求	2	检错一个扣1分	
			能利用常用器具进行校正	正确校正	3	不会校正不得分,校正超差一项扣1分	
	质量检测		能够熟练使用合适的量具检测所弯管件基本尺寸(各角度、各长度尺寸等)是否符合图纸要求	检测所弯管件基本尺寸	1	用错一项扣1分,检测错一项扣1分	
			能够检查塌陷、褶皱等缺陷	检查塌陷、褶皱等缺陷	1	不会检查不得分	
			能够对检测的结果进行分析	分析检测结果	1	不会分析不得分	
			能够对燃油、机油等系统管路进行水压漏泄实验检验	进行水压漏泄实验检验	2	不会水压不得分	
F	设备维护保养	10	能够正确使用和维护切管机、弯管机、电焊机、砂轮机、台钻等常用设备	能够正确使用和维护切管机、弯管机、电焊机、砂轮机、台钻等常用设备	2	违反操作规程一次扣1分	
			能够正确选用常用模具、工具、量具等	能够正确选用常用模具、工具、量具等	2	选错一项扣1分	
			能够对常用模具、工具等进行维护保养	能够对常用模具、工具等进行维护保养	1	违反操作规程一次扣1分	

续上表

鉴定项目类别	鉴定项目名称	国家职业标准规定比重(%)	《框架》中鉴定要素名称	本命题中具体鉴定要素分解	配分	评分标准	考核难点说明
质量、安全、工艺纪律、文明生产等综合考核项目				考核时限	不限	每超时5分钟，扣10分	
				工艺纪律	不限	依据企业有关工艺纪律规定执行，每违反一次扣10分	
				劳动保护	不限	依据企业有关劳动保护管理规定执行，每违反一次扣10分	
				文明生产	不限	依据企业有关文明生产管理规定执行，每违反一次扣10分	
				安全生产	不限	依据企业有关安全生产管理规定执行，每违反一次扣10分	

机车车辆管道工(高级工)技能操作考核框架

一、框架说明

1. 依据《国家职业标准》注,以及中国北车确定的“岗位个性服从于职业共性”的原则,提出机车车辆管道工(高级工)技能操作考核框架(以下简称:技能考核框架)。

2. 本职业等级技能操作考核评分采用百分制。即:满分为 100 分,60 分为及格,低于 60 分为不及格。

3. 实施“技能考核框架”时,考核制件(活动)命题可以选用本企业的加工件(活动项目),也可以结合实际另外组织命题。

4. 实施“技能考核框架”时,考核的时间和场地条件等应依据《国家职业标准》,并结合企业实际确定。

5. 实施“技能考核框架”时,其“职业功能”的分类按以下要求确定:

(1)“管件的加工与装配”属于本职业等级技能操作的核心职业活动,其“项目代码”为“E”。

(2)“工艺准备”、“性能、精度检验与设备维护保养”属于本职业等级技能操作的辅助性活动,其“项目代码”分别为“D”和“F”。

6. 实施“技能考核框架”时,其“鉴定项目”和“选考数量”按以下要求确定:

(1)按照《国家职业标准》有关技能操作鉴定比重的要求,本职业等级技能操作考核制件的“鉴定项目”应按“D”+“E”+“F”组合,其考核配分比例相应为:“D”占 20 分,“E”占 70 分(其中:切管操作 10 分,弯管操作 20 分,钻孔、攻丝、刮削及研磨 5 分,管件的研制组焊 10 分,装配与调整 15 分,机车车辆系统管路 10 分),“F”占 10 分(其中:性能与精度检验 5 分,设备维护保养 5 分)。

(2)依据中国北车确定的“核心职业活动选取 2/3,并向上取整”的规定,在“E”类鉴定项目——“管件的加工与装配”的全部 6 项中,至少选取 4 项。

(3)依据中国北车确定的“其余‘鉴定项目’的数量可以任选”的规定,“D”和“F”类鉴定项目——“工艺准备”、“性能、精度检验与设备维护保养”中,至少分别选取 1 项。

(4)依据中国北车确定的“确定‘选考数量’时,所涉及‘鉴定要素’的数量占比,应不低于对应‘鉴定项目’范围内‘鉴定要素’总数的 60%,并向上取整”的规定,考核制件(活动)的鉴定要素“选考数量”应按以下要求确定:

①在“D”类“鉴定项目”中,在已选定的 1 个或全部鉴定项目中,至少选取已选鉴定项目所对应的全部鉴定要素的 60%项,并向上保留整数。

②在“E”类“鉴定项目”中,在已选的 4 个鉴定项目所包含的全部鉴定要素中,至少选取总数的 60%项,并向上保留整数。

③在“F”类“鉴定项目”中,对应“性能、精度检验”的 3 个鉴定要素,至少选取 2 项;对应“设备维护与保养”,在已选定的 1 个或全部鉴定项目中,至少选取已选鉴定项目所对应的全部

鉴定要素的60%项，并向上保留整数。

举例分析：

按照上述“第6条”要求，若命题时按最少数量选取，即：在“D”类鉴定项目中的选取了“读图与绘制”、“编制加工与装配工艺”2项，在“E”类鉴定项目中选取了“切管操作”、“弯管操作”、“钻孔、攻丝、刮削及研磨”、“管件的研制组焊”4项，在“F”类鉴定项目中分别选取了“性能与精度检验”1项，则：

此考核制件所涉及的“鉴定项目”总数为7项，具体包括：“读图与绘制”、“编制加工与装配工艺”、“切管操作”、“弯管操作”、“钻孔、攻丝、刮削及研磨”、“管件的研制组焊”、“性能与精度检验”；

此考核制件所涉及的鉴定要素“选考数量”相应为22项，具体包括：“编制加工与装配工艺”鉴定项目包含的全部5个鉴定要素中的3项，“切管操作”、“弯管操作”、“钻孔及攻螺纹”、“管件的研制组焊”4个鉴定项目包括的全部21个鉴定要素中的14项，“性能与精度检验”鉴定项目包含的全部3个鉴定要素中的2项，“设备维护与保养”鉴定项目包含的全部4个鉴定要素中的3项。

7. 本职业等级技能操作需要两人及以上共同作业的，可由鉴定组织机构根据“必要、辅助”的原则，结合实际情况确定协助人员的数量。在整个操作过程中，协助人员只能起必要、简单的辅助作用。否则，每违反一次，至少扣减应考者的技能考核总成绩5分，直至取消其考试资格。

8. 实施“技能考核框架”时，应同时对应考者在质量、安全、工艺纪律、文明生产等方面行为进行考核。对于在技能操作考核过程中出现的违章作业现象，每违反一项（次）至少扣减技能考核总成绩10分，直至取消其考试资格。

注：按照中国北车规定，各《职业技能操作考核框架》的编制依据现行的《国家职业标准》或现行的《行业职业标准》或现行的《中国北车职业标准》的顺序执行。

二、机车车辆管道工（高级工）技能操作鉴定要素细目表

职业功能	鉴定项目			选考方式	鉴定要素		
	项目代码	名称	鉴定比重（%）		要素代码	名称	重要程度
一、工艺准备	D	（一）读图与绘制	10	任选	001	能够读懂一般切管机、弯管机、台钻等常用设备的装配图	X
					002	能够读懂简单的电气、液压系统原理图	X
					003	能够设计弯管胎模具、组焊胎具等一般的工艺装备	X
					004	能够读懂管路简图	X
					005	能够绘制系统常用件图及管路简图	X
		（二）编制加工与装配工艺	10		001	能够编制合理的成型管件生产工艺流程	X
					002	能够正确审核管路系统组装工艺，并能提出改进意见	X
					003	能够合理编制管件弯制、研制组焊工艺规程	X
					004	能够对管件生产流程提出合理的改进流程	X
					005	能够编制简易的管件生产卡片	X

续上表

职业功能	鉴定项目				鉴定要素		
	项目代码	名称	鉴定比重(%)	选考方式	要素代码	名称	重要程度
二、管件的加工与装配	E	(一)切管操作	70	至少选择四项	001	能够掌握复杂切管机的结构、性能、传动系统、工作原理和装配修理工艺	X
					002	能按图纸要求切制三维立体弯管	X
					003	切制后的弯管两端直线段的尺寸偏差不得大于0.1 mm	X
					004	切制后的管口端面与直线段管中心线的垂直度符合工艺要求	X
		(二)弯管操作			001	能够掌握各种弯管机的性能、传动系统、工作原理、结构及装配修理工艺	X
					002	能够组织、指导弯管机使用、装配和修理	X
					003	能够在专用弯管机上弯制 $\phi 76$、$\phi 89$、$\phi 114$ 较复杂管件,各项弯制质量达到工艺要求	X
					004	能够对复杂管件弯曲出现的塌陷、折皱等缺陷提出有效的解决措施	X
					005	能够手工弯制特殊形状和小弯曲半径弯管	X
					006	能够按图纸制作样杆	X
					007	能根据现场需要设计能指导生产的管路简图	X
		(三)钻孔、攻丝、刮削及压环			001	能够准确钻削焊有Dg3、Dg6、Dg10等通径的载入体管件的孔	X
					002	能使所钻孔与公称通径要求一致	X
					003	能够做到钻削加工时保护好载入体的锥面	X
					004	能够使用切丝机和割丝器加工精致管螺纹	X
					005	能够按相关工艺要求压环,达到设计图纸的精度和密封性能	X
		(四)管件的研制组焊			001	能合理选用组焊胎膜具、夹具等	X
					002	能够按图纸要求在管件组焊平台上完成平面弯管组合胎具的定位与夹紧	X
					003	能在专用组焊胎具上研制三维立体弯的管件,管件与附件的研制组焊质量符合工艺要求	X
					004	能保证管件与附件的研制组焊质量符合工艺要求	X
					005	能保证管件研制组焊后胎具上的横平竖直要求符合工艺要求	X
		(五)装配与调整			001	能够进行和指导空气调节装置管道的安装和调试	X
					002	能够对各种常用机械、液压弯管机进行和指导装配、修理和调试	X
					003	能够组织和指导机车、车辆系统及管路的装配和调试	X
					004	能够进行和指导系统管路的不同介质的压力试验	X
		(六)机车车辆系统管路检修			001	能够掌握机车车辆系统管路的构造及检修方法	X
					002	能够掌握各系统阀件和部件的结构及检修方法	X
					003	能够掌握机车车辆有关知识,并指导操作	X
					004	能够按照机车车辆检修规程相关要求进行操作	X

续上表

职业功能	鉴定项目				鉴定要素		
	项目代码	名称	鉴定比重(%)	选考方式	要素代码	名称	重要程度
三、性能精度检验与设备维护保养	F	(一)性能与精度检验	10	任选	001	能够熟练选用各种相关量具	X
					002	能够精确测量管件的切割、弯制、研制组焊及现场研配的精度	X
					003	能够检测管路系统的装配精度,并能排除装配中的故障	X
		(二)设备维护保养			001	能够正确使用和维护切管机、弯管机、电焊机、砂轮机、台钻等常用设备	X
					002	能够排除弯管机、切管机、台钻等常用设备的故障	X
					003	能够正确选用常用模具、工具、量具等	X
					004	能够对常用模具、工具等进行维护保养	X

中国北车

机车车辆管道工(高级工)
技能操作考核样题与分析

职业名称：

考核等级：

存档编号：

考核站名称：

鉴定责任人：

命题责任人：

主管负责人：

中国北车股份有限公司劳动工资部制

职业技能鉴定技能操作考核制件图示或内容

109K200060 总风管

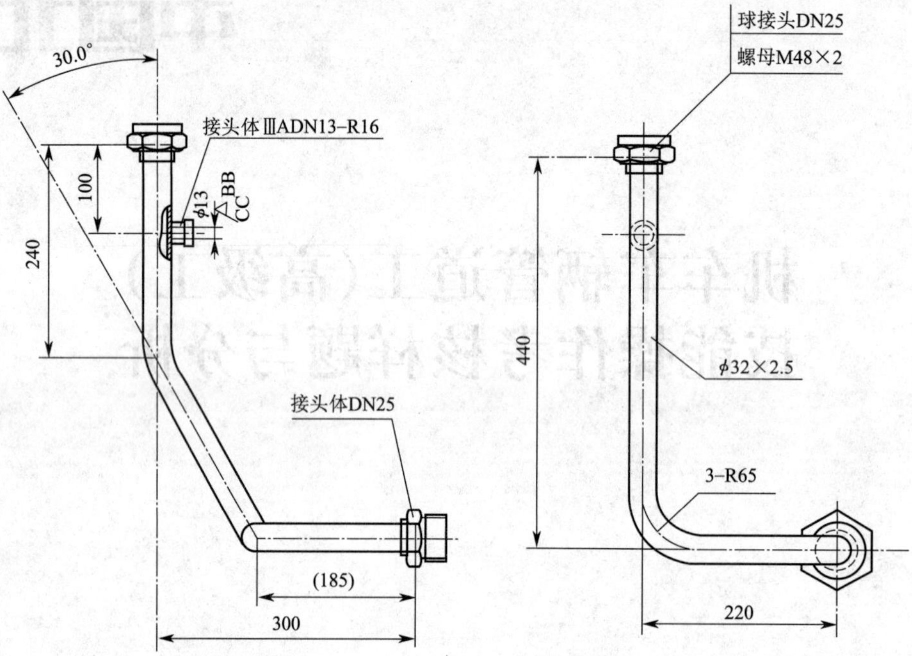

技术要求

1. 图中球接头和接头体均需与管路进行焊接，采用角焊缝、周边焊，焊角高度均为 3 mm。
2. 成型管件要准确反映图纸的真实形状尺寸与外形特征，图纸尺寸如有变动，以考试现场监考人员宣布为准。

职业名称	机车车辆管道工
考核等级	高级工
试题名称	制作成型管件
材质等信息：ϕ32×2.5 无缝钢管拔 10	

职业技能鉴定技能操作考核准备单

职业名称	机车车辆管道工
考核等级	高级工
试题名称	制作成型管件

一、材料准备

1. 材料规格：ϕ32×2.5 无缝钢管拔 10。

2. 坯件尺寸：长度 L＝1 500 mm。

3. 管路附件：球接头 DN25、球头螺母 M48×2、接头体Ⅰ DN25 及接头体Ⅲ ADN13-R16 各一个。

4. 材料均需考评人员在现场提前准备好，若需要辅助材料，参考者自行准备。

二、设备、工、量、卡具准备清单

序号	名称	规格	数量	备注
1	划线工具		1	自选自带
2	直尺	1 000 mm	1	可自选自带
3	直尺	300 mm	1	可自选自带
4	盒尺	3 m	1	可自选自带
5	直角尺	200×200	1	可自选自带
6	角度尺	0°～180°	1	可自选自带
7	锉		按需	自选自带
8	扳手		按需	自选自带
9	签字笔、石笔、记号笔		各1	自选自带
10	白纸		按需	绘制管路简图、编写工艺流程及计算相关数据用
11	计算器		1	自选自带
12	弯管机		1	自选
13	切管机		2	自选
14	电焊机		1	自选
15	倒角机		1	自选
16	多功能组合模具		按需	自选
17	组合夹具及辅助工装		按需	自选

三、考场准备

1. 煨管场地应备有切管机、倒角机、弯管机及相关胎膜具、工、量、卡具等；组焊场地应备有电焊机、组焊平台、各种多功能组合模具、夹具及辅助工装等；如需现场研配，则要求机车或车辆现场无其他无关人员；场地应保证操作位置 2 m 以内无杂物。

2. 相关图纸应提前 3 天送达参考者，以备其准备工、量、卡具等；考试现场图纸如有变动，应提前10分钟通知并送达参考者。

3. 参考者应着装整洁，符合规定，提前10分钟达到考场。

四、考核内容及要求

1. 考核内容：根据图纸制作成型管件。

2. 考核时限：360分钟。

3. 考核评分(表)

职业名称	机车车辆管道工		考核等级	高级工	
试题名称	制作成型管件		考核时限	360 min	
鉴定项目	考核内容	配分	评分标准	扣分说明	得分
读图与绘制	能熟知常用设备及胎膜具的工作原理	6	一处错误扣1分		
	能够读懂管路简图各种符合含义	6	一处不懂扣1分		
切管操作	能够绘制管路简图，会合理使用各种管路符号	8	一处错误扣1分		
	切制三维立体弯管	4	不会使用不得分		
	主要指440 mm、300 mm尺寸	4	每超差0.2 mm扣1分		
弯管操作	管口端面与直线段管中心线的垂直度符合工艺要求	4	每超差0.5 mm扣1分		
	熟练使用弯管机	3	不会使用不得分		
	能组织、指导装配弯管用弯曲模、夹紧模、靠背模	3	不能组织指导不得分		
	现场设计管路简图	6	简图设计错误不得分		
	能弯制大规格管及较复杂管件	12	不能弯制不得分；质量不达标按项扣减，每超差一项扣1分		
	针对处理弯管缺陷	3	不会处理不得分		
钻孔、攻丝、刮削及研磨	ϕ13通壁孔	6	不会钻孔不得分		
	不损坏接头体的加工面	3	损坏加工面不得分		
	ϕ13通壁孔	3	不一致不得分		
管件的研制组焊	相关多功能组合模具、夹具、工装的选用	5	选错一个扣1分		
	根据图纸完成组合定位与夹紧	7	不能完成不得分		
	相关尺寸符合图纸及工艺要求	7	超差一项扣1分		
性能与精度检验	直尺、盒尺等	5	用错一项扣1分		
	能通过有效手段检验所研制管件精度，并能随时排除故障	5	检错一项扣1分		
质量、安全、工艺纪律、文明生产等综合考核项目	考核时限	不限	每超时5分钟，扣10分		
	工艺纪律	不限	依据企业有关工艺纪律规定执行，每违反一次扣10分		
	劳动保护	不限	依据企业有关劳动保护管理规定执行，每违反一次扣10分		
	文明生产	不限	依据企业有关文明生产管理规定执行，每违反一次扣10分		
	安全生产	不限	依据企业有关安全生产管理规定执行，每违反一次扣10分		

职业技能鉴定技能考核制件(内容)分析

职业名称	机车车辆管道工
考核等级	高级工
试题名称	制作成型管件
职业标准依据	国家职业标准

试题中鉴定项目及鉴定要素的分析与确定

分析事项 \ 鉴定项目分类	基本技能“D”	专业技能“E”	相关技能“F”	合计	数量与占比说明
鉴定项目总数	2	6	2	10	鉴定项目总数为10项,其中专业技能为6项,选取4项,占比大于2/3的
选取的鉴定项目数量	1	4	1	6	
选取的鉴定项目数量占比	50%	80%	50%	60%	
对应选取鉴定项目所包含的鉴定要素总数	5	24	3	32	所选鉴定项目中鉴定项目总和为32项,从中选考22项,总选取数量占比为68.8%
选取的鉴定要素数量	3	17	2	22	
选取的鉴定要素数量占比	60%	70.8%	66.7%	68.8%	

所选取鉴定项目及相应鉴定要素分解与说明

鉴定项目类别	鉴定项目名称	国家职业标准规定比重(%)	《框架》中鉴定要素名称	本命题中具体鉴定要素分解	配分	评分标准	考核难点说明
D	读图与绘制	20	能够读懂一般切管机、弯管机、台钻等常用设备的装配图	能熟知常用设备及胎膜具的工作原理	6	一处错误扣1分	
			能够读懂管路简图	能够读懂管路简图各种符合含义	6	一处不懂扣1分	
			能够绘制系统常用件图,能够绘制管路简图	能够绘制管路简图,会合理使用各种管路符号	8	一处错误扣1分	
E	切管操作	70	能按图纸要求切制三维立体弯管	切制三维立体弯管	4	不会使用不得分	
			切制后的弯管两端直线段的尺寸偏差不得大于0.2 mm	主要指440 mm、300 mm尺寸	4	每超差0.2 mm扣1分	
			切制后的管口端面与直线段管中心线的垂直度符合工艺要求	管口端面与直线段管中心线的垂直度符合工艺要求	4	每超差0.5 mm扣1分	
	弯管操作		能够掌握各种弯管机的性能、传动系统、工作原理、结构及装配修理工艺	熟练使用弯管机	3	不会使用不得分	
			能够组织、指导弯管机使用、装配和修理	能组织、指导装配弯管用弯曲模、夹紧模、靠背模	3	不能组织指导不得分	
			能根据现场需要设计能指导生产的管路简图	现场设计管路简图	6	简图设计错误不得分	
			能够在专用弯管机上弯制 $\phi76$、$\phi89$、$\phi114$ 较复杂管件,各项弯制质量达到工艺要求	能弯制大规格管及较复杂管件	12	不能弯制不得分;质量不达标按项扣减,每超差一项扣1分	难点

续上表

鉴定项目类别	鉴定项目名称	国家职业标准规定比重(%)	《框架》中鉴定要素名称	本命题中具体鉴定要素分解	配分	评分标准	考核难点说明
E	弯管操作	70	能够对复杂管件弯曲出现的塌陷、折皱等缺陷提出有效的解决措施	针对处理弯管缺陷	3	不会处理不得分	
	钻孔、攻丝、刮削及研磨		能够准确钻削焊有Dg3、Dg6、Dg10等通径的接头体管件的孔	ϕ13 通壁孔	6	不会钻孔不得分	
			能够做到钻削加工时保护好接头体的加工面	不损坏接头体的加工面	3	损坏加工面不得分	
			能使所钻孔与公称通径要求一致	ϕ13 通壁孔	3	不一致不得分	
	管件的研制组焊		能合理选用组焊胎膜具、夹具等	相关多功能组合模具、夹具、工装的选用	5	选错一个扣1分	
			能够按图纸要求在管件组焊平台上完成平面弯管组合胎具的定位与夹紧	根据图纸完成组合定位与夹紧	7	不能完成不得分	
			能在专用组焊胎具上研制三维立体弯的管件，管件与附件的研制组焊质量符合工艺要求	相关尺寸符合图纸及工艺要求	7	超差一项扣1分	难点
F	性能与精度检验	10	能够熟练选用各种相关量具	直尺、盒尺等	5	用错一项扣1分	
			能够精确测量管件的切割、弯制、研制组焊及现场研配的精度	能通过有效手段检验所研制管件精度，并能随时排除故障	5	检错一项扣1分	
质量、安全、工艺纪律、文明生产等综合考核项目				考核时限	不限	每超时5分钟，扣10分	
				工艺纪律	不限	依据企业有关工艺纪律规定执行，每违反一次扣10分	
				劳动保护	不限	依据企业有关劳动保护管理规定执行，每违反一次扣10分	
				文明生产	不限	依据企业有关文明生产管理定执行，每违反一次扣10分	
				安全生产	不限	依据企业有关安全生产管理规定执行，每违反一次扣10分	